金榜時代 × 研芝士 YANZHISHI
GLISTIME 明德·弘毅·惟精

数据结构
摘星题库 思路·梳理册

强化通关800题

研芝士李栈教学教研团队 ◎ 编著

中国农业出版社
CHINA AGRICULTURE PRESS
·北京·

目 录

第1章　绪论 ·· (1)

§1.1　数据结构 ·· (1)

考点　数据结构的基本概念 ····························· (1)

§1.2　算法 ·· (8)

考点1　算法的基本概念 ·································· (8)

考点2　算法效率的度量 ·································· (11)

第2章　线性表 ·· (19)

§2.1　线性表的基本概念 ··· (20)

考点1　线性表的定义 ····································· (20)

考点2　线性表的基本操作 ······························ (22)

§2.2　线性表的顺序存储 ··· (23)

考点　顺序表 ··· (23)

§2.3　线性表的链式存储 ··· (27)

考点1　单链表 ·· (27)

考点2　双链表 ·· (32)

考点3　循环链表 ··· (35)

考点4　静态链表 ··· (37)

考点5　线性表存储方式的比较 ······················· (38)

§2.4　综合应用题 ··· (40)

第3章　栈、队列和数组 ·· (47)

§3.1　栈 ·· (48)

考点1　栈的基本概念 ····································· (48)

考点2　栈的存储结构 ····································· (50)

考点3　栈的应用 ··· (52)

§3.2　队列 ·· (55)

考点1　队列的基本概念 ·································· (55)

考点2　队列的存储结构 ·································· (59)

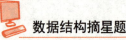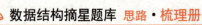
考点 3　双端队列 ………………………………………………………… (64)

考点 4　队列的应用 ……………………………………………………… (65)

§3.3　数组 ………………………………………………………………… (66)

考点 1　一维数组 ………………………………………………………… (66)

考点 2　二维数组 ………………………………………………………… (67)

考点 3　特殊矩阵和稀疏矩阵 …………………………………………… (69)

§3.4　综合应用题 ………………………………………………………… (71)

第4章　树与二叉树 ………………………………………………………… (77)

§4.1　树 …………………………………………………………………… (78)

考点 1　树的基本概念 …………………………………………………… (78)

考点 2　树的存储结构 …………………………………………………… (81)

考点 3　树的遍历 ………………………………………………………… (83)

§4.2　二叉树 ……………………………………………………………… (84)

考点 1　二叉树的基本概念 ……………………………………………… (84)

考点 2　特殊的二叉树 …………………………………………………… (88)

考点 3　二叉树的存储结构 ……………………………………………… (93)

考点 4　二叉树的遍历 …………………………………………………… (95)

考点 5　线索二叉树 ……………………………………………………… (100)

§4.3　森林 ………………………………………………………………… (104)

考点 1　森林与二叉树的转换 …………………………………………… (104)

考点 2　森林的遍历 ……………………………………………………… (107)

§4.4　树与二叉树的应用 ………………………………………………… (108)

考点 1　哈夫曼树与哈夫曼编码 ………………………………………… (108)

考点 2　并查集 …………………………………………………………… (112)

§4.5　综合应用题 ………………………………………………………… (113)

第5章　图 ………………………………………………………………… (120)

§5.1　图的概念 …………………………………………………………… (121)

考点　图的基本概念 ……………………………………………………… (121)

§5.2　图的存储 …………………………………………………………… (126)

考点　图的存储结构 ……………………………………………………… (126)

§5.3　图的遍历 …………………………………………………………… (132)

考点 1　深度优先搜索 …………………………………………………… (132)

考点 2　广度优先搜索 …………………………………………………… (136)

§5.4　图的应用 ·· (139)

考点1　最小生成树 ·································· (139)

考点2　最短路径 ···································· (143)

考点3　拓扑排序 ···································· (146)

考点4　关键路径 ···································· (150)

§5.5　综合应用题 ······································ (152)

第6章　查找 ·· (159)

§6.1　查找的概念 ······································ (160)

考点　查找的基本概念 ······························ (160)

§6.2　线性表的查找 ···································· (161)

考点1　顺序查找 ···································· (161)

考点2　折半查找 ···································· (164)

考点3　分块查找 ···································· (169)

§6.3　**B**树和**B+**树 ···································· (171)

考点1　B树 ·· (171)

考点2　B+树 ·· (173)

§6.4　散列表 ·· (174)

考点1　散列表的基本概念 ·························· (174)

考点2　散列函数 ···································· (178)

§6.5　树型查找 ·· (186)

考点1　二叉搜索树 ·································· (186)

考点2　平衡二叉树 ·································· (189)

考点3　红黑树 ······································ (192)

§6.6　串 ·· (193)

考点1　串的基本概念 ······························ (193)

考点2　串的模式匹配 ······························ (196)

§6.7　综合应用题 ······································ (197)

第7章　排序 ·· (201)

§7.1　排序的概念 ······································ (202)

考点　排序的基本概念 ······························ (202)

§7.2　插入排序 ·· (204)

考点1　直接插入排序 ······························ (204)

考点2　折半插入排序 ······························ (205)

考点 3　希尔排序 ………………………………………………………………（206）

§7.3　交换排序 …………………………………………………………………（207）

考点 1　冒泡排序 ………………………………………………………………（207）

考点 2　快速排序 ………………………………………………………………（208）

§7.4　选择排序 …………………………………………………………………（211）

考点 1　简单选择排序 …………………………………………………………（211）

考点 2　堆排序 …………………………………………………………………（213）

§7.5　归并排序和基数排序 ……………………………………………………（218）

考点 1　归并排序 ………………………………………………………………（218）

考点 2　基数排序 ………………………………………………………………（220）

§7.6　内部排序算法的分析 ……………………………………………………（222）

考点 1　内部排序算法的比较 …………………………………………………（222）

考点 2　内部排序算法的应用 …………………………………………………（225）

§7.7　外部排序 …………………………………………………………………（227）

考点　外部排序算法 …………………………………………………………（227）

§7.8　综合应用题 ………………………………………………………………（230）

第1章 绪论

▶▶搭建框架 ➡

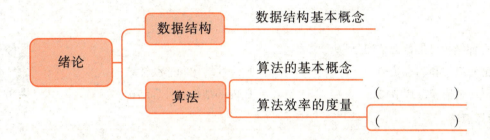

§1.1 数据结构

考点 数据结构的基本概念

1. 在设计存储结构时,通常不仅要存储各数据元素的值,而且还要存储( )。

　A.数据的处理方法　　　　　　　B.数据元素的类型

　C.数据元素之间的关系　　　　　D.数据的存储方法

解题思路

梳理逻辑与考点

2. 数据结构是具有(　　)的数据元素的集合。

  A.性质相同   B.特定关系

  C.相同运算   D.数据项

解题思路

梳理逻辑与考点

3. 按存储结构可把数据结构分为(　　)。

  A.静态结构和动态结构   B.线性结构和非线性结构

  C.顺序结构和链式结构   D.内部结构和外部结构

解题思路

梳理逻辑与考点

4. 数据结构研究数据的(　　)以及它们之间的相互关系。

  A.理想结构,物理结构   B.理想结构,抽象结构

  C.物理结构,逻辑结构   D.抽象结构,逻辑结构

解题思路

梳理逻辑与考点

5. (　　)是数据的最小单位。

  A.数据元素   B.数据项

  C.数据对象   D.数据结构

解题思路

梳理逻辑与考点

6. 在数据结构中,与所使用的计算机无关的是(　　　)。
　　A.逻辑结构　　　　　　　　　　　　B.存储结构
　　C.逻辑结构和存储结构　　　　　　　D.物理结构
　　解题思路

梳理逻辑与考点

7. 数据的逻辑结构是(　　　)关系的整体。
　　A.数据元素之间逻辑　　　　　　　　B.数据项之间逻辑
　　C.数据类型之间　　　　　　　　　　D.存储结构之间
　　解题思路

梳理逻辑与考点

8. 下列术语中,(　　　)与数据的存储结构无关。
　　A.循环队列　　　　　　　　　　　　B.堆栈
　　C.散列表　　　　　　　　　　　　　D.单链表
　　解题思路

梳理逻辑与考点

9. (　　　)不属于数据的线性逻辑结构。
　　A.串　　　　　　　　　　　　　　　B.栈
　　C.二叉树　　　　　　　　　　　　　D.队列
　　解题思路

梳理逻辑与考点

10. 数组的逻辑结构不同于(　　)的逻辑结构。

　　A.线性表　　　　　　B.栈　　　　　　　　C.队列　　　　　　　D.树

解题思路

梳理逻辑与考点

11. 下列属于线性结构的是(　　)。

　　A.线性表　　　　　　B.树　　　　　　　　C.查找　　　　　　　D.图

解题思路

梳理逻辑与考点

12. 下面关于链式存储结构的叙述中,(　　)是不正确的。

　　A.结点除自身信息外还包括指针域,因此存储密度小于顺序存储结构

　　B.逻辑上相邻的结点物理上不必相邻

　　C.可以通过计算直接确定第 i 个结点的存储地址

　　D.插入、删除运算操作方便,不必移动结点

解题思路

梳理逻辑与考点

13. 数据采用链式存储结构存储,要求(　　)。

　　A.每个结点占用一片连续的存储区域

　　B.所有结点占用一片连续的存储区域

　　C.结点的最后一个数据域是指针类型

　　D.每个结点有多少个后继,就设多少个指针域

解题思路

梳理逻辑与考点

14. 在计算机的存储器中表示数据时,物理地址和逻辑地址的相对位置相同并且是连续的,
    称之为(　　)。

    A.逻辑结构　　　　　　　　　　　　B.顺序存储结构

    C.链式存储结构　　　　　　　　　　D.以上都对

    解题思路

梳理逻辑与考点

15. 在数据结构中,用计算关键字来确定其存储位置的数据结构是(　　)。

    A.Hash 表　　　　　　　　　　　　B.二叉搜索树

    C.链式结构　　　　　　　　　　　　D.顺序结构

    解题思路

梳理逻辑与考点

16. 若结点的存储地址是其关键字的某个函数,则称这种存储结构为(　　)。

    A.顺序存储结构　　　　　　　　　　B.链式存储结构

    C.索引存储结构　　　　　　　　　　D.散列存储结构

    解题思路

梳理逻辑与考点

17. 以下哪一组都是物理结构(　　)。

    A.线性表、二叉树　　　　　　　　　B.集合、图

    C.单链表、散列表　　　　　　　　　D.线性表、散列表

    解题思路

梳理逻辑与考点

18. 链式存储结构中,每个数据的存储结点里( )指向邻接存储结点的指针,用以反映数据间的逻辑关系。

A.只能有 1 个   B.只能有 2 个

C.只能有 3 个   D.可以有多个

解题思路

梳理逻辑与考点

1. 下列关于数据结构的说法中错误的是( )。   【北京工业大学 2016 年】

A.数据结构相同,对应的存储结构也相同

B.数据结构涉及数据的逻辑结构、存储结构和施加在其上的操作

C.数据结构操作的实现与存储结构有关

D.定义逻辑结构时可以不考虑存储结构

解题思路

梳理逻辑与考点

2. 与数据元素本身的形式、相对位置和个数无关的是( )。【广东工业大学 2019 年】

A.数据存储结构   B.数据逻辑结构

C.算法   D.操作

解题思路

梳理逻辑与考点

3. 以下数据结构中元素之间为非线性关系的是(　　)。

   A.栈   B.队列

   C.线性表   D.以上都不是

解题思路

梳理逻辑与考点

4. 下列说法中,不正确的是(　　)。 **【扬州大学 2017 年】**

   A.数据元素是数据的基本单位

   B.数据项是数据元素中不可分割的最小可标识单位

   C.数据可由若干个数据元素构成

   D.数据项可由若干个数据元素构成

解题思路

梳理逻辑与考点

5. 数据结构的定义为(D,S),其中 D 是(　　)的集合。

   A.算法   B.数据元素

   C.数据操作   D.逻辑结构

解题思路

梳理逻辑与考点

6. 以下属于逻辑结构的是(　　)。 **【南京邮电大学 2016 年】**

   A.顺序表   B.哈希表   C.有序表   D.单链表

解题思路

梳理逻辑与考点

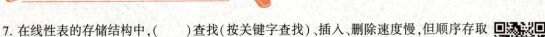

7. 在线性表的存储结构中,(　　)查找(按关键字查找)、插入、删除速度慢,但顺序存取和随机存取第 i 个元素速度快;(　　)查找和存取速度快,但插入、删除速度慢;(　　)查找、插入和删除速度快,但不能进行顺序存取;(　　)插入、删除和顺序存取速度快,但查找速度慢。

【昆明理工大学 2016 年】

A.散列表,顺序有序表,顺序表,链接表

B.顺序表,顺序有序表,散列表,链接表

C.链接表,顺序有序表,散列表,顺序表

D.顺序有序表,顺序表,链接表,散列表

解题思路

梳理逻辑与考点

8. 数据的四种基本存储结构是指(　　)。　　【昆明理工大学 2018 年】

A.顺序存储结构、索引存储结构、直接存储结构、倒排存储结构

B.顺序存储结构、索引存储结构、链式存储结构、散列存储结构

C.顺序存储结构、非顺序存储结构、指针存储结构、树型存储结构

D.顺序存储结构、链式存储结构、树型存储结构、圆形存储结构

解题思路

梳理逻辑与考点

§1.2　算法

考点 1　算法的基本概念

1. 下面关于算法的说法正确的是(　　)。

A.算法最终必须由计算机程序实现

B.一个算法所花时间等于该算法中每条语句的执行时间之和

C.算法的可行性是指指令不能有二义性

D.以上说法都是错误的

解题思路

梳理逻辑与考点

2. 算法的有穷性是指( )。

 A.算法程序的运行时间是有限的   B.算法程序所处理的数据量是有限的

 C.算法程序的长度是有限的   D.算法只能被有限的用户使用

解题思路

梳理逻辑与考点

3. 一个算法具有以下五个重要特性( )。

 A.有穷性、确定性、可行性、输入、输出

 B.可行性、可移植性、可扩充性、输入、输出

 C.确定性、有穷性、稳定性、输入、输出

 D.易读性、稳定性、安全性、输入、输出

解题思路

梳理逻辑与考点

4. 下面的说法中,错误的是( )。

 ①算法原地工作的含义是指不需要任何额外的辅助空间

 ②在相同规模 n 下,复杂度为 $O(n)$ 的算法在时间上总是优于复杂度为 $O(n^2)$ 的算法

 ③所谓时间复杂度,是指最坏情况下估算算法执行时间的一个上界

 ④同一个算法,实现语言的级别越低,执行效率越低

 A.①   B.①②   C.①④   D.③

解题思路

梳理逻辑与考点

真题实战

1. 下面关于"算法"的描述,错误的是(　　)。　　　　　　　　　　　　**【四川大学 2018 年】**

   A.算法必须是正确的　　　　　　　　　B.算法必须要能够结束

   C.一个问题可以有多种算法解决　　　　D.算法的某些步骤可以有二义性

   解题思路

梳理逻辑与考点

2. 算法是指为解决某一问题的有限指令序列,它必须具有输入、输出以及(　　)等 特性。

   A.易读性、稳定性、确定性　　　　　　B.易读性、稳定性、可移植性

   C.有穷性、可行性、确定性　　　　　　D.有穷性、可行性、可扩充性

   解题思路

梳理逻辑与考点

3. 计算机算法指的是(　　)。　　　　　　　　　　　　　　　　　**【上海海事大学 2017 年】**

   A.计算方法　　　　　　　　　　　　　B.排序方法

   C.调度方法　　　　　　　　　　　　　D.解决问题的步骤序列

   解题思路

梳理逻辑与考点

考点 2　算法效率的度量

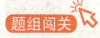

1. 以比较为基础的排序算法, 在最坏的情况下的计算时间复杂度的下界为(　　)。

　　A.$O(n^2)$　　　　　　　B.$O(\log_2(n))$　　　　　　C.$O(n)$　　　　　　D.$O(n\log_2(n))$

解题思路

梳理逻辑与考点

2. 下面函数的时间复杂度是(　　)。

```
void func(int n) {
    int sum = 0, i, j;
    for( i = 1; i <= n; i++)
        for( j = 1; j <= n; j * = 3)
            sum++;
}
```

　　A.$O(\log_3(n))$　　　　　　B.$O(n^2)$　　　　　　C.$O(n\log_3(n))$　　　　　　D.$O(n)$

解题思路

梳理逻辑与考点

3. 下面程序段的时间复杂度为(   )。

```
i = 1;
while(i <= n) i = i * 3;
```

A. $O(3n)$ B. $O(n)$ C. $O(n^3)$ D. $O(\log_3 n)$

解题思路

梳理逻辑与考点

4. 下面算法的时间复杂度是(   )。

```
int f(unsigned int n)
{
    if (n == 0 || n == 1)  return(1);
    else return n * f(n-1);
}
```

A. $O(1)$ B. $O(n)$ C. $O(n^2)$ D. $O(n!)$

解题思路

梳理逻辑与考点

5. 下面程序段的时间复杂度为(　　)。

```
for(int i = 0; i < m; i++)
    for(int j = 0; j < n; j++)
        A[i][j] = i * j;
```

A.$O(m^2)$　　　　　　B.$O(n^2)$　　　　　　C.$O(m \times n)$　　　　　　D.$O(m+n)$

解题思路

梳理逻辑与考点

6. 程序段

```
for(i = n-1; i >= 1; i--)
    for(j = 1; j <= i; j++)
        if( A[j] > A[j+1] )  A[j] 与 A[j+1] 对换;
```

其中 n 为正整数,则该程序段在最坏情况下的时间复杂度是(　　)。

A.$O(n)$　　　　　B.$O(n\log(n))$　　　　　C.$O(n^3)$　　　　　D.$O(n^2)$

解题思路

梳理逻辑与考点

7. 下面是有关算法时间复杂度的论述,其中正确的说法是( )。

　　A.算法的时间复杂度与数据规模无关

　　B.算法的时间复杂度与算法的语句频度无关

　　C.算法的时间复杂度与算法采用的解决问题的策略无关

　　D.算法的时间复杂度与选择的程序设计语言无关

解题思路

梳理逻辑与考点

8. 下列程序的时间复杂度为( )。

```
for (i = 0; i<m; i++)
    for(j = 0; j<t; j++)
        c[i] [j] = 0;
for(i = 0; i<m; i++)
    for(j = 0; j<t; j++)
        for(k = 0; k<n; k++)
            c[i] [j] = c[i] [j] +a[i] [k] * b[k] [j];
```

　　A.$O(m+n \times t)$　　　　B.$O(m+n+t)$　　　　C.$O(m \times n \times t)$　　　　D.$O(m \times t+n)$

解题思路

梳理逻辑与考点

9. Fibonacci 数列的递归计算方法如下：$F(0)=0, F(1)=1, F(n)=F(n-1)+F(n-2)$，该递归
函数的时间复杂度是( )。

A.$O(n)$ B.$O(n^2)$ C.$O(2^n)$ D.$O(n\log_2(n))$

解题思路

梳理逻辑与考点

10. 在一个元素个数为 n 的数组里，找到升序排在 $n/5$ 位置的元素的最优算法时间复杂
度是( )。

A.$O(n)$ B.$O(n\log n)$ C.$O(n(\log n)^2)$ D.$O(n^{3/2})$

解题思路

梳理逻辑与考点

11. 某算法的空间花费 $s(n)=1000n\log_2 n+0.5n^2+50n^{1.5}+100n+2000$，其空间复杂度为
( )。

A.$O(n)$ B.$O(n^{1.5})$ C.$O(n^2)$ D.$O(n\log_2 n)$

解题思路

梳理逻辑与考点

真题实战

1. 下面程序段的时间复杂度是(　　)。　　　　　　　　**【广东工业大学 2017 年】**

```
x = 0;
 for(i = 0; i < n; i++)
    for(j = i; j < n; j++)
      x++;
```

A.$O(\log_2 n)$　　　　　　　　　　　　　B.$O(n)$

C.$O(n\log_2 n)$　　　　　　　　　　　　D.$O(n^2)$

解题思路

梳理逻辑与考点

2. 时间复杂度 $O(1)$ 的含义是(　　)。　　　　　　**【广东工业大学 2016 年】**

A.问题规模为 1　　　　　　　　　　　B.执行时间为 1 秒

C.问题规模为 1 的常数倍　　　　　　　D.执行时间与问题规模无关

解题思路

梳理逻辑与考点

3. 下列程序段的时间复杂度是(　　)。 【全国统考 2022 年】

```
int sum = 0;
for ( int i = 1; i < n; i * = 2)
    for( int j = 0; j < i; j++)
        sum++;
```

A. $O(\log n)$ 　　　　B. $O(n)$ 　　　　C. $O(n\log n)$ 　　　　D. $O(n^2)$

解题思路

梳理逻辑与考点

4. 下面程序段的时间复杂度是(　　)。 【昆明理工大学 2016 年】

```
j = 0;
s = 0;
while(s < n)
{
    j++;
    s = s + j;
}
```

A. $O(\sqrt{n})$ 　　　　B. $O(\sqrt{2}n)$ 　　　　C. $O(n)$ 　　　　D. $O(n^2)$

解题思路

梳理逻辑与考点

5. 某算法的空间复杂度为 $O(1)$,则(　　　　)。

   A.该算法执行不需要任何辅助空间

   B.该算法执行所需辅助空间大小与问题规模 n 无关

   C.该算法执行不需要任何空间

   D.该算法执行所需空间大小与问题规模 n 无关

解题思路

梳理逻辑与考点

第2章 线性表

>>> 搭建框架 ➤

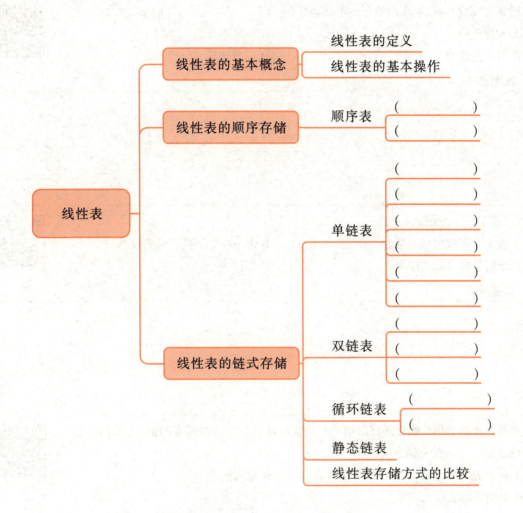

§2.1 线性表的基本概念

考点1 线性表的定义

1. 链式存储设计时,结点内的存储单元地址(　　)。

　A.一定连续
　B.一定不连续

　C.不一定连续
　D.部分连续,部分不连续

解题思路

梳理逻辑与考点

2. (　　)是一个线性表。

　A.由 n 个实数组成的集合
　B.由 100 个字符组成的序列

　C.所有整数组成的序列
　D.邻接表

解题思路

梳理逻辑与考点

3. 若线性表最常用的操作是存取第 i 个元素及其前驱和后继元素的值,为了提高效率,应采用(　　)的存储方式。

　A.单链表
　B.双向链表

　C.单循环链表
　D.顺序表

解题思路

梳理逻辑与考点

4. 一个线性表最常用的操作是存取一个指定序号的元素并在最后进行插入、删除操作,
   则利用( )的存储方式可以节省时间。
   A.顺序表   B.双链表
   C.带头结点的双循环链表   D.单循环链表
   解题思路

梳理逻辑与考点

5. 对于一个线性表,既要求它能够进行较快速的插入和删除,又要求其存储结构能反映
   数据之间的逻辑关系,则应该用( )。
   A.顺序存储方式   B.链式存储方式
   C.散列存储方式   D.以上均可以
   解题思路

梳理逻辑与考点

6. 某线性表中最常用的操作是在最后一个元素之后插入一个元素和删除第一个元素,
   则采用( )的存储方式最节省运算时间。
   A.单链表   B.仅有头指针的单循环链表
   C.双链表   D.仅有尾指针的单循环链表
   解题思路

梳理逻辑与考点

7. 线性表是具有 n 个( )的有限序列。
   A.表元素   B.数据元素
   C.数据项   D.信息项
   解题思路

梳理逻辑与考点

8. 下面关于线性表的叙述中,错误的是(　　)。

　　A.线性表采用顺序存储,必须占用一片连续的存储单元

　　B.线性表采用顺序存储,便于进行插入和删除操作

　　C.线性表采用链接存储,不必占用一片连续的存储单元

　　D.线性表采用链接存储,便于插入和删除操作

　　解题思路

梳理逻辑与考点

下面关于线性表的叙述中,不正确的是(　　)。

　Ⅰ.线性表在链式存储时,查找第 i 个元素的时间同 i 的值成正比

　Ⅱ.线性表在链式存储时,查找第 i 个元素的时间同 i 的值无关

　Ⅲ.线性表在顺序存储时,查找第 i 个元素的时间同 i 的值成正比

　Ⅳ.线性表在顺序存储时,查找第 i 个元素的时间同 i 的值无关

　A.Ⅰ、Ⅱ　　　　　　　B.Ⅱ、Ⅲ　　　　　　　C.Ⅲ、Ⅳ　　　　　　　D.Ⅰ、Ⅳ

　　解题思路

梳理逻辑与考点

考点2　线性表的基本操作

1. 一个长度为 n 的顺序存储的线性表中,向第 i 个元素($1 \leq i \leq n+1$)位置插入一个新元素时,需要从后面向前依次后移(　　)个元素。

　　A.$n-i$　　　　　　　B.$n-i+1$　　　　　　　C.$n-i-1$　　　　　　　D.i

　　解题思路

梳理逻辑与考点

1.设某线性表中已有 n 个元素,下列操作中,(　　)在顺序表上实现比在链表上实现效 率更高。 【天津理工大学 2017 年】

 A.输出第 $i(1 \leqslant i \leqslant n)$ 个元素值

 B.交换第 i 个和第 j 个元素的值,$1 \leqslant i, j \leqslant n$

 C.依次输出 n 个元素的值

 D.查找与给定值 x 相等的元素

 解题思路

梳理逻辑与考点

2.在一个长度为 n 的顺序存储线性表中,向第 i 个元素$(1 \leqslant i \leqslant n+1)$之前插入一个新元 素时,需要从后向前依次后移(　　)个元素。

 A.$n-i$ B.$n-i+1$ C.$n-i-1$ D.i

 解题思路

梳理逻辑与考点

§2.2　线性表的顺序存储

考点　顺序表

1.假设 8 行 10 列的二维数组 $a[1 \cdots 8, 1 \cdots 10]$分别以行序为主序和以列序为主序顺序存 储时,其首地址相同,那么以行序为主序时元素 $a[3,5]$ 的地址与以列序为主序时 (　　)元素相同。注意:第一个元素为 $a[1,1]$。

 A.$a[7,3]$ B.$a[8,3]$ C.$a[3,4]$ D.以上都不对

解题思路

梳理逻辑与考点

2. 设长度为 n 的顺序存储线性表,在其中任何位置上插入或删除一个元素的概率相等,则删除一个元素时,平均需要移动( )个元素。

A.$(n+1)/2$ B.$n/2$ C.$(n-1)/2$ D.$(n-2)/2$

解题思路

梳理逻辑与考点

3. 向一个有 127 个元素的顺序表中插入一个新元素并保持原来的顺序不变,平均要移动( )个元素。

A.8   B.63.5   C.63   D.7

解题思路

梳理逻辑与考点

真题实战

1. 已知一个三维数组 $A[1\cdots15][0\cdots9][-3\cdots6]$ 的每个元素占用 5 个存储单元,该数组总共需要的存储空间单元数为( )。 **【北京邮电大学 2017 年】**

A.1500   B.4050   C.5600   D.7500

解题思路

梳理逻辑与考点

2. 若 6 行 5 列的数组以行序为主序顺序存储,基地址为 1000,每个元素占 2 个存储单元,则第 3 行第 4 列的元素(假定无第 0 行第 0 列)的地址是( )。

A.1040   B.1042

C.1026   D.以上答案都不对

解题思路

梳理逻辑与考点

3. 二维数组 $A[0\cdots7][0\cdots9]$ 中,每个元素占用 3 个存储单元,起始存储地址是 1000,则数组元素 $A[5][3]$ 的存储地址是( )。 【北京邮电大学 2016 年】

A.1126   B.1141   C.1156   D.1159

解题思路

梳理逻辑与考点

4. 在长度为 n 的顺序表的第 i 个位置上插入一个元素 $(1\leqslant i\leqslant n+1)$,元素的移动次数为( )。

A.$n-i+1$ B.$n-i$ C.i D.$i-1$

解题思路

梳理逻辑与考点

5. 对于长度为 n 的顺序表,假定删除表中任一元素的概率相同,则删除一个元素平均需要移动元素的个数是( )。

A.n B.$n/2$

C.$(n-1)/2$ D.$(n+1)/2$

解题思路

梳理逻辑与考点

6. 通常说顺序表具有随机存取特性,指的是( )。 【四川大学 2017 年】

   A.查找值为 x 的元素的时间与顺序表中元素个数 n 无关

   B.查找值为 x 的元素的时间与顺序表中元素个数 n 有关

   C.查找序号为 i 的元素的时间与顺序表中元素个数 n 无关

   D.查找序号为 i 的元素的时间与顺序表中元素个数 n 有关

   解题思路

梳理逻辑与考点

7. 下述哪一条是顺序存储结构的优点( )。 【杭州电子科技大学 2018 年】

   A.存储密度大

   B.插入运算方便

   C.删除运算方便

   D.可方便地用于各种逻辑结构的存储表示

   解题思路

梳理逻辑与考点

8. 假设顺序表中包含5个关键字 {a,b,c,d,e},它们的查找概率分别为 {0.25,0.3,0.2,0.1,0.15},为了使查找成功时的平均查找长度达到最小,则顺序表中数据元素的出现顺序是( )。 【北京工业大学 2017 年】

   A.e,d,c,b,a   B.b,a,c,e,d

   C.b,a,d,c,e   D.a,d,e,c,b

   解题思路

梳理逻辑与考点

§2.3　线性表的链式存储

考点 1　单链表

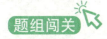

1. 下列选项中,(　　)是链表不具有的特点。

    A.插入和删除运算不需要移动元素

    B.所需要的存储空间与线性表的长度成正比

    C.不必事先估计存储空间大小

    D.可以随机访问表中的任意元素

    解题思路

梳理逻辑与考点

2. 单链表的存储密度(　　)。

    A.大于 1　　　　　　　　　　　　B.等于 1

    C.小于 1　　　　　　　　　　　　D.不能确定

    解题思路

梳理逻辑与考点

3. 在一个长度为 $n(n>1)$ 的单链表上,设有头和尾两个指针,执行(　　)操作与链表的长度有关。

    A.删除单链表中的第一个元素

B.删除单链表中的最后一个元素

C.在单链表第一个元素前插入一个新元素

D.在单链表最后一个元素后插入一个新元素

解题思路

梳理逻辑与考点

4. 在一个单链表中,删除 *p 结点(非尾结点)之后的一个结点的操作是( )。

A.p->next = p

B.p->next->next = p->next

C.p->next->next = p

D.p->next = p->next->next

解题思路

梳理逻辑与考点

5. 在一个单链表中,若要删除 *p 结点的后继结点,则执行( )。

A.p->next = p->next->next;

B.p->next = p->next->next; free(p->next);

C.p->next = p->next->next; q = p->next; free(q);

D.q = p->next; p->next = p->next->next; free(q);

解题思路

梳理逻辑与考点

6. 将长度为 n 的单链表链接在长度为 m 的单链表之后的算法的时间复杂度为（　　）。

A.$O(1)$　　　　　　B.$O(n)$　　　　　　C.$O(m)$　　　　　　D.$O(m+n)$

解题思路

梳理逻辑与考点

7. 在一个具有 n 个结点的有序单链表中插入一个新结点并仍然有序的时间复杂度为
（　　）。

A.$O(1)$　　　　　　B.$O(n)$　　　　　　C.$O(n^2)$　　　　　　D.$O(\log_2(n))$

解题思路

梳理逻辑与考点

 真题实战

1. 用单链表存储两个各有 n 个元素的有序表，若要将其归并成一个有序表，其最少的比
较次数是（　　）。　　　　　　　　　　　　　　　　　　　　【北京邮电大学 2017 年】

A.$n-1$　　　　　　B.n　　　　　　C.$2n-1$　　　　　　D.$2n$

解题思路

梳理逻辑与考点

2. 用单链表方式存储队列（有头尾指针，非循环），在进行删除运算时（　　）。

　　　　　　　　　　　　　　　　　　　　　　　　　　　　【杭州电子科技大学 2018 年】

A.仅修改头指针　　　　　　　　　　　B.仅修改尾指针

C.头、尾指针都须修改　　　　　　　　D.头、尾指针可能都要修改

解题思路

梳理逻辑与考点

3. 在单链表中,若需在 p 所指结点之后插入 s 所指结点,可执行语句(　　)。

【广东工业大学 2017 年】

A.s->next＝p; p->next＝s;　　　　　　B.s->next＝p->next; p＝s;

C.s->next＝p->next; p->next＝s;　　　　D.p->next＝s; s->next＝p;

解题思路

梳理逻辑与考点

---

4. h 为不带头结点的单向链表。在 h 的头上插入一个新结点 t 的语句是(　　)。

A.t->next＝h; h＝t;　　　　　　　　　B.h＝t; t->next＝h;

C.t->next＝h->next; h＝t;　　　　　　D.h＝t; t->next＝h->next;

解题思路

梳理逻辑与考点

---

5. 从一个具有 n 个结点的单链表中检索其值等于 x 的结点时,在检索成功的情况下,平均需比较的结点个数是(　　)。

A.$n/2$　　　　　　　　　　　　　　B.n

C.$(n+1)/2$　　　　　　　　　　　　D.$(n-1)/2$

解题思路

梳理逻辑与考点

---

6. 在一个单链表中,已知 q 指向结点是 p 指向结点的前趋结点,若在 q 指向结点和 p 指向结点之间插入 s 指向结点,则需执行(　　)。

【上海海事大学 2016 年】

A.s->next＝p->next; p->next＝s;　　　　B.q->next＝s; s->next＝p;

C.p->next＝s->next; s->next＝p;　　　　D.p->next＝s; s->next＝q;

解题思路

梳理逻辑与考点

---

7. 能正确完成删除单链表中 p 所指结点的后继的操作是( )。

A.p＝p->next;   B.p->next＝p->next->next;

C.p->next＝p;   D.p＝p->next->next;

解题思路

梳理逻辑与考点

8. 已知头指针 h 指向一个带头结点的非空单循环链表,结点结构 | data | next |,其中 next
是指向直接后继结点的指针,p 是尾指针,q 是临时指针。现要删除该链表的第一个
元素,正确的语句序列是( )。   【全国统考 2021 年】

A.h->next＝h->next->next; q＝h->next; free(q);

B.q＝h->next; h->next＝h->next->next; free(q);

C.q＝h->next; h->next＝q->next; if(p!＝q) p＝h; free(q);

D.q＝h->next; h->next＝q->next; if(p＝＝q) p＝h; free(q);

解题思路

梳理逻辑与考点

9. 单链表中访问当前结点的直接后继结点的时间复杂度为( )。

【广东工业大学 2019 年】

A.$O(1)$ B.$O(n)$ C.$O(n^2)$ D.$O(\log n)$

解题思路

梳理逻辑与考点

10. 已知两个长度分别为 m 和 n 的升序链表,若将它们合并为一个长度为 $m+n$ 的降序链表,则最坏情况下的时间复杂度是(　　)。

A.$O(n)$　　　　　　　　　　　B.$O(m×n)$

C.$O(\min(m, n))$　　　　　　　D.$O(\max(m, n))$

解题思路

梳理逻辑与考点

11. 已知带头结点的非空单链表 L 的头指针为 h,结点结构为 | data | next | ,其中 next 是指向直接后继结点的指针。现有指针 p 和 q,若 p 指向 L 中非首且非尾的任意一个结点,则执行语句序列"q=p->next; p->next=q->next; q->next=h->next; h->next=q"的结果是(　　)。　　　　　　　　　　　　　　　　　　　**【全国统考 2024 年】**

A.在 p 所指结点后插入 q 所指结点　　B.在 q 所指结点后插入 p 所指结点

C.将 p 所指结点移动到 L 的头结点之后　　D.将 q 所指结点移动到 L 的头结点之后

解题思路

梳理逻辑与考点

考点2　双链表

1. 在双向链表存储结构中,删除 p 所指的结点时需要修改指针(　　)。

　A.p-> next-> prior=p-> prior; p-> prior-> next=p-> next;

　B.p-> next=p-> next-> next; p-> next-> prior=p;

　C.p-> prior-> next=p; p-> prior=p-> prior-> prior;

　D.p-> prior=p-> next-> next; p-> next=p-> prior-> prior;

　解题思路

梳理逻辑与考点

2. 设双向链表中结点的结构为（prior,data,next），在双向链表中删除指针 p 所指的结点时需要修改指针（　　）。

    A.p-> prior-> next = p-> next; p-> next-> prior = p-> prior;

    B.p-> prior = p-> prior-> prior; p-> prior-> next = p;

    C.p-> next-> prior = p; p-> next = p-> next-> next;

    D.p-> next = p-> prior-> prior; p-> prior = p-> next-> next;

解题思路

梳理逻辑与考点

3. 在一个双链表中,在 * p 结点(非尾结点)之后插入一个结点 * s 的操作是(　　)。

    A.s->prior = p; p->next = s; p->next->prior = s; s->next = p->next;

    B.s->next = p->next; p->next->prior = s; p->next = s; s->prior = p;

    C.p->next = s; s->prior = p; s->next = p->next; p->next->prior = s;

    D.p->prior = s; s->next = p; s->next->prior = p; p->next = s->next;

解题思路

梳理逻辑与考点

4. 在长度为 n（$n \geq 1$）的非空双链表 L 中,删除 p 所指结点的前驱结点(非头结点)的时间复杂度为(　　)。

    A.$O(1)$ B.$O(n)$ C.$O(n^2)$ D.$O(n\log_2(n))$

解题思路

梳理逻辑与考点

5. 有如下的操作:① s->prior = p->prior;② p->prior->next = s;③ s->next = p;④ p->prior = s。在双向链表中某结点 p 之前插入一个结点的错误语句序列是(   )。

A.③④①②   B.①②④③   C.③①②④   D.①②③④

解题思路

真题实战

1. 设指针变量 p 指向双向链表中结点 A,指针变量 s 指向被插入的结点 X,则在结点 A 的后面插入结点 X 的操作序列为(   )。   **【暨南大学 2017 年】**

A.p->next = s; s->prior = p; p->next->prior = s; s->prior = p->next;

B.s->prior = p; s->next = p->next; p->next = s; s->next->prior = s;

C.p->prior = s; p->nest->prior = s; s->prior = p; s->next = p->prior;

D.s->prior = p; s->next = p->next; p->next = s; p->next->prior = s;

解题思路

梳理逻辑与考点

2. 在链表中若经常要删除表中最后一个结点或在最后一个结点之后插入一个新结点,则宜采用(   )存储方式。   **【昆明理工大学 2018 年】**

A.顺序表   B.用头指针标识的循环单链表

C.用尾指针标识的循环单链表   D.双向链表

解题思路

梳理逻辑与考点

3. 在双向链表中向 p 所指的结点之前插入一个结点 q 的操作为( )。

【杭州电子科技大学 2016 年】

A.p->prior = q; q->next = p; p->prior->next = q; q->prior = p->prior;

B.q->prior = p->prior; p->prior->next = q; q->next = p; p->prior = q->next;

C.q->prior = p; p->prior = q; q->prior->next = q; q->next = p;

D.p->prior->next = q; q->next = p; q->prior = p->prior; p->prior = q;

解题思路

梳理逻辑与考点

4. 双向链表中每个结点的指针域的个数为( )。

A.0　　　　　　　　B.1　　　　　　　　C.2　　　　　　　　D.3

解题思路

梳理逻辑与考点

考点3　循环链表

1. 单循环链表的主要优点是( )。

　A.从表中任一结点出发都能扫描到整个链表

　B.不再需要头指针了

　C.在进行插入、删除操作时,能更好地保证链表不断开

　D.已知某个结点的位置后,能够容易找到它的直接前趋

解题思路

梳理逻辑与考点

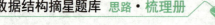

2. 带头结点的单循环链表 head 为空的判定条件是( )。

A.head＝NULL

B.head->next＝NULL

C.head->next＝head

D.head!＝NULL

解题思路

梳理逻辑与考点

1. 设双向循环链表中结点的结构为(data,lLink,rLink),且不带表头结点。若想在指针 p 所指结点之后插入指针 s 所指结点,则应执行下列哪个操作( )。

A.p->rLink＝s; s->lLink＝p; p->rLink->lLink＝s; s->rLink＝p->rLink;

B.p->rLink＝s; p->rLink->lLink＝s; s->lLink＝p; s->rLink＝p->rLink;

C.s->lLink＝p; s->rLink＝p->rLink; p->rLink＝s; p->rLink->lLink＝s;

D.s->lLink＝p; s->rLink＝p->rLink; p->rLink->lLink＝s; p->rLink＝s;

解题思路

梳理逻辑与考点

2. 若线性表最常用的运算是删除第一个元素、在末尾插入新元素,则最适合的存储方式是( )。 **【北京邮电大学 2018 年】**

A.顺序表

B.带尾指针的单循环链表

C.单链表

D.带头指针的单循环链表

解题思路

梳理逻辑与考点

3. 最不适合用作链式队列的链表是(　　)。　　【杭州电子科技大学 2016 年】

    A.只带队首指针的非循环双链表　　　　B.只带队首指针的循环双链表

    C.只带队尾指针的循环双链表　　　　　D.只带队尾指针的循环单链表

    解题思路

梳理逻辑与考点

考点4　静态链表

1. 需要分配较大空间,插入和删除不需要移动元素的线性表,其存储结构是(　　)。

    A.单链表　　　　　　　　　　　　　B.线性链表

    C.静态链表　　　　　　　　　　　　D.顺序存储结构

    解题思路

梳理逻辑与考点

2. 线性表的静态链表存储结构与顺序存储结构相比优点是(　　)。

    A.所有的操作算法实现简单　　　　　B.便于随机存储

    C.便于插入和删除　　　　　　　　　D.便于利用零散的存储空间

    解题思路

梳理逻辑与考点

考点5　线性表存储方式的比较

题组闯关

1. 最适合用做链式队列的链表是(　　)。

　　A.带队首指针和队尾指针的循环单链表

　　B.带队首指针和队尾指针的非循环单链表

　　C.只带队首指针的非循环单链表

　　D.只带队首指针的循环单链表

　　解题思路

梳理逻辑与考点

2. 某线性表中最常用的操作是在最后一个元素之后插入一个元素和删除第一个元素，
则采用(　　)存储方式最节省运算时间。

　　A.单链表　　　　　　　　　　B.仅有头指针的单循环链表

　　C.双链表　　　　　　　　　　D.仅有尾指针的单循环链表

　　解题思路

梳理逻辑与考点

3. 以下关于链式存储结构的叙述中,(　　)是不正确的。

　　A.结点除自身信息外还包括指针域,因此存储密度小于顺序存储结构

　　B.逻辑上相邻的结点物理上不必相邻

　　C.可以通过计算直接确定第 i 个结点的存储地址

　　D.插入、删除运算操作方便,不必移动结点

　　解题思路

梳理逻辑与考点

真题实战

1. 在顺序表中,逻辑上相邻的元素在物理位置上(　　)。　　【北京工业大学 2016 年】

　　A.相邻　　　　　　　　B.不相邻　　　　　　C.不一定相邻　　　D.不确定

　　解题思路

梳理逻辑与考点

2. 线性表采用链式存储时,其地址(　　)。

　　A.必须是连续的　　　　　　　　　　B.部分地址必须是连续的

　　C.一定是不连续的　　　　　　　　　D.连续与否均可以

　　解题思路

梳理逻辑与考点

3. 链表不具备的特点是(　　)。　　　　　　【北京师范大学 2017 年】

　　A.可随机访问任一结点　　　　　　　B.插入删除不需要移动元素

　　C.不必事先估计存储空间　　　　　　D.所需空间与其长度成正比

　　解题思路

梳理逻辑与考点

§2.4 综合应用题

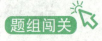题组闯关

1. 设计一个算法判断单链表中元素是否是递增的。

解题思路

梳理逻辑与考点

2. 设计一个算法将所有奇数移到所有偶数之前。

解题思路

梳理逻辑与考点

3. 设计一个最优的算法实现输出链表中倒数第 k 个结点,定义链表结构如下:

```
struct ListNode
{
    int value;
    ListNode * next;
}
```

解题思路

梳理逻辑与考点

4. 设计一个算法实现在单链表中删除值相同的多余结点的算法。

解题思路

梳理逻辑与考点

5. 试以单链表为存储结构实现简单选择排序的算法。

解题思路

梳理逻辑与考点

.

6. 假设有两个元素值递增有序的线性表 La 和 Lb,均以带头结点的单链表作为存储结构,编写算法将La 表和 Lb 表合并为一个按元素值递减有序排列的线性表 Lc,并要求利用原表(La 和 Lb 表)的结点空间存放表 Lc。

解题思路

梳理逻辑与考点

7. 已知指针 La 和 Lb 分别是两个带头结点单链表的头指针,下列算法是将表 La 的第 i 个元素起的len 个元素删除并插入到表 Lb 的第 $j(j \geqslant 1)$ 个元素之前,试问此算法是否正确? 若有错,请改正。

设 $i \geqslant 1$, len $\geqslant 1$, $i+$len $\leqslant$ ListLength(La), $1 \leqslant j \leqslant$ ListLength(Lb)。

```
void insertsublist( LNode  * La, LNode  * Lb, int i, int j, int len) {
    pre = La;
    pa = La->next;
    k = 1;
    while(k<i) {
        p = p->next;
        k = k+1;
    }
    s = p;
    while(k<len) {
        s = s->next;
        k = k+1;
    }
    pre->next = s->next;
    q = Lb, k = 0;
    while(k<j) {
        q = q->next;
        k = k+1;
    }
    q->next = p;
    s->next = q->next;
}
```

解题思路

梳理逻辑与考点

8. 下面是用 C 语言编写的对不带头结点的单链表进行就地倒置的算法,该算法用 L 返回倒置后链表的头指针。试在空缺处填入适当语句。

```
void reverse(LinkList &L) {
    p = NULL;
    q = L;
    while(q! =NULL) {
```

```
        (1)_____;
        q->next = p;
        p = q;
        (2)_____;
    }
    (3)_____;
}
```

解题思路

梳理逻辑与考点

真题实战

1. 假定采用带头结点的单链表保存单词,当两个单词有相同的后缀时,则可共享相同的后缀存储空间,例如,"loading"和"being"的存储映像如下图所示。

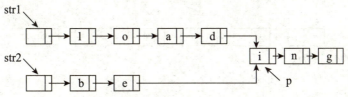

设 str1 和 str2 分别指向两个单词所在单链表的头结点,链表结点结构为 | data | next |,请设计一个时间上尽可能高效的算法,找出由 str1 和 str2 所指向两个链表共同后缀的起始位置(如图中字符 i 所在结点的位置 p)。要求:

(1)给出算法的基本设计思想。

(2)根据设计思想,采用 C 或 C++或 Java 语言描述算法,关键之处给出注释。

(3)说明你所设计算法的时间复杂度。

解题思路

梳理逻辑与考点

2. 已知一个整数序列 $A=(a_0,a_1,\cdots,a_{n-1})$，其中 $0\le a_i<n(0\le i<n)$。若存在 $a_{p1}=a_{p2}=\cdots=a_{pm}=x$ 且 $m>n/2(0\le p_k<n,1\le k\le m)$，则称 x 为 A 的主元素。例如 $A=(0,5,5,3,5,7,5,5)$，则 5 为主元素；又如 $A=(0,5,5,3,5,1,5,7)$，则 A 中没有主元素。假设 A 中的 n 个元素保存在一个一维数组中，请设计一个尽可能高效的算法，找出 A 的主元素。若存在主元素，则输出该元素；否则输出-1。要求：

(1)给出算法的基本设计思想。

(2)根据设计思想，采用 C 或 C++或 Java 语言描述算法，关键之处给出注释。

(3)说明你所设计算法的时间复杂度和空间复杂度。

解题思路

梳理逻辑与考点

3. 用单链表保存 m 个整数，结点的结构为：| data | next |，且 $|data|\le n$（n 为正整数）。

现要求设计一个时间复杂度尽可能高效的算法，对于链表中 data 的绝对值相等的结点，仅保留第一次出现的结点而删除其余绝对值相等的结点。例如，若给定的单链表 head 如下：

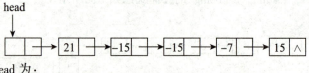

则删除结点后的 head 为：

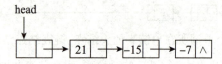

要求：

(1)给出算法的基本设计思想。

(2)使用 C 或 C++语言，给出单链表结点的数据类型定义。

(3)根据设计思想，采用 C 或 C++语言描述算法，关键之处给出注释。

(4)说明你所设计算法的时间复杂度和空间复杂度。

解题思路

梳理逻辑与考点

4. 已知由 $n(n \geq 2)$ 个正整数构成的集合 $A = \{a_k | 0 \leq k < n\}$，将其划分为两个不相交的子集 A_1 和 A_2，元素个数分别是 n_1 和 n_2，A_1 和 A_2 中元素之和分别为 S_1 和 S_2。设计一个尽可能高效的划分算法，满足 $|n_1 - n_2|$ 最小且 $|S_1 - S_2|$ 最大。要求：

(1) 给出算法的基本设计思想。

(2) 根据设计思想，采用 C 或 C++语言描述算法，关键之处给出注释。

(3) 说明你所设计算法的平均时间复杂度和空间复杂度。　　　【全国统考 2016 年】

解题思路

梳理逻辑与考点

5. 已知无表头结点的单链表 la 及单链表 lb 存在，写一算法，删除单链表 la 中第 i 个结点起长度为 len 的结点，并将其插入至单链表 lb 第 j 个结点之前。

【杭州电子科技大学 2018 年】

解题思路

梳理逻辑与考点

6. 一个线性表的元素均为正整数，使用带头指针的单链表实现。编写算法：判断该线性表是否符合：所有奇数在前面，偶数在后面。　　　【苏州大学 2018 年】

解题思路

梳理逻辑与考点

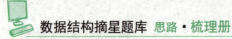

7. 写出递归删除单链表中所有值为 item 的算法。

解题思路

梳理逻辑与考点

8. 给定一个值,求出所有得到的新值的个数。例如给出值为 345,将其各位数字相加得到新值为 12,对 12 各位相加得到的新值为 3,则对 345 得到的新值的个数为 3 个(包括其本身)。

解题思路

梳理逻辑与考点

9. 定义三元组 (a,b,c)(a、b、c 均为正数)的距离 $D=|a-b|+|b-c|+|c-a|$。给定三个非空整数集合 S_1、S_2 和 S_3,按升序分别存储在三个数组中。请设计一个尽可能高效的算法,计算并输出所有可能的三元组 (a,b,c)($a \in S_1, b \in S_2, c \in S_3$)中的最小距离。例如 $S_1 = \{-1,0,9\}$,$S_2 = \{-25,-10,10,11\}$,$S_3 = \{2,9,17,30,41\}$,则最小距离为 2,相应的三元组为 $\{9,10,9\}$。要求:

(1)给出算法的基本设计思想。

(2)根据设计思想,采用 C 或 C++ 语言描述算法,关键之处给出注释。

(3)说明你所设计的算法的时间复杂度和空间复杂度。　　【全国统考 2020 年】

解题思路

梳理逻辑与考点

第 3 章　栈、队列和数组

»» 搭建框架 ➡

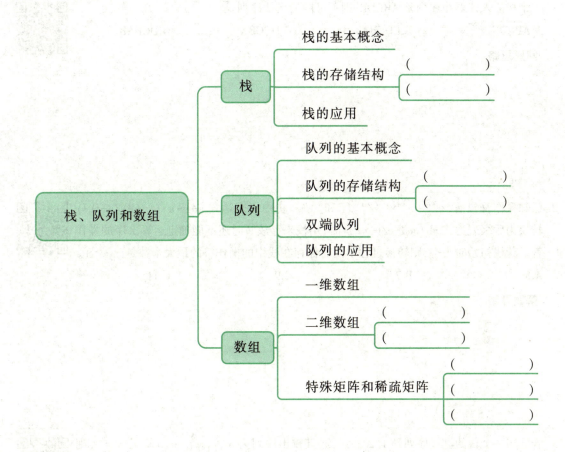

§3.1 栈

考点1 栈的基本概念

1. 一个栈的入栈顺序序列是 ABCDE,则不可能的出栈序列是(   )。

   A.ABCDE   B.EDCBA   C.DECBA   D.DCEAB

   解题思路

梳理逻辑与考点

2. 已知操作符包括"+""−""×""/""("和")"。将中缀表达式 a+b−a×((c+d)/e−f)+g 转换为后缀表达式 ab+acd+e/f−×−g+时,用栈来存放暂时还不能确定运算次序的操作符。若栈初始时为空,则转换过程中同时保存在栈中的操作符的最大个数是(   )。

   A.5   B.7   C.9   D.11

   解题思路

梳理逻辑与考点

3. 若已知一个栈的进栈序列是 $1, 2, 3, \cdots, n$,其输出序列为 $p_1, p_2, p_3, \cdots, p_n$。若 $p_1 = 3$,则 p_2 为(   )。

   A.可能是2   B.一定是2   C.可能是1   D.一定是1

   解题思路

梳理逻辑与考点

4. 一个栈的入栈序列为 $1, 2, 3, 4, \cdots, n$，其出栈序列是 $p_1, p_2, p_3, \cdots, p_n$。若 $p_2 = 3$，则 p_3 可

   能取值的个数是( )。

   A.$n-3$ B.$n-2$ C.$n-1$ D.无法确定

   解题思路

梳理逻辑与考点

5. 一个栈的输入序列为 $1, 2, 3, 4, \cdots, n$，若输出序列的第一个元素是 n，输出第 i 个元素

   是( )。

   A.不确定   B.$n-1$ C.i D.$n-i+1$

   解题思路

梳理逻辑与考点

6. 设栈 S 和队列 Q 的初始状态均为空，元素 a,b,c,d,e,f,g 依次进入栈 S。若每个元素

   出栈后立即进入队列 Q，且 7 个元素出列的顺序是 b,d,c,g,f,e,a 则栈 S 的容量至少

   是( )。

   A.1   B.2   C.3   D.4

   解题思路

梳理逻辑与考点

7. 由两个栈共享一个向量空间的好处是( )。

   A.减少存取时间，降低上溢发生的几率   B.节省存储空间，降低上溢发生的几率

   C.减少存取时间，降低下溢发生的几率   D.节省存储空间，降低下溢发生的几率

   解题思路

梳理逻辑与考点

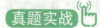

真题实战

1. 若元素 a,b,c,d,e,f 依次进栈,允许进栈、退栈操作交替进行,但不允许连续三次进行 退栈工作,则不可能得到的出栈序列是( )。 **【北京化工大学 2019 年】**

　　A.dcebfa 　　　　　B.cbdaef 　　　　　C.bdceaf 　　　　　D.afedcb

　　解题思路

梳理逻辑与考点

2. 给定有限符号集 S,in 和 out 均为 S 中所有元素的任意排列。对于初始为空的栈 ST, 下列叙述中,正确的是( )。 **【全国统考 2022 年】**

　　A.若 in 是 ST 的入栈序列,则不能判断 out 是否为其可能的出栈序列

　　B.若 out 是 ST 的出栈序列,则不能判断 in 是否为其可能的入栈序列

　　C.若 in 是 ST 的入栈序列,out 是对应 in 的出栈序列,则 in 与 out 一定不同

　　D.若 in 是 ST 的入栈序列,out 是对应 in 的出栈序列,则 in 与 out 可能互为倒序

　　解题思路

梳理逻辑与考点

考点 2　栈的存储结构

题组闯关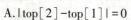

1. 若栈采用顺序存储方式存储,现两栈共享空间 V[1...m],top[i]代表第 i 个栈(i=1, 2)栈顶,栈 1 的底在 V[1],栈 2 的底在 V[m],则栈满的条件是( )。

　　A.|top[2]−top[1]|=0 　　　　　　　B.top[1]+1=top[2]

　　C.top[1]+top[2]=m 　　　　　　　D.top[1]=top[2]

　　解题思路

梳理逻辑与考点

2. 向一个栈顶指针为 top 的链栈中插入一个 x 结点,则执行( )。

A.top-> next = x;

B.x-> next = top-> next; top-> next = x;

C.x-> next = top; top = x;

D.x-> next = top; top = top-> next;

解题思路

梳理逻辑与考点

1. 若一个栈以向量 V[1...n]存储,初始栈顶指针 top 为 n+1,则下面 x 入栈的正确操作是
( )。

A.top = top+1; V[top] = x

B.V[top] = x; top = top+1

C.top = top-1; V[top] = x

D.V[top] = x; top = top-1

解题思路

梳理逻辑与考点

2. 若双栈共享空间 S[0...n-1],初始时 top1 = -1,top2 = n,则判栈满为真的条件是( )
　　　　　　　　　　　　　　　　　　　　　　　　　【北京邮电大学 2016 年】

A.top1 == top2

B.top1-top2 == 1

C.top1+top2 == n

D.top2-top1 == 1

解题思路

梳理逻辑与考点

3. 若有一栈 stack[0...n-1],初始时栈顶指针 top 为 n,则以下元素 x 进栈的正确操作是（　　）。

A.top++; stack[top]=x;　　　　　　　　B.stack[top]=x; top++;

C.top−−; stack[top]=x;　　　　　　　　D.stack[top]=x; top−−;

解题思路

梳理逻辑与考点

4. 链式栈与顺序栈相比,一个比较明显的优点是(　　)。

A.插入操作更加方便　　　　　　　　　B.通常不会出现栈满的情况

C.不会出现栈空的情况　　　　　　　　D.删除操作更加方便

解题思路

梳理逻辑与考点

考点 3　栈的应用

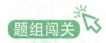

1. 以下哪个选项中不会应用到栈(　　)。

A.递归　　　　　　　　　　　　　　　B.图的广度优先搜索

C.表达式求值　　　　　　　　　　　　D.树的深度优先遍历

解题思路

梳理逻辑与考点

2. 表达式 3×2^(4+2×2-6×3)-5,求值过程中当扫描到 6 时,对象栈和算符栈为(　　),其中^为乘幂。

A.3, 2, 8; ×^-　　　　　　　　　　B.3, 2, 4, 2, 2; ×^+×-

C.3, 2, 4, 2, 2; ×^(+×-　　　　　D.3, 2, 8; ×^(-

解题思路

梳理逻辑与考点

3. 有函数 int func(int i) 的实现如下:

```
int func(int i)
{
    if (i>1)
        return i * func(i-1);
    else
        return 1;
}
```

请问函数调用 func(5) 的返回值是多少(　　)。

A.5　　　　　　　B.15　　　　　　C.20　　　　　　D.120

解题思路

梳理逻辑与考点

4. 一个问题的递归算法求解和其相对应的非递归算法求解相比(　　)。

A.递归算法通常高效一些　　　　　　B.非递归算法通常高效一些

C.两者相同　　　　　　　　　　　　D.无法比较

解题思路

梳理逻辑与考点

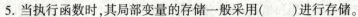

5. 当执行函数时,其局部变量的存储一般采用( )进行存储。

    A.树   B.静态链表   C.栈   D.队列

解题思路

梳理逻辑与考点

1. 已知程序如下：

```
int S(int n) {
    return (n<=0) ? 0: S(n-1)+n;
}
void main() {
    count<< S(1);
}
```

程序运行时使用栈来保存调用过程的信息,自栈底到栈顶保存的信息依次对应的是( )。

    A.main( )→S(1)→S(0)   B.S(0)→S(1)→main( )

    C.main( )→S(0)→S(1)   D.S(1)→S(0)→main( )

解题思路

梳理逻辑与考点

2. 利用栈求表达式的值时,设立运算数栈 OPEN。假设 OPEN 只有两个存储单元,在下列表达式中,不发生溢出的是( )。

    A.A−B * (C−D)   B.(A−B) * C−D

    C.(A−B * C) −D   D.(A−B) * (C−D)

  解题思路

梳理逻辑与考点

3. 算术表达式 a+b＊(c+d/e) 转为后缀表达式后为(　　)。　　【上海海事大学 2017 年】

　　A.abcde/＋＊＋　　　　　　　　　　　　B.abcde/＊++

　　C.abcde＊/++　　　　　　　　　　　　　D.ab+cde/＊

解题思路

梳理逻辑与考点

4. 与表达式 $x+y＊(z-u)/v$ 等价的后缀表达式是(　　)。　　【全国统考 2024 年】

　　A.$zyzu-＊v/+$　　　　　　　　　　　　B.$xyzu-v/＊+$

　　C.$+x/＊y-zuv$　　　　　　　　　　　　D.$+x＊y/-zuv$

解题思路

梳理逻辑与考点

§3.2　队列

考点 1　队列的基本概念

1. 栈和队列的共同点是(　　)。

　　A.都是先进先出　　　　　　　　　　　　B.都是先进后出

　　C.只允许在端点处插入和删除元素　　　　D.没有共同点

解题思路

梳理逻辑与考点

2. 以下哪个问题的求解需要使用队列(　　)。

A.函数调用时保存函数的参数、局部变量等

B.检查括号匹配

C.图的广度优先搜索

D.基于深度优先搜索的图的拓扑排序过程

解题思路

梳理逻辑与考点

3. 假设用数组 A[8]存储循环队列的元素,其头、尾指针 front 和 rear 的当前值分别为 4 和 0。当从队列中出队列两个元素,再入队列一个元素后,front 和 rear 的值分别为 (　　)。

A.3 和 6　　　　　　B.6 和 3　　　　　　C.1 和 6　　　　　　D.6 和 1

解题思路

梳理逻辑与考点

4. 对于空队列 Q,执行如下一组操作:

EnQueue(Q, 1);DeQueue(Q);

EnQueue(Q, 2);EnQueue(Q, 3);

DeQueue(Q);EnQueue(Q, 4);

操作之后,队头元素是(　　)。

A.1　　　　　　　　B.2　　　　　　　　C.3　　　　　　　　D.4

解题思路

梳理逻辑与考点

真题实战

1. 一个队列的入列序列是 $1,2,3,4$,则队列的出队序列是(   )。

【暨南大学 2017 年】

A.4, 3, 2, 1   B.1, 2, 3, 4   C.1, 4, 3, 2   D.3, 2, 4, 1

解题思路

梳理逻辑与考点

2. 循环队列存储在数组 $A[0...m-1]$,则出队时的操作为(   )。

A.$front = front + 1$

B.$front = (front+1) \bmod (m-1)$

C.$front = (front+1) \bmod m$

D.$front = (front \bmod m) + 1$

解题思路

梳理逻辑与考点

3. 下列操作中,不属于队列基本操作的是(   )。

【广东工业大学 2017 年】

A.取队头元素

B.删除队头元素

C.取队尾元素

D.插入队尾元素

解题思路

梳理逻辑与考点

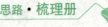

4. 有关队列的叙述中正确的是(　　)。

Ⅰ.队列中元素的逻辑关系是线性关系

Ⅱ.队列中元素的逻辑关系不一定是线性关系

Ⅲ.队列是一种先进先出表

Ⅳ.队列的插入和删除操作在同一端进行

A.仅Ⅰ、Ⅳ　　　　　B.仅Ⅰ、Ⅲ　　　　　C.仅Ⅱ、Ⅲ　　　　　D.仅Ⅰ、Ⅲ、Ⅳ

解题思路

梳理逻辑与考点

5. 设循环队列中数组的下标为 0~N-1,已知其队头指针 f(f 指向队首元素的前一位置)和队中元素个数 n,则队尾指针 r(r 指向队尾元素的位置)为(　　)。

【四川大学 2017 年】

A.f-n　　　　　B.(f-n)%N　　　　　C.(f+n)%N　　　　　D.(f+n+1)%N

解题思路

梳理逻辑与考点

6. 已知初始为空的队列 Q 的一端仅能进行入队操作,另外一端既能进行入队操作又能进行出队操作。若 Q 的入队序列是 1,2,3,4,5,则不能得到的出队序列是(　　)。

【全国统考 2021 年】

A.5,4,3,1,2　　　　　B.5,3,1,2,4　　　　　C.4,2,1,3,5　　　　　D.4,1,3,2,5

解题思路

梳理逻辑与考点

考点2 队列的存储结构

1. 设顺序循环队列 Q[0: M−1] 的头指针和尾指针分别为 F 和 R, 头指针 F 总是指向队头元素的前一个位置, 尾指针 R 总是指向队尾元素的当前位置, 则该循环队列的元素个数为(   )。

A.R−F

B.F−R

C.(R−F+M)%M

D.(F−R+M)%M

解题思路

梳理逻辑与考点

2. 设栈 S 和队列 Q 的初始状态为空, 元素 $E_1, E_2, E_3, E_4, E_5, E_6$ 依次通过栈 S, 一个元素出栈后立即进入队列 Q, 若6个元素出队的顺序为 $E_2, E_4, E_3, E_6, E_5, E_1$, 则栈 S 的容量至少应该是(   )。

A.6   B.4   C.3   D.2

解题思路

梳理逻辑与考点

3. 已知循环队列的存储空间为 A[21], front 指向队头元素的前一个位置, rear 指向队尾元素, 假设当前 front 和 rear 的值分别为8和3, 则该队列的长度为(   )。

A.5   B.6   C.16   D.17

解题思路

梳理逻辑与考点

4. 假设循环队列的长度为 QSize。当队列未满时,向队列中添加一个数据后,其队尾下标 Rear 的变化为( )。

A.Rear = Rear+1 　　　　　　　　B.Rear = Rear++ % QSize

C.Rear = (Rear+1) % QSize 　　　　D.Rear = Rear % Qsize+1

解题思路

梳理逻辑与考点

5. 循环队列用数组 A[0...m−1]存放其元素值,已知其队头指针 front 指向队头元素,队尾指针 rear 指向队尾元素,则当前队列的元素个数是( )。

A.(rear−front+m) MOD m 　　　　B.rear−front+1

C.(rear−front+m+1) MOD m 　　　D.(rear−front+m−1) MOD m

解题思路

梳理逻辑与考点

6. 若用一个大小为 6 的数组来实现循环队列,且当前 rear 和 front 的值分别为 0 和 3,当从队列中删除一个元素,再加入两个元素后,rear 和 front 的值分别为( )。

A.1 和 5 　　　　B.2 和 4 　　　　C.4 和 2 　　　　D.5 和 1

解题思路

梳理逻辑与考点

7. 循环队列存储在数组 A[0...m]中,则入队时的操作为( )。

A.rear = rear+1 　　　　　　　　B.rear = (rear+1) MOD(m−1)

C.rear = (rear+1) MOD m 　　　　D.rear = (rear+1) MOD(m+1)

解题思路

梳理逻辑与考点

8. 若用一个大小为 6 的数组来实现循环队列,且 rear 和 front 的值分别为 0 和 3。从队列中删除一个元素,再加入两个元素后,rear 和 front 的值分别为(   )。

    A.1 和 5   B.2 和 4   C.4 和 2   D.5 和 1

    解题思路

梳理逻辑与考点

9. 用链接方式存储的队列,在进行删除运算时(   )。

    A.仅修改头指针   B.仅修改尾指针

    C.头、尾指针都要修改   D.头、尾指针可能都要修改

    解题思路

梳理逻辑与考点

10. 设循环队列的存储空间为 Q(1:35),初始状态为 front = rear = 35。现经过一系列入队与退队运算后,front = 15,rear = 15,则循环队列中的元素个数为(   )。

    A.15   B.16   C.20   D.0 或 35

    解题思路

梳理逻辑与考点

11. 单循环链表表示的队列长度为 n,若只设头指针,则入队的时间复杂度为(   )。

    A.$O(n)$ B.$O(1)$ C.$O(n^2)$ D.$O(n\log n)$

    解题思路

梳理逻辑与考点

真题实战

1. 循环队列放在一维数组 A[0...M−1] 中, end1 指向队头元素, end2 指向队尾元素的后
一个位置。假设队列两端均可进行入队和出队操作, 队列中最多能容纳 M−1 个元素,
初始时为空。下列判断队空和队满的条件中, 正确的是(　　)。

　　A.队空: end1==end2;　　队满: end1==(end2+1) mod M

　　B.队空: end1==end2;　　队满: end2==(end1+1) mod(M−1)

　　C.队空: end2==(end1+1) mod M;　　队满: end1==(end2+1) mod M

　　D.队空: end1==(end2+1) mod M;　　队满: end2==(end1+1) mod(M−1)

解题思路

梳理逻辑与考点

2. 采用顺序存储结构的栈 S 和队列 Q 的初始状态均为空, 元素 a、b、c、d、e、f 依次进入队
列 Q, Q 中每一个元素出队后立刻进入栈 S, 如果 6 个元素出栈序列是 b、c、d、f、e、a, 则
栈 S 的容量最少是(　　)。　　　　　　　　　　　　　　　　【北京工业大学 2018 年】

　　A.2　　　　　　　　　　　　　　　B.3

　　C.4　　　　　　　　　　　　　　　D.5

解题思路

梳理逻辑与考点

3. 循环队列用数组 A[0...m−1] 存放其元素值, 已知其头尾指针分别是 front 和 rear, 则当
前队列中的元素个数是(　　)。　　　　　　　　　　　　　　　【暨南大学 2017 年】

　　A.rear−front+m+1　　　　　　　　　　　　B.rear−front+1

　　C.rear−front−1　　　　　　　　　　　　　　D.rear−front

解题思路

梳理逻辑与考点

4. 若线性表中总的元素个数基本稳定,但经常要在表头删除元素,在表尾插入元素,那么最好采用(　　)来实现该线性表。

A.带头指针的单链表　　　　　　　　B.双向循环链表

C.循环顺序队列　　　　　　　　　　D.顺序表

解题思路

梳理逻辑与考点

5. 在具有 n 个单元的顺序存储的循环队列中,假定 front 和 rear 分别为队头指针和队尾指针,则判断队满的条件为(　　)。　　　　　　　　　【上海海事大学 2016 年】

A.rear%n==front　　　　　　　　　B.(front+1)%n==rear

C.rear%n−1==front　　　　　　　　D.(rear+1)%n==front

解题思路

梳理逻辑与考点

6. 若用带头结点的单循环链表表示非空队列,队列只设一个指针 Q,则插入新元素结点 P 的操作语句序列是(　　)。　　　　　　　　　　【北京邮电大学 2016 年】

A.P−>next=Q−>next; Q−>next=P; Q=P

B.Q−>next=P; P−>next=Q−>next; Q=P

C.P−>next=Q−>next−>next; Q=P

D.P−>next=Q−>next; Q=P

解题思路

梳理逻辑与考点

7. 假定一个带头结点的链队列的队头和队尾指针分别为 front 和 rear,则判断队空的条件为(   )。　　　　　　　　　　　【广东工业大学 2019 年】

A.front＝＝rear

B.rear!＝NULL

C.front!＝NULL

D.front＝＝NULL

解题思路

梳理逻辑与考点

8. 若用一个不带头结点的循环单链表表示队列,则最好用(   )标识链队。

【四川大学 2016 年】

A.首结点指针

B.尾结点指针

C.首结点和尾结点两个指针

D.任何结点指针

解题思路

梳理逻辑与考点

考点3　双端队列

1. 双端队列,是一种在线性表两端都可进行插入和删除操作(也仅可在两端进行)的数据结构,假定输入序列为 1 2 3 4 5 6,下列哪个序列不可能是双端队列的输出序列
(   )。

A.1 2 3 4 5 6

B.4 2 1 3 5 6

C.1 2 6 4 5 3

D.5 2 6 3 4 1

解题思路

梳理逻辑与考点

2. 某队列允许在其两端进行入队操作,但仅允许在一端进行出队操作。设入队顺序是 abcde,则不可能得到的出队顺序是(   )。

　　A.bacde　　　　　　　B.dbace　　　　　　　C.dbcae　　　　　　　D.ecbad

解题思路

梳理逻辑与考点

真题实战

输入受限的双端队列是指元素只能从队列的一端输入,但可以从队列的两端输出,如图所示。若有 8、1、4、2 依次进入输入受限的双端队列,则得不到输出序列(   )。

【昆明理工大学 2016 年】

输入受限的双端队列

A.2、8、1、4　　　　　B.1、4、8、2　　　　　C.4、2、1、8　　　　　D.2、1、4、8

解题思路

梳理逻辑与考点

考点 4　队列的应用

题组闯关

1. 执行(   )操作时,需要使用队列作为辅助存储空间。

　　A.查找散列(哈希)表　　　　　　　　　B.广度优先搜索图

　　C.前序(根)遍历二叉树　　　　　　　　D.深度优先搜索图

解题思路

梳理逻辑与考点

2. 为解决计算机主机与打印机之间的速度不匹配问题,通常设计一个打印数据缓冲区,
   主机将要输出的数据依次写入该缓冲区,而打印机则依次从该缓冲区中取出数据。该
   缓冲区的逻辑结构应该是( )。

   A.栈   B.队列   C.树   D.图

   解题思路

梳理逻辑与考点

§3.3 数组

考点 1 一维数组

用足够容量的一维数组 B 对 $n*n$ 阶对称矩阵 A 进行压缩存储,若 B 中只存储对称矩
阵 A 的下三角元素,则 $a_{i,j}$(其中 $0 \leq i,j \leq n-1, i<j$)存储在 B 中对应的元素为( )。

A.$B[i*n/2+j]$ B.$B[j*n/2+i]$

C.$B[i*(i+1)/2+j]$ D.$B[j*(j+1)/2+i]$

解题思路

梳理逻辑与考点

真题实战

1. 已知一个三维数组 A[1...15][0...9][-3...6]的每个元素占用 5 个存储单元,该数组
   总共需要的存储空间单元数为( )。   【北京邮电大学 2017 年】

   A.1500   B.4050   C.5600   D.7500

   解题思路

梳理逻辑与考点

2. 用足够容量的一维数组 B 对 $n*n$ 阶对称矩阵 A 进行压缩存储,若 B 中只存储对称矩阵 A 的下三角元素,则 $A[i,j]$(其中 $i<j$)存储在 B 中对应的元素为(　　)。

A.$B[j*n/2+i]$　　　　　　　　　　　B.$B[i*(i+1)/2+j]$

C.$B[j*(j+1)/2+i]$　　　　　　　　　D.$B[i*n/2+j]$

解题思路

梳理逻辑与考点

考点2　二维数组

1. 二维数组 M[5][6],每个元素占4个存储单元,按行存储情况下 M[3][5]的起始地址与按列存储时哪个元素的起始地址相同(　　)。

A.M[2][4]　　　　　B.M[3][4]　　　　　C.M[3][5]　　　　　D.M[4][4]

解题思路

梳理逻辑与考点

2. 已知二维数组 A[1:4,1:6]采用列序为主序方式存储,每个元素占用5个存储单元,并且 A[3,4]的存储地址为2091,那么元素 A[1,1]的存储地址为(　　)。

A.2011　　　　　　B.2021　　　　　　C.2031　　　　　　D.2041

解题思路

梳理逻辑与考点

3. C 语言中定义的整数一维数组 a[50]和二维数组 b[10][5]具有相同的首元素地址，即 &(a[0])= &(b[0][0]),在以列序为主序时,a[18]的地址和(　　)相同。

 A.b[1][7]   B.b[1][8]   C.b[8][1]   D.b[7][1]

解题思路

梳理逻辑与考点

1. 设二维数组的定义为 ElemtypeA[6][10],每个数组元素占用 4 个存储单元,若按行优先顺序存放数组中的元素,a[0][0]的存储地址为 860,则 a[3][5]的存储地址是(　　)。

 A.960   B.980   C.1000   D.1020

解题思路

梳理逻辑与考点

2. 二维数组 A[14][9]采用列优先的存储方法,若每个元素占 4 个存储单元且第一个元素的首地址为 50,则 A[6][5]的地址为(　　)。

 A.346   B.350   C.354   D.358

解题思路

梳理逻辑与考点

考点 3　特殊矩阵和稀疏矩阵

 **题组闯关**

1. 按照压缩存储的思想,对于具有 t 个非零元素的 $m*n$ 阶稀疏矩阵,可以采用三元组表
   存储方法存储,但 t 满足(　　)关系时,这样做才有意义。
   A.$t<m*n$
   B.$t<(m*n)/3$
   C.$t\leqslant(m*n)/3-1$
   D.$t<(m*n)/3-1$
   解题思路

梳理逻辑与考点

2. 设有一个 10 阶的下三角矩阵 A(包括对角线),按照行优先的顺序存储到连续的 55 个
   存储单元中,每个数组元素占 1 个字节的存储空间,则 A[5][4]地址与 A[0][0]的地
   址之差为(　　)。
   A.10　　　　　　B.19　　　　　　C.28　　　　　　D.55
   解题思路

梳理逻辑与考点

3. 对稀疏矩阵采用压缩存储,其缺点之一是(　　)。
   A.无法判断矩阵有多少行多少列
   B.无法根据行列号查找某个矩阵元素
   C.无法根据行列号计算矩阵元素的存储地址
   D.使矩阵元素之间的逻辑关系更加复杂
   解题思路

梳理逻辑与考点

真题实战

1. 设有 10 阶矩阵 A,其对角线以上的元素 $a_{ij}(1 \leqslant j \leqslant 10, 1 < i < j)$ 均取值为-3,其它矩阵元素为正整数。现将矩阵压缩存放在一维数组 $F[m]$ 中,则 m 为( )。

A.45 B.46 C.55 D.56

解题思路

 梳理逻辑与考点

2. 假设用一个一维数组 B 来按行存放一个对称矩阵 A 的下三角部分,那么访问 A 的下三角部分的第 i 行第 j 列元素应表示为( )。(下标都从 0 开始)

A.$B[i*(i-1)/2+j+1]$ B.$B[i*(i+1)/2+j+1]$

C.$B[i*(i-1)/2+j]$ D.$B[i*(i+1)/2+j]$

解题思路

梳理逻辑与考点

3. 有一个 100 阶的三对角矩阵 M,其元素 $m_{i,j}\,m_{i,j}(1 \leqslant i \leqslant 100, 1 \leqslant j \leqslant 100)$ 按行优先次序压缩存入下标从 0 开始的一维数组Ⅳ中。元素 $m_{30,30}\,m_{30,30}$ 在 N 中的下标是( )。

【全国统考 2016 年】

A.86 B.87 C.88 D.89

解题思路

梳理逻辑与考点

4. 关于稀疏矩阵的存储方法,不正确的是(　　　　)。

　　A.三元组表存储　　　　　　　　　B.双循环链表

　　C.带行指针的链表存储　　　　　　D.十字链表存储

解题思路

梳理逻辑与考点

§3.4　综合应用题

1. 设计一个算法实现对栈取最小值的操作 min 函数,要求时间复杂度 $O(1)$。

解题思路

梳理逻辑与考点

2. 给定一个整数数组 nums 和一个目标值 target,请你在该数组中找出和为目标值的那两个整数,并返回它们的数组下标。

解题思路

梳理逻辑与考点

3. 设计一个算法,使用两个栈实现队列的入队和出队操作。

解题思路

梳理逻辑与考点

4. 编写一个双向起泡的排序算法,即相邻两趟向相反方向起泡。

解题思路

梳理逻辑与考点

5. 什么是队列的上溢现象?一般有几种解决方法?

解题思路

梳理逻辑与考点

6. 请简述判断队列为空和队列为满的方法都有哪些？

解题思路

梳理逻辑与考点

7. 在一个算法中需要建立多个堆栈时可以选用下列三种方案之一,试问:这三种方案之间相比较各有什么优缺点？

(1)分别用多个顺序存储空间建立多个独立的堆栈;

(2)多个堆栈共享一个顺序存储空间;

(3)分别建立多个独立的链接堆栈。

解题思路

梳理逻辑与考点

8. 写出下列程序段的输出结果(栈的元素类型 SElemType 为 char)。

```
void main( ) {
    Stack S;
    char x, y;
    InitStack(S);
    x = ´c´;
    y = ´k´;
    Push(S, x);
    Push(S, ´a´);
```

```
    Push(S, y);
    Pop(S, x);
    Push(S, 't');
    Push(S, x);
    Pop(S, x);
    Push(S, 's');
    while( ! StackEmpty(S) ) {
        Pop(S, y);
        printf(y);
    }
    printf(x);
}
```

解题思路

梳理逻辑与考点

9. 简述以下算法的功能(栈的元素类型 SElemType 为 int)。

(1)

```
status algo1(Stack S) {
    int i, n, A[ 255];
    n = 0;
    while( ! StackEmpty(S) ) {
        n++; Pop( S, A[ n]);
    }
    for( i = 1; i <= n; i++) {
        Push( S, A[ i]);
    }
}
```

（2）

```
status algo2(Stack S, int e) {
    Stack T; int d;
    InitStack(T) ;
    while(! StackEmpty(S) ) {
        Pop(S, d) ;
        if( d! =e) {
            Push( T, d) ;
        }
    }
    while(! StackEmpty(T) ) {
        Pop(T, d) ;
        Push(S, d) ;
    }
}
```

解题思路

梳理逻辑与考点

真题实战

阅读如下程序,写出此程序的输出结果(其中栈的元素类型为 char)。

【暨南大学 2017 年】

```
void main( ) {
    Stack S;
    char x, y;
    InitStack(S) ;
    x = ' y' ; y = ' s' ;
    Push(S, x) ; Push(S, y) ;
    Pop(S, x) ; Push(S, ' k' ) ; Push(S, x) ;
    while( ! StackEmpty(S) ) {
        Pop(S, y) ;
        Printf(y) ;
    }
}
```

解题思路

梳理逻辑与考点

第 4 章　树与二叉树

》》搭建框架 ➤

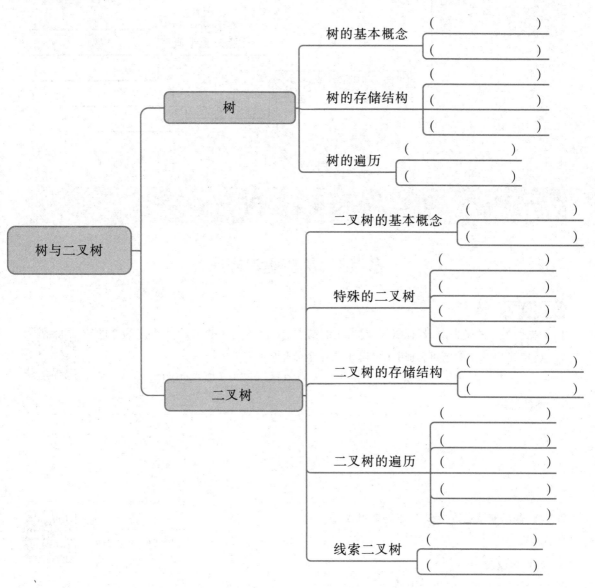

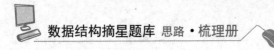
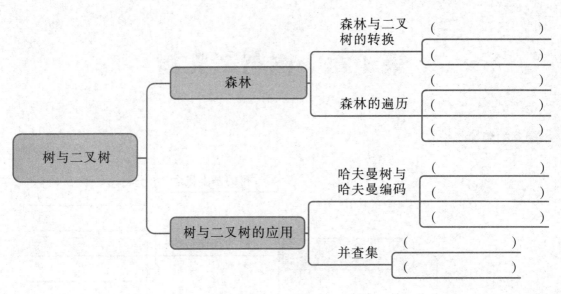

§4.1 树

考点 1 树的基本概念

1. 一棵度为 4 的树 T 中,若有 20 个度为 4 的结点,10 个度为 3 的结点,1 个度为 2 的结点,10 个度为 1 的结点,则树 T 的叶子结点个数是( )。

A.41 B.82 C.113 D.122

解题思路

梳理逻辑与考点

2. 一棵有根树结点数为 n,其边的数量为( )。

A.$n/2$ B.$n-1$ C.n D.$n+1$

解题思路

梳理逻辑与考点

3. 设一棵三叉树中有 2 个度数为 1 的结点,2 个度数为 2 的结点,2 个度数为 3 的结点,
则该三叉树中有( )个度数为 0 的结点。

A.5 　　　　　　　B.6 　　　　　　　C.7 　　　　　　　D.8

解题思路

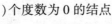梳理逻辑与考点

4. 对于一棵具有 n 个结点,度为 4 的树来说( )。

　　A.树的高度至多是 $n-3$ 　　　　　　B.树的高度至多是 $n-4$

　　C.第 i 层上至多有 $4*(i-1)$ 个结点 　　D.至少在某一层上正好有 4 个结点

解题思路

梳理逻辑与考点

5. 度为 4、高度为 h 的树,( )。

　　A.至少有 $h+3$ 个结点 　　　　　　B.至多有 4^h-1 个结点

　　C.至多有 $4h$ 个结点 　　　　　　　D.至少有 $h+4$ 个结点

解题思路

梳理逻辑与考点

真题实战

1. 一棵度为 3 的树中,度为 1 的结点数为 1,度为 2 的结点数为 2,度为 3 的结点数为 3,
则度为 0 的结点数为( )。　　　　　　　　　　【广东工业大学 2019 年】

A.8 　　　　　　　B.9 　　　　　　　C.10 　　　　　　　D.11

解题思路

梳理逻辑与考点

2. 一棵具有 $n(n>1)$ 个结点的树,其高度最小和最大分别是(　　)。

【北京邮电大学 2017 年】

  A.1、$\log_2 n$ B.1、n C.2、n D.$\log_2 n$、n

解题思路

梳理逻辑与考点

3. 在一棵具有 k 层($k>=1$)的满三叉树中,结点总数为(　　)。

【青岛科技大学 2016 年】

  A.3^k B.3^k-1 C.$(3^k-1)/3$ D.$(3^k-1)/2$

解题思路

梳理逻辑与考点

4. 将有关二叉树的概念推广到三叉树,则一棵有 244 个结点的完全三叉树的高度为
(　　)。
【上海海事大学 2017 年】

  A.4   B.5   C.6   D.7

解题思路

梳理逻辑与考点

考点2　树的存储结构

1. 用双亲存储结构表示树,其优点之一是(　　　)比较方便。

    A.找指定结点的双亲结点　　　　　　B.找指定结点的孩子结点

    C.找指定结点的兄弟结点　　　　　　D.判断某结点是不是叶子结点

    解题思路

2. 用孩子链存储结构表示树,其优点之一是(　　　)比较方便。

    A.判断两个指定结点是不是兄弟　　　B.找指定结点的双亲

    C.判断指定结点在第几层　　　　　　D.计算指定结点的度数

    解题思路

3. 如果用孩子兄弟链来表示一棵具有 $n(n>1)$ 个结点的树,则在该存储结构中(　　　)。

    A.至多有 $n-1$ 个非空的右指针域　　B.至少有两个空的右指针域

    C.至少有两个非空的左指针域　　　　D.至多有 $n-1$ 个空的右指针域

    解题思路

4. 如果在树的孩子兄弟链存储结构中有 6 个空的左指针域,7 个空的右指针域,5 个结点左右指针域都为空,则该树中叶子结点(　　)。

    A.有 7 个   B.有 6 个

    C.有 5 个   D.不能确定

解题思路

梳理逻辑与考点

真题实战

1. 现有一"遗传"关系:设 x 是 y 的父亲,则 x 可以把它的属性遗传给 y。表示该遗传关系最适合的数据结构为(　　)。　　　　　　　　　　【暨南大学 2018 年】

    A.向量   B.图   C.树   D.二叉树

解题思路

梳理逻辑与考点

2. 对于含有 n 个结点的 m 次树,采用孩子链存储结构时,其中空指针域的个数是(　　)。

    A.0   B.$n(m-1)+1$ C.$m(n-1)+1$ D.$nm+1$

解题思路

梳理逻辑与考点

3. 在下列存储形式中,(　　)不是树的直接存储形式。　　　　　　　　　　【南京邮电大学】

    A.双亲表示法   B.三重链表表示法

    C.孩子兄弟表示法   D.多重链表表示法

解题思路

梳理逻辑与考点

考点 3　树的遍历

1. 关于树的遍历,以下说法正确的是(　　)。

　　A.树的先根遍历等价于对其转换后的二叉树进行先根遍历

　　B.树的中根遍历等价于对其转换后的二叉树进行中根遍历

　　C.树的后根遍历等价于对其转换后的二叉树进行后根遍历

　　D.树的按层序遍历等价于对其转换后的二叉树进行层序遍历

　　解题思路

梳理逻辑与考点

2. 树的基本遍历策略可分为先序遍历和后序遍历。二叉树的基本遍历策略可分为先序遍历、中序遍历和后序遍历。这里,我们把由树转化得到的二叉树叫做这棵树对应的二叉树。则以下结论中正确的是(　　)。

　　A.树的先序遍历序列与其对应的二叉树的先序遍历序列相同

　　B.树的后序遍历序列与其对应的二叉树的后序遍历序列相同

　　C.树的先序遍历序列与其对应的二叉树的中序遍历序列相同

　　D.以上都不对

　　解题思路

梳理逻辑与考点

1. 已知某二叉树的后序遍历序列是 adceb,中序遍历序列是 aecdb,则它的前序遍历序列是(　　)。

　　A.beacd　　　　　B.decab　　　　　C.deabc　　　　　D.becda

　　解题思路

梳理逻辑与考点

2. 将一棵树 T1 转化为对应的二叉树 T2,则 T1 后序遍历序列是 T2 的(　　)序列。

【四川大学 2018 年】

A.前序遍历　　　　　　B.中序遍历　　　　　　C.后序遍历　　　　　　D.层次遍历

解题思路

梳理逻辑与考点

§4.2　二叉树

考点1　二叉树的基本概念

1. 对于有 n 个结点的二叉树,其高度为(　　)。

A.$n\log n$　　　　　　B.$\log n$　　　　　　C.$\lfloor \log n \rfloor + 1$　　　　　　D.不确定

解题思路

梳理逻辑与考点

2. 如果有 N 个结点用二叉树结构来存储,那么二叉树的最小深度是(　　)。

A.以 2 为底 $N+1$ 的对数,向下取整　　　　B.以 2 为底 N 的对数,向上取整

C.以 2 为底 $2N$ 的对数,向下取整　　　　D.以 2 为底 $2N+1$ 的对数,向上取整

解题思路

梳理逻辑与考点

3. 高度为 4 的二叉树至多有(　　)个结点。

A.8 　　　　　　　B.10 　　　　　　　C.15 　　　　　　　D.16

解题思路

梳理逻辑与考点

4. 下列关于二叉树的说法中,不正确的是(　　)。

A.二叉树的子树有左右之分,其次序不能任意颠倒

B.二叉树的结点个数可以为 0

C.二叉树只能采用链式存储结构

D.二叉树可以用树的存储结构来存储

解题思路

梳理逻辑与考点

5. 以下说法中,正确的是(　　)。

A.度为 2 的有序树就是二叉树

B.对完全二叉树来说,除叶子之外的每个结点的度数都为 2

C.在完全二叉树中,若一个结点没有左孩子,则它必为叶结点

D.对于任意一棵非空二叉排序树,若删除某结点后又将其插入,则所得二叉排序树与删除前二叉排序树相同

解题思路

梳理逻辑与考点

6. 具有 11 个叶子结点的二叉树中有(　　)个度为 2 的结点。

A.10　　　　　　　　B.11　　　　　　　　C.12　　　　　　　　D.22

解题思路

梳理逻辑与考点

7. 若一个二叉树的结点个数为 48,则它的最小高度为(　　)。

A.3　　　　　　　　B.4　　　　　　　　C.5　　　　　　　　D.6

解题思路

梳理逻辑与考点

8. 对于一棵高度为 8 且只有度为 0 和度为 2 的结点的二叉树,它所包含的结点数至少为

(　　)。

A.8　　　　　　　　B.10　　　　　　　　C.15　　　　　　　　D.16

解题思路

梳理逻辑与考点

9. 若一棵二叉树有 125 个结点,在第 7 层(根结点在第一层)至多有(　　)个结点。

A.32　　　　　　　　B.33　　　　　　　　C.62　　　　　　　　D.64

解题思路

梳理逻辑与考点

真题实战

1. 一棵包含 101 个结点的二叉树,度为 1 的结点数量为 30,则叶子结点的数量为(　　)。

【北京工业大学 2018 年】

A.16　　　　　　B.26　　　　　　C.36　　　　　　D.46

解题思路

梳理逻辑与考点

2. 在一棵二叉树中,度为 2 的结点有 15 个,度为 1 的结点有 2 个,则度为 0 的结点数为
(　　)。 【广东工业大学 2017 年】

A.13　　　　　　B.15　　　　　　C.16　　　　　　D.17

解题思路

梳理逻辑与考点

3. 下列给定的关键字输入序列中,不能生成如下二叉排序树序列的是(　　)。

【全国统考 2020 年】

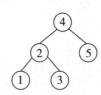

A.4,5,2,1,3　　　　　　　　　　B.4,5,1,2,3

C.4,2,5,3,1　　　　　　　　　　D.4,2,1,3,5

解题思路

梳理逻辑与考点

4. 一棵二叉树具有 10 个度为 2 的结点，5 个度为 1 的结点，则度为 0 的结点个数是

（   ）。 【湖南师范大学 2017 年】

A.9　　　　　　　　B.11　　　　　　　　C.15　　　　　　　　D.不确定

解题思路

梳理逻辑与考点

考点 2　特殊的二叉树

1. 用一维数组来存储满二叉树，若数组下标从 0 开始，则元素下标为 $k(k>0)$ 的父结点下标是(   )。

A.$2k+1$　　　　　　　B.$2k+2$　　　　　　　C.$\lfloor (k-1)/2 \rfloor$　　　　　　　D.$\lceil k/2 \rceil$

解题思路

梳理逻辑与考点

2. 下面二叉树中一定是完全二叉树的是(   )。

A.平衡二叉树　　　　　　B.满二叉树　　　　　　C.单枝二叉树　　　　　　D.二叉排序树

解题思路

梳理逻辑与考点

3. 一棵完全二叉树共 626 个结点,则叶子结点的数目为( )。

  A.311   B.312   C.313   D.314

  解题思路

梳理逻辑与考点

4. 完全二叉树肯定是( )。

  A.平衡二叉树   B.二叉排序树   C.满二叉树   D.以上三项都

不对

  解题思路

梳理逻辑与考点

5. 已知一棵完全二叉树的第 5 层(设根为第 1 层)有 8 个叶结点,则完全二叉树的结点个数最

少为( )。

  A.23   B.32   C.33   D.40

  解题思路

梳理逻辑与考点

6. 高度为 5 的完全二叉树最少有( )个结点。

  A.10   B.14   C.16   D.32

  解题思路

梳理逻辑与考点

7. 若一棵完全二叉树有 668 个结点,则该二叉树中叶结点的个数是(　　)。

　　A.156　　　　　　　B.256　　　　　　　C.334　　　　　　　D.384

解题思路

梳理逻辑与考点

8. 对于一棵高度为 h 的完全二叉树,最多有(　　)个结点。

　　A.2^{h-1}　　　　　　B.2^h　　　　　　C.2^{h+1}　　　　　　D.2^h-1

解题思路

梳理逻辑与考点

9. 对于一棵有 123 个叶子结点的完全二叉树,最多有(　　)个结点。

　　A.246　　　　　　　B.247　　　　　　　C.248　　　　　　　D.256

解题思路

梳理逻辑与考点

10. 若森林 F 用"孩子-兄弟"表示法,其对应的二叉树是有 16 个结点的完全二叉树,则森林 F 中树的数目和最大树的结点个数分别是(　　)。

　　A.2 和 8　　　　　　B.2 和 9　　　　　　C.4 和 8　　　　　　D.4 和 9

解题思路

梳理逻辑与考点

1. 有 $n(n>0)$ 个分支结点的满二叉树的深度是(　　)。

A.n^2-1　　　　　B.$\log_2(n+1)+1$　　　　C.$\log_2(n+1)$　　　　D.$\log_2(n-1)$

解题思路

梳理逻辑与考点

2. 满二叉树的所有中间结点都有两个孩子结点。一个有 500 个叶子结点的满二叉树有(　　)个中间结点。　　　　　　　　　　　　　【上海科技大学 2019 年】

A.250　　　　　B.499　　　　　C.500　　　　　D.501

E. 1000

解题思路

梳理逻辑与考点

3. 约定从根结点起,自上而下,自左而右,对满二叉树中的每个结点从 0 到 $n-1$ 连续编号,则编号为 i 的结点,其双亲结点的编号为(　　)。　　【广东工业大学 2016 年】

A.$\lfloor(i-1)/2\rfloor$　　　　B.$\lceil(i-1)/2\rceil$　　　　C.$\lfloor i/2\rfloor$　　　　D.$\lceil i/2\rceil$

解题思路

梳理逻辑与考点

4. 已知一棵完全二叉树的第 6 层(设根为第 1 层)有 8 个叶结点,则完全二叉树的结点个数最多是(　　)。

A.39　　　　　B.52　　　　　C.111　　　　　D.119

解题思路

梳理逻辑与考点

5. 在有 51 个结点的完全二叉树中,度为 1 的结点个数是( )。

   A.1   B.20   C.0   D.21

   解题思路

梳理逻辑与考点

6. 将一棵有 100 个结点的完全二叉树从根这一层开始,每一层从左到右依次对结点进行编号,根结点编号为 1,则编号为 49 的结点的左孩子的编号为( )。

   A.98   B.99   C.50   D.48

   解题思路

梳理逻辑与考点

7. 已知二叉排序树如下图所示,元素之间应满足的大小关系是( )。

   【全国统考 2018 年】

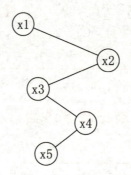

   A.$x1 < x2 < x5$ B.$x1 < x4 < x5$

   C.$x3 < x5 < x4$ D.$x4 < x3 < x5$

   解题思路

梳理逻辑与考点

8. 已知一棵深度为 h 的平衡二叉树,其所有非叶结点的平衡因子均为 0,则该树共有结点( )个。 **【天津理工大学 2018 年】**

A. 2^{h-1} B. 2^{h+1} C. 2^h-1 D. 2^h+1

解题思路

梳理逻辑与考点

考点3 二叉树的存储结构

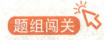

1. 下列叙述中,正确的是( )。

A. 用指针的方式存储一棵有 n 个结点的二叉树最少需要 $n+1$ 个指针

B. 不使用递归,也可以实现二叉树的前序、中序和后序遍历

C. 已知树的前序遍历并不能唯一确定一棵树,因为不知道树的根结点是哪一个

D. 任一棵树的平均查找时间都小于用顺序查找法查找同样结点的线性表的平均查找时间

解题思路

梳理逻辑与考点

---

2. 二叉树若用顺序方法存储,则下列 4 种运算中的( )最容易实现。

A. 先序遍历二叉树

B. 判断两个指定结点是不是在同一层上

C. 层次遍历二叉树

D. 根据结点的值查找其存储位置

解题思路

梳理逻辑与考点

---

3. 对于二叉树采用二叉链表存储,则含有 n 个结点的二叉链表中应含有( )个空链域。

   A.$n-1$ B.$n+1$ C.n D.$2n$

解题思路

梳理逻辑与考点

1. 对于任意一棵高度为 5 且有 10 个结点的二叉树,若采用顺序存储结构保存,每个结点占 1 个存储单元(仅存放结点的数据信息),则存放该二叉树需要的存储单元数至少是 ( )。 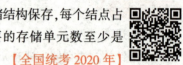【全国统考 2020 年】

   A.31   B.16   C.15   D.10

解题思路

梳理逻辑与考点

2. 若使用二叉链表作为树的存储结构,在有 n 个结点的二叉链表中空的链域的个数为 ( )。

   A.$n-1$ B.$2n-1$ C.$n+1$ D.$2n+1$

解题思路

梳理逻辑与考点

3. 一棵度为 5、结点个数为 n 的树采用孩子链存储结构时,其中空指针域的个数是( )。

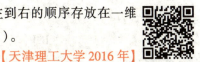

【四川大学 2017 年】

A.$5n$ B.$4n+1$ C.$4n$ D.$4n-1$

解题思路

梳理逻辑与考点

4. 用顺序存储的方法,将完全二叉树中所有结点按层逐个从左到右的顺序存放在一维数组 $R[1..N\backslash]$ 中,若结点 $R[i]$ 有右孩子,则其右孩子是( )。

【天津理工大学 2016 年】

A.$R[2i-1]$ B.$R[2i+1]$ C.$R[2i]$ D.$R[2/i]$

解题思路

梳理逻辑与考点

<h2 align="center">考点4 二叉树的遍历</h2>

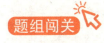

1. 给定二叉树下图所示。设 N 代表二叉树的根,L 代表根结点的左子树,R 代表根结点的右子树。若遍历后的结点序列是 3,1,7,5,6,2,4,则其遍历方式是( )。

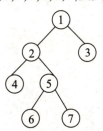

A.LRN   B.NRL   C.RLN   D.RNL

解题思路

梳理逻辑与考点

2. 已知一棵二叉树,其先序序列为 EFHIGKJ,中序序列为 HFIEJKG,则该二叉树根结点的右孩子为(   )。

A.E   B.J   C.G   D.H

解题思路

梳理逻辑与考点

3. 某二叉树的前序序列和后序序列正好相反,则该二叉树一定是(   )的二叉树。

A.空或只有一个结点   B.高度等于其结点数

C.任一结点无左孩子   D.任一结点无右孩子

解题思路

梳理逻辑与考点

4. 采用邻接表存储的图按深度优先搜索方法进行遍历的算法类似于二叉树的(　　)。

   A.先序遍历　　　　　B.中序遍历　　　　　C.后序遍历　　　　　D.层次遍历

解题思路

梳理逻辑与考点

5. 在二叉树的前序遍历和后序遍历中,所有叶子结点的先后顺序(　　)。

   A.都不相同　　　　　B.完全相同　　　　　C.无法确定　　　　　D.视情况而定

解题思路

梳理逻辑与考点

6. 某二叉树的前序遍历序列是 ABCDEFG,中序遍历序列是 CBDAFGE,则其后序遍历序列是(　　)。

   A.CDBGFEA　　　　B.CBDGFEA　　　　C.CDBGEFA　　　　D.CBDGEFA

解题思路

梳理逻辑与考点

7. 若二叉树的前序序列和后序序列正好相反,则该二叉树一定(　　)。

   A.所有结点均无左孩子　　　　　　　B.只有一个叶结点

   C.任一结点无左孩子　　　　　　　　D.空或只有一个结点

解题思路

梳理逻辑与考点

8. 下列关于二叉树的说法中,正确的是(　　)。

 A.二叉树的递归遍历算法的时间复杂度是 $O(\log_2 n)$

 B.二叉树的中序非递归算法可以借助队列实现

 C.二叉树的层次遍历算法需要借助栈实现

 D.二叉树的递归遍历算法的空间复杂度最坏是 $O(n)$

解题思路

梳理逻辑与考点

9. 前序序列为 123,后序序列为 321 的二叉树共有(　　)个。

 A.1   B.2   C.3   D.4

解题思路

梳理逻辑与考点

10. 若二叉树的层次遍历序列为 ABCDE,中序序列为 DBEAC,则该二叉树的先序序列为
(　　)。

 A.ABDCE   B.ABDEC   C.ACBDE   D.ACEBD

解题思路

梳理逻辑与考点

真题实战 👆

1.【多选】一棵二叉树的前序遍历序列为 ABCDEFG,它的中序遍历序列可能是(　　)。

 A.CABDEFG   B.ABCDEFG   C.DACEFBG   D.ADCFEGB

解题思路

梳理逻辑与考点

2. 若结点 p 与 q 在二叉树 T 的中序遍历序列中相邻,且 p 在 q 之前,则下列 p 与 q 的关系中,不可能的是( )。 【全国统考 2022 年】

　Ⅰ.q 是 p 的双亲　　　　　　　　　　Ⅱ.q 是 p 的右孩子

　Ⅲ.q 是 p 的右兄弟　　　　　　　　　Ⅳ.q 是 p 的双亲的双亲

　A.仅 Ⅰ　　　　　　　B.仅 Ⅲ　　　　　　C.仅 Ⅱ、Ⅲ　　　　　　D.仅 Ⅱ、Ⅳ

解题思路

梳理逻辑与考点

3. 任何一棵二叉树的叶子结点在中序和后序序列中的相对位置( )。

【广东工业大学 2019 年】

　A.不发生变化　　　　B.发生变化　　　　C.不能确定　　　　D.以上都不对

解题思路

梳理逻辑与考点

4. 已知某完全二叉树采用顺序存储结构,结点数据信息的存放顺序依次为 ABCDEFGHI,该完全二叉树的中序遍历序列为( )。　【广东工业大学 2016 年】

　A.HDIBEAFCG　　　B.BDHIEAFCD　　　C.HDIEFGBCA　　　D.HDIEBAFGC

解题思路

梳理逻辑与考点

5. 二叉树的层次遍历需要借助( )来实现。　【河北大学 2019 年】

　A.栈　　　　　　　　B.顺序表　　　　　　C.单链表　　　　　　D.队列

解题思路

梳理逻辑与考点

考点5 线索二叉树

1. 线索二叉树是一种( )结构。

    A.逻辑   B.逻辑和存储   C.物理   D.线性

    解题思路

梳理逻辑与考点

2. 线索二叉树中某结点 M 没有右孩子的充要条件是( )。

    A.M->rchild = NULL   B.M->rchild = 0

    C.M->rtag = 0   D.M->rtag = 1

    解题思路

梳理逻辑与考点

3. 下列关于线索二叉树的说法中,正确的是( )。

    A.引入线索二叉树的目的是加快查找结点的前驱或后继的速度

    B.线索二叉树是一种逻辑结构

    C.使用线索二叉树可以方便地插入和删除

    D.使用线索二叉树可以方便地找到双亲

    解题思路

梳理逻辑与考点

4. 一棵左子树为空的二叉树在先序线索化后,其中空的链域个数是( )。

A.0 　　　　　　 B.1 　　　　　　 C.2 　　　　　　 D.不确定

解题思路

梳理逻辑与考点

5. 若对如图所示的二叉树进行中序线索化,则结点 D 的前驱和后继线索分别指向
( )。

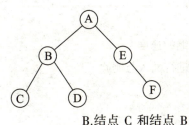

A.结点 B 和结点 A 　　　　　　　　 B.结点 C 和结点 B

C.结点 C 和结点 E 　　　　　　　　 D.结点 B 和结点 E

解题思路

梳理逻辑与考点

真题实战 👆

1. 在线索化二叉树中,结点 t 的右子树为空的充要条件是( )。

【广东工业大学 2019 年】

A.t->rchild == NULL 　　　　　　 B.t->rtag == 1

C.t->rtag == 1&&t->rchild == NULL 　　 D.以上都不对

解题思路

梳理逻辑与考点

2. 二叉树在线索化后,仍不能有效求解的问题是( )。 【南京邮电大学 2016 年】

A.先序线索二叉树中求先序后继　　　　B.中序线索二叉树中求中序后继

C.中序线索二叉树中求中序前驱　　　　D.后序线索二叉树中求后序后继

解题思路

梳理逻辑与考点

3. 引入二叉线索树的目的是( )。

A.加快查找结点的前驱或后继的速度

B.为了能在二叉树中方便地进行插入与删除

C.为了能方便地找到双亲

D.使二叉树的遍历结果唯一

解题思路

梳理逻辑与考点

4. 若 X 是后序中的叶结点,且 X 存在左兄弟结点 Y,则 X 的右线索指向的是( )。

A.X 的父结点　　　　　　　　　　B.以 Y 为根的子树的最左下结点

C.X 的左兄弟结点 Y　　　　　　　D.以 Y 为根的子树的最右下结点

解题思路

梳理逻辑与考点

5. 下列符合先序线索二叉树的是( )。 【广东工业大学 2016 年】

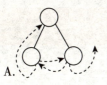
A.

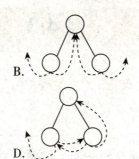
B.

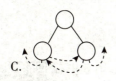
C.

D.

解题思路

梳理逻辑与考点

6. 引入线索二叉树的目的不正确的是( )。

    A. 为了能方便地找到结点的前驱

    B. 为了能方便地找到结点的后继

    C. 不使用递归就可进行遍历

    D. 使二叉树的遍历结果唯一

    解题思路

梳理逻辑与考点

§4.3 森林

考点1 森林与二叉树的转换

1. 设 F 是一个森林,B 是由 F 变换得到的二叉树。若 F 中有 n 个非终端结点,则 B 中右指针域为空的结点有(   )个。

   A.$n-1$ B.n C.$n+1$ D.$n+2$

   解题思路

梳理逻辑与考点

2. 将森林 F 转换为对应的二叉树 T,F 中叶结点的个数等于(   )。

   A.T 中叶结点的个数   B.T 中度为 1 的结点个数

   C.T 中左孩子指针为空的结点个数   D.T 中右孩子指针为空的结点个数

   解题思路

梳理逻辑与考点

3. 设森林 F 中有 4 棵树,第 1、2、3、4 棵树的结点个数分别为 n_1、n_2、n_3、n_4,当把森林 F 转换成一棵二叉树后,其根结点的右子树中有(   )个结点。

   A.n_1-1 B.$n_1+n_2+n_3$ C.$n_2+n_3+n_4$ D.n_1

   解题思路

梳理逻辑与考点

4. 为便于存储和处理一般树结构形式的信息,常采用孩子兄弟表示法将其转换成二叉树(左孩子关系表示父子,右孩子关系表示兄弟),与下图所示的树对应的二叉树是( )。

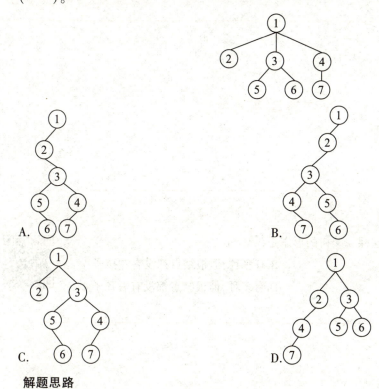

解题思路

梳理逻辑与考点

5. 设森林 F 对应的二叉树为 B,B 有 m 个结点,B 的根为 p,p 的右子树结点个数为 n,森林 F 中第一棵树的结点个数是( )。

A.$m-n$ B.$m-n+1$

C.$n+1$ D.条件不足,无法确定

解题思路

梳理逻辑与考点

6.若一个具有 N 个结点,K 条边的无向图是一个森林,则该森林中必有(　　)棵树。

A.K　　　　　　　B.N　　　　　　　C.$N-K$　　　　　　D.1

解题思路

梳理逻辑与考点

1.把一棵树转换为二叉树后,这棵二叉树的形态是(　　)。

　A.唯一的　　　　　　　　　　　　　B.有多种,但根结点都没有左孩子

　C.有多种　　　　　　　　　　　　　D.有多种,但根结点都没有右孩子

解题思路

梳理逻辑与考点

2.已知森林 F 及与之对应的二叉树 T,若 F 的先序遍历序列是 a,b,c,d,e,f,中序遍历的

　序列是 b,a,d,f,e,c,则 T 的后序遍历序列是(　　)。　**【全国统考 2020 年】**

　A.b,a,d,f,e,c　　　　B.b,d,f,e,c,a　　　　C.b,f,e,d,c,a　　　　D.f,e,d,c,b,a

解题思路

梳理逻辑与考点

考点 2 森林的遍历

 **题组闯关**

1. 关于森林的遍历,以下说法正确的是(   )。

I.森林的先根遍历等价于对其转换后的二叉树进行先根遍历

II.森林的中根遍历等价于对其转换后的二叉树进行中根遍历

III.森林的先根遍历等价于对森林中每一棵树进行先根遍历

IV.森林的中根遍历等价于对森林中每一棵树进行后根遍历

A.I、II、III、IV   B.I、II   C.III、IV   D.I、IV

解题思路

梳理逻辑与考点

 真题实战

1. 有序森林先根遍历(先访问根结点,再递归访问所有子树)结果为1,2,3,4,5,后根遍历(先访问所有子树,再访问根结点)结果为2,1,4,5,3。两种遍历顺序中,具有相同父结点的多棵子树的访问次序按有序森林中的排序进行。则森林中第二棵树的根结点为(   )。

A.2   B.3   C.4   D.5

解题思路

梳理逻辑与考点

2. 对树进行先根遍历,相当于对树映射成的二叉树进行(   )。

A.前序遍历   B.后序遍历   C.层次遍历   D.中序遍历

解题思路

梳理逻辑与考点

§4.4 树与二叉树的应用

考点1 哈夫曼树与哈夫曼编码

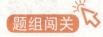

1. 若以{4,5,6,7,8}作为叶子结点的权值构造哈夫曼树,则其带权路径长度是(   )。

   A.24　　　　　　　B.30　　　　　　　C.53　　　　　　　D.69

   解题思路

梳理逻辑与考点

2. 由权值为9、2、5、7的四个叶子构造一棵哈夫曼树,该树的带权路径长度为(   )。

   A.23　　　　　　　B.37　　　　　　　C.44　　　　　　　D.46

   解题思路

梳理逻辑与考点

3. 已知一段文本有1382个字符,使用了1382个字节进行存储,这段文本全部是由 a、b、
   c、d、e 这5个字符组成,a 出现了354次,b 出现了483次,c 出现了227次,d 出现了96
   次,e 出现了232次,对这5个字符使用哈夫曼(Huffman)算法进行编码,则以下说法
   错误的是(   )。

   A.使用哈夫曼算法编码后,用编码值来存储这段文本将花费最少的存储空间

   B.使用哈夫曼算法进行编码,a、b、c、d、e 这5个字符对应的编码值是唯一确定的

   C.使用哈夫曼算法进行编码,a、b、c、d、e 这5个字符对应的编码值可以有多套,但每个字符编码

的位(bit)数是确定的

D.b 这个字符的哈夫曼编码值位数应该最短,d 这个字符的哈夫曼编码值位数应该最长

解题思路

梳理逻辑与考点

4. 有 5 个字符,根据其使用频率设计对应的哈夫曼编码,(　　　)是不可能的哈夫曼
编码。

A.000,001,010,011,1　　　　　　　　B.0000,0001,001,01,1

C.000,001,01,10,11　　　　　　　　　D.00,100,101,110,111

解题思路

梳理逻辑与考点

5. 对由 $n(n \geq 2)$ 个权值均不同的字符构成的哈夫曼树,关于该树的叙述中,错误的是
(　　　)。

A.该树一定是一棵完全二叉树

B.该树中一定没有度为 1 的结点

C.树中两个权值最小的结点一定是兄弟结点

D.树中任一非叶子结点的权值一定不小于下一层任一结点的权值

解题思路

梳理逻辑与考点

6. 下面关于哈夫曼树的说法,不正确的是(   )。

    A. 对应一组权值构造出的哈夫曼树一般不是唯一的

    B. 哈夫曼树具有最小带权路径长度

    C. 哈夫曼树中没有度为 1 的结点

    D. 哈夫曼树中除了度为 1 的结点外,还有度为 2 的结点和叶结点

解题思路

梳理逻辑与考点

真题实战

1. 设某哈夫曼树中有 199 个结点,则该哈夫曼树中有(   )个叶子结点。

【四川大学 2016 年】

    A. 99   B. 100   C. 101   D. 102

解题思路

梳理逻辑与考点

2. 在哈夫曼树中,其叶结点个数为 n,则非叶结点的个数为(   )。

    A. $n-1$ B. $n+1$ C. $2n-1$ D. $2n+1$

解题思路

梳理逻辑与考点

3. 下列选项给出的是从根分别到达两个叶结点路径上的权值序列,能属于同一棵哈夫曼树的是(   )。

A. 24, 10, 5 和 24, 10, 7
B. 24, 10, 5 和 24, 12, 7

C. 24, 10, 10 和 24, 14, 11
D. 24, 10, 5 和 24, 14, 6

解题思路

梳理逻辑与考点

4. 下面几个编码集合中,不是前缀编码的是(   )。 【南京邮电大学 2016 年】

A. {0, 10, 110, 1111}
B. {11, 10, 001, 101, 0001}

C. {00, 010, 0110, 1000}
D. {b, c, aa, ac, aba, abb, abc}

解题思路

梳理逻辑与考点

5. 对任意给定的含 n($n>2$)个字符的有限集 S,用二叉树表示 S 的哈夫曼编码集和定长编码集,分别得到二叉树 T_1 和 T_2。下列叙述中,正确的是(   )。

【全国统考 2022 年】

A. T_1 与 T_2 的结点数相同

B. T_1 的高度大于 T_2 的高度

C. 出现频次不同的字符在 T_1 中处于不同的层

D. 出现频次不同的字符在 T_2 中处于相同的层

解题思路

梳理逻辑与考点

6. 若一棵度为 m 的哈夫曼树有 n 个叶结点，则非叶结点的个数是(　　)。

A.$\lceil (n(m-1)+1)/m \rceil$ 　　　　　　B.$\lceil (n-1)/m \rceil$

C.$\lceil (n-1)/(m-1) \rceil$ 　　　　　　D.$\lceil n/(m-1) \rceil -1$

解题思路

梳理逻辑与考点

7. 设给定 N 个不同权值的关键字，则其构造生成的哈夫曼树共有的结点数为(　　)。

A.$N-1$ 　　　　　B.$2N-1$ 　　　　　C.$2N$ 　　　　　D.$2N+1$

解题思路

梳理逻辑与考点

考点 2　并查集

1. 如图所示表示一个并查集集合 S，若执行 find(S,9)，那么返回的结果应该是(　　)。

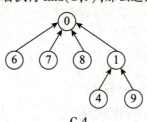

A.1 　　　　　B.9 　　　　　C.4 　　　　　D.0

解题思路

梳理逻辑与考点

2. 若用树表示并查集，其中有 n 个结点，查找一个元素所属集合的算法的平均时间复杂
   度(　　)

A. $O(\log_2 n)$　　　　　　　　　　B. $O(n)$

C. $O(n^2)$　　　　　　　　　　　D. $O(n\log_2(n))$

解题思路

梳理逻辑与考点

真题实战

1. 假设我们有一个包含 6 个元素、使用森林表示法的不相交集合(并查集)。其初始父
   亲数组为 $[0,1,2,3,4]$，即每个元素属于一个不同的集合。当我们进行一系列按秩合
   并(或等价地，按高度合并)操作之后，下列哪一个可能是最终的父亲数组？

【上海科技大学 2018 年】

A. $[1,1,1,4,0]$　　　B. $[2,0,2,0,2]$　　　C. $[1,4,2,0,0]$　　　D. $[3,2,4,4,4]$

解题思路

梳理逻辑与考点

§4.5　综合应用题

题组闯关

1. 对于一个包含正数、负数和零的数组 a[n]，要对其进行排序，保证负数排在正数之前，
   零排在中间。请设计一个算法，并分析时间复杂度。

解题思路

梳理逻辑与考点

2. 从上往下打印二叉树的每个结点,同一层的结点按照从左往右的顺序打印,其中二叉
树结点的定义如下:

```
struct BinaryTreeNode{
    int value;
    BinaryTreeNode * pleft;
    BinaryTreeNode * pright;
}
```

解题思路

梳理逻辑与考点

3. 输入一棵二叉树和一个整数,打印出二叉树中结点值的和为输入整数的所有路径。
路径定义为从树的根结点开始往下一直到叶结点所经过的结点。请设计一个算法
实现。

解题思路

梳理逻辑与考点

4. 已知二叉树的存储结构为二叉链表,阅读下面算法:

```
typedef struct BinaryTreeNode{
    int value;
    BinaryTreeNode * pleft;
    BinaryTreeNode * pright;
};
typedef struct node{
    DataType data;
    struct node * next;
} ListNode;
typedef ListNode * LinkNode;
LinkNode Leafhead = NULL;
void Inorder(BinaryTreeNode T) {
    BinaryTreeNode s;
    if(T) {
        Inorder(T->pleft) ;
        if( (! T->pleft) &&(! T->pright) ) {
            s = (ListNode * ) malloc(sizeof(ListNode) ) ;
            s->data = T->data;
            s->next = Leafhead;
            Leafhead = s;
        }
        Inorder(T->pright) ;
    }
}
```

对于如下所示的二叉树:

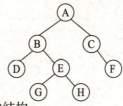

(1)画出执行上述算法后所建立的结构。

(2)说明该算法的功能。

解题思路

梳理逻辑与考点

5. 设计一个算法判断两个二叉树是否相同。

解题思路

梳理逻辑与考点

6. 下面程序段的功能是实现二叉排序树中插入一个新结点，请在下面划线处填上正确的内容。

```
typedef struct node{
    int data;
    Struct node * lchile, rchild;
} BinaryTree;

void BinTreeInsert(BinaryTree * t, int k) {
    if(! t) {
        _____ ;
        t->data = k;
        t->lchild = t->rchild = NULL;
    } else if(t->data>k)
        BinTreeInsert(t->lchild, k) ;
    else
        _____;
}
```

解题思路

梳理逻辑与考点

7. 试写一个判断给定二叉树是否为二叉排序树的算法,设此二叉树以二叉链表作为存储结构,且树中结点的关键字均不同。

   解题思路

梳理逻辑与考点

8. 设计一个算法实现以链式存储结构统计二叉树中结点个数。

   解题思路

梳理逻辑与考点

9. 设计一个算法计算二叉树中所有结点中数值之和,二叉树使用链式存储结构。

   解题思路

梳理逻辑与考点

真题实战

1. 设计并编程实现链式存储结构上交换二叉树中所有结点左右子树的算法。

（注：用 C/C++，Pascal 等编程语言书写）

解题思路

梳理逻辑与考点

2. 已知森林的先序次序为：A，B，C，D，E，F，G，H，I，J，K。中序次序为：B，E，F，C，D，A，G，I，K，J，H。

（1）画出该森林；

（2）利用孩子—兄弟法将其转化为二叉树；

（3）将该二叉树中序线索化。

【杭州电子科技大学 2018 年】

解题思路

梳理逻辑与考点

3. 若任一个字符编码都不是其他字符编码的前缀，则称这种编码具有前缀特征性。现有某字符集（字符个数≥2）的不等长编码，每个字符的编码均为二进制 0，1 的序列，最长为 L 位，且具有前缀特性，请回答下列问题：

【全国统考 2020 年】

（1）哪种数据结构适宜保存上数据具有前缀特性的不等长编码？

（2）基于你所设计的数据结构，简述从 0/1 串到字符串的译码过程。

（3）简述判断某字符集的不等长编码是否具有前缀特征的过程。

解题思路

梳理逻辑与考点

4. 如果一棵非空 $k(k \geqslant 2)$ 叉树 T 中每个非叶结点都有 k 个孩子, 则称 T 为正则 k 叉树。
请回答下列问题并给出推导过程。　　　　　　　　　　　　【全国统考 2016 年】

(1) 若 T 有 m 个非叶结点, 则 T 中的叶结点有多少个?

(2) 若 T 的高度为 h (单结点的树 $h = 1$), 则 T 的结点数最多为多少个, 最少为多少个?

解题思路

梳理逻辑与考点

第5章 图

>>>搭建框架➡

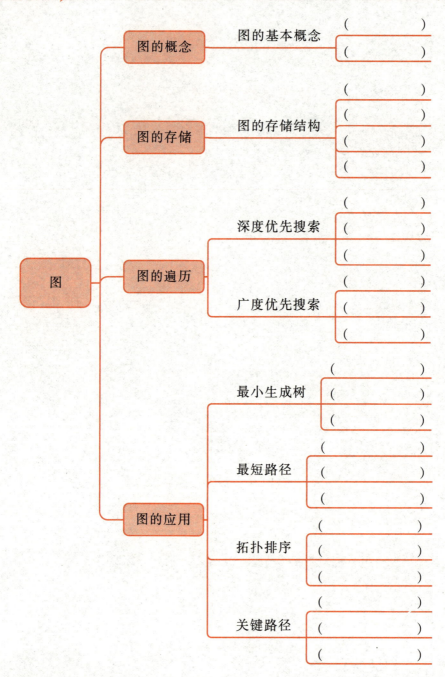

§5.1　图的概念

考点　图的基本概念

1. G 是一个非连通无向图,共有 28 条边,则该图至少有(　　)个顶点。

    A.6　　　　　　　　B.7　　　　　　　　C.8　　　　　　　　D.9

　解题思路

梳理逻辑与考点

2. 下列有关图的定义,说法错误的是(　　)

    A.无向图的全部顶点之和不一定是边数的两倍

    B.如果一个图有 n 个顶点,并且有大于 $n-2$ 条的边数,则此图一定有环

    C.有向图的全部顶点入度与出度之和相等并且等于边数

    D.若从 u 到 v 根本不存在路径,则记该距离为无穷

　解题思路

梳理逻辑与考点

3. 下列有关图的叙述,正确的是(　　)。

    A.图与树的区别在于图边数大于或等于顶点数

    B.假设有图 $G=\{V,\{E\}\}$,顶点集 V' 包含于 V,E' 包含于 E,则 V' 和 E' 构成 G 的子图

    C.无向图的连通分量指无向图的极大连通子图

    D.图的遍历就是从图的某一顶点出发访问图中其余顶点

　解题思路

梳理逻辑与考点

4. 若无向图 $G=(V, E)$ 中含有 7 个顶点,要保证图 G 在任何情况下都是连通的,则需要的边数
   最少是(   )。

   A.6   B.15   C.16   D.21

   解题思路

梳理逻辑与考点

5. 对于一个有 n 个顶点的图,如果是连通无向图,其边的个数至少为(   );如果是强
   连通有向图,其边的个数至少为(   )。

   A.$n-1$, n B.$n-1$, $n(n-1)$ C.n, n D.n, $n-1$

   解题思路

梳理逻辑与考点

6. 如果有 n 个顶点的图是一个环,则它有(   )个生成树。

   A.n B.$n-2$ C.$n-1$ D.1

   解题思路

梳理逻辑与考点

7. 在含有 6 个顶点和 5 条边的无向图邻接矩阵中,零元素个数为(   )。

   A.5   B.10   C.31   D.26

   解题思路

梳理逻辑与考点

8. 下列哪一种方法可以判断出一个有向图是否有环(　　　)。

Ⅰ.深度优先搜索　　　　　　　　　　　Ⅱ.拓扑排序

Ⅲ.求最短路径　　　　　　　　　　　　Ⅳ.求关键路径

A.Ⅰ、Ⅱ　　　　　B.Ⅰ、Ⅲ、Ⅳ　　　　C.Ⅰ、Ⅱ、Ⅲ　　　　D.Ⅰ、Ⅱ、Ⅲ、Ⅳ

解题思路

梳理逻辑与考点

9. 如果具有 60 个顶点的图是一个环,则它有(　　　)棵生成树。

A.3600　　　　　　B.59　　　　　　　C.60　　　　　　　D.1

解题思路

梳理逻辑与考点

10. 含 n 个顶点的连通图中的任意一条简单路径,其长度不可能超过(　　　)。

A.1　　　　　　　　B.$n/2$　　　　　　C.$n-1$　　　　　　D.n

解题思路

梳理逻辑与考点

真题实战

1. 已知无向图 G 含有 16 条边,其中度为 4 的顶点个数为 3,度为 3 的顶点个数为 4,其他顶点的度均小于 3。图 G 所含的顶点个数至少是(　　　)。　　**【全国统考 2017 年】**

A.10　　　　　　　B.11　　　　　　　C.13　　　　　　　D.15

解题思路

梳理逻辑与考点

2. 判定图的任意两个顶点之间是否有边(或弧)相连,适用的存储结构是(　　)。

【北京工业大学 2018 年】

  A.邻接矩阵   B.邻接表   C.十字链表   D.邻接多重表

  解题思路

梳理逻辑与考点

3. 若邻接表中有奇数个表结点,则该图是(　　)。 【杭州电子科技大学 2018 年】

  A.连通图   B.强连通图   C.无向图   D.有向图

  解题思路

梳理逻辑与考点

4. 设用邻接矩阵 A 表示有向图 G 的存储结构,则有向图 G 中顶点 i 的入度为(　　)。

【暨南大学 2017 年】

  A.第 i 行非 0 元素的个数之和   B.第 i 列非 0 元素的个数之和

  C.第 i 行 0 元素的个数之和   D.第 i 列 0 元素的个数之和

  解题思路

梳理逻辑与考点

5. 以下叙述中,不正确的是(　　)。　　　【杭州电子科技大学 2018 年】

A.图和树的区别之一在于树的序偶对个数等于顶点数减一,而图的序偶对个数可大于顶点数

B.假设有图 $G=\{V,E\}$ 及 $G'=\{V',E'\}$,满足 $V'\subseteq V$ 且 $E'\subseteq E$,则 G' 是 G 的子图

C.无向图的连通分量指无向图中的极小连通子图

D.连通图的遍历一定能从图中某一顶点出发访遍图中全部顶点

解题思路

梳理逻辑与考点

6.在以下所示的有向图中,顶点 D 的入度和出度分别是(　　)。

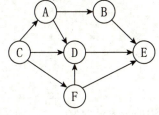

A.1　2　　　　　　　B.2　1　　　　　　　C.3　1　　　　　　　D.1　3

解题思路

梳理逻辑与考点

7.16 个顶点的无向连通图,其最少的边的数量是多少(　　)。【湖南师范大学 2018 年】

A.15　　　　　　　　B.16　　　　　　　　C.17　　　　　　　　D.18

解题思路

梳理逻辑与考点

§5.2　图的存储

考点　图的存储结构

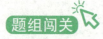

1. 带权连通图 $G=(V,E)$，其中 $V=\{v_1,v_2,v_3,v_4,v_5,v_6,v_7,v_8,v_9,v_{10}\}$，$E=\{(v_1,v_2)\,5,(v_1,v_3)$
   $6,(v_2,v_5)\,3,(v_3,v_5)\,6,(v_3,v_4)\,3,(v_4,v_5)\,3,(v_4,v_7)\,1,(v_4,v_8)\,4,(v_5,v_6)\,4,(v_5,v_7)\,2,(v_6,v_{10})$
   $4,(v_7,v_9)\,5,(v_8,v_9)\,2,(v_9,v_{10})\,2\}$（注：顶点偶对右边的数据为边上的权值），$G$ 的关键路
   径是（　　）权值之和。

   A.19　　　　　　　　B.20　　　　　　　　C.21　　　　　　　　D.22

   解题思路

梳理逻辑与考点

2. 若要连通一个 m 个顶点的无向图，其边的个数至少为（　　），如果是有向图则边数至
   少为（　　）。

   A.$m-1$, m　　　　　B.m, $m-1$　　　　　C.$m-1$, $m-1$　　　　D.m, $m+1$

   解题思路

梳理逻辑与考点

3. 对 n 个结点和 e 条边的无向图，用邻接矩阵存储它所用的内存空间为（　　）。

   A.$O(en)$　　　　　　B.$O(e^2)$　　　　　　C.$O(n^2)$　　　　　　D.$O(en^2)$

   解题思路

梳理逻辑与考点

4. 若用邻接矩阵储存有向图,矩阵中主对角线以下的元素均为零,则关于该图拓扑排序的结论是( )。

    A.存在,且唯一   B.存在,且不唯一

    C.存在,可能不唯一   D.无法确定是否存在

解题思路

5. 在求解有向图的关键路径问题时,若该有向图用邻接矩阵表示且第 i 列值全为 ∞ ,则( )。

    A.如果关键路径存在,第 i 个顶点一定是起点

    B.如果关键路径存在,第 i 个顶点一定是终点

    C.关键路径不存在

    D.该有向图对应的无向图存在多个连通分量

解题思路

梳理逻辑与考点

6. 若用邻接矩阵表示一个有向图,则其中每一行包含的"1"的个数为( )。

    A.图中每个顶点的入度   B.图中每个顶点的出度

    C.图中弧的条数   D.图中连通分量的数目

解题思路

梳理逻辑与考点

7. 若图的邻接矩阵中主对角元素皆为0,其余元素皆为1,则可以断定该图一定( )。

    A.是无向图   B.是有向图   C.是完全图   D.不是带权图

    解题思路

梳理逻辑与考点

8. 10个顶点的无向图的邻接表最多有( )个边结点。

    A.100   B.90   C.110   D.45

    解题思路

梳理逻辑与考点

9. 在含有10个顶点和40条边的无向图的邻接矩阵中,零元素的个数为( )。

    A.40   B.80   C.60   D.20

    解题思路

梳理逻辑与考点

10. 对邻接表的叙述中,( )是正确的。

    A.无向图的邻接表中,第 i 个顶点的度为第 i 个链表中结点数的2倍

    B.邻接表比邻接矩阵操作更简便

    C.邻接矩阵比邻接表操作更简便

    D.求有向图结点的度,必须遍历整个邻接表

    解题思路

梳理逻辑与考点

第 5 章　图 <<<

11. 具有 n 个顶点、e 条边的无向图采用邻接表存储方法,该邻接表中一共有(　　)个边结点。

A.n 　　　　　　　B.$2n$ 　　　　　　　C.e 　　　　　　　D.$2e$

解题思路

梳理逻辑与考点

12. 对有向图 G 的某个顶点 v,求其所有的入边 (u,v),此操作在如下哪种描述方式下性能最好(　　)。

A.邻接矩阵 　　　　B.邻接压缩表 　　　　C.邻接链表 　　　　D.十字链表

解题思路

梳理逻辑与考点

真题实战

1. 无向图 G 中包含 $N(N>15)$ 个顶点,以邻接矩阵形式存储时共占用 N^2 个存储单元(其他辅助空间忽略不计);以邻接表形式存储时,每个表结点占用 3 个存储单元,每个头结点占用 2 个存储单元(其他辅助空间忽略不计)。若令图 G 的邻接矩阵存储所占空间小于邻接表存储所占空间,该图 G 所包含的边的数量至少是(　　)。

【北京工业大学 2018 年】

A.N^2-3N 　　　　　　　　　　　B.$(N^2-2N)/2$

C.$(N^2-2N)/3$ 　　　　　　　　　D.$(N^2-2N)/6$

解题思路

梳理逻辑与考点

2. 下列关于图的存储的表述中,正确的是(　　)。 【广东工业大学 2017 年】

A.用邻接矩阵存储图时,占用的存储空间大小与图的结点个数有关,而与边数无关

B.用邻接矩阵存储图时,占用的存储空间大小与图的边数有关,而与结点个数无关

C.用邻接表存储图时,占用的存储空间大小与图的结点个数有关,而与边数无关

D.用邻接表存储图时,占用的存储空间大小与图的边数有关,而与结点个数无关

解题思路

梳理逻辑与考点

3. 用邻接矩阵存储有 n 个顶点$(0,1,\cdots,n-1)$和 e 条边的有向图$(0\leqslant e\leqslant n(n-1))$。判断结点 i 到结点 $j(0\leqslant i,j\leqslant n-1)$存在边的时间复杂度是(　　)。

A.$O(1)$　　　　　　B.$O(n)$　　　　　　C.$O(e)$　　　　　　D.$O(n+e)$

解题思路

梳理逻辑与考点

4. 对于一个有向图,若一个顶点的入度为 k_1、出度为 k_2,则对应逆邻接表中该顶点单链表中的结点数为(　　)。

A.k_2　　　　　　　　　　　　　　　　B.k_1

C.k_1-k_2　　　　　　　　　　　　　　D.k_1+k_2

解题思路

梳理逻辑与考点

5. 在图的邻接表存储结构上,假设顶点数为 n,弧的个数为 $e(e>n)$,计算所有顶点入度的快速算法,时间复杂度为(　　)。

A.$O(n)$　　　　　　B.$O(e)$　　　　　　C.$O(n\times e)$　　　　　　D.$O(\log(n\times e))$

解题思路

梳理逻辑与考点

6. 假设有 n 个顶点、e 条边的有向图用邻接表表示,删除与某个顶点 V 相关的所有边的算法的时间复杂度为( )。

   A.$O(n)$ B.$O(e)$ C.$O(n+e)$ D.$O(ne)$

解题思路

梳理逻辑与考点

7. 若无向图 $G=(V,E)$ 的邻接多重表如下图所示,则 G 中顶点 b 与 d 的度分别是( )。

【全国统考 2024 年】

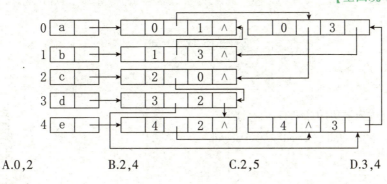

   A.0,2   B.2,4   C.2,5   D.3,4

解题思路

梳理逻辑与考点

8. 若将 n 个顶点 e 条弧的有向图采用邻接表存储,则拓扑排序算法的时间复杂度是( )。

【全国统考 2016 年】

   A.$O(n)$ B.$O(n+e)$ C.$O(n2)$ D.$O(n×e)$

解题思路

梳理逻辑与考点

9. 十字链表可用于表示(　　)。

　A.索引表和稀疏矩阵　　　　　　　B.广义表和稀疏矩阵

　C.广义表和有向图　　　　　　　　D.稀疏矩阵和有向图

解题思路

梳理逻辑与考点

§5.3　图的遍历

考点1　深度优先搜索

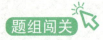

1. 如图所示,符合深度优先遍历的序列有(　　)个。

　①aebfdc　②acfdeb　③aedfcb　④aefdbc　⑤aecfdb

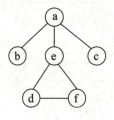

A.5　　　　　　　　B.4　　　　　　　　C.3　　　　　　　　D.2

解题思路

梳理逻辑与考点

2. 已知一个有向图的邻接表存储结构如图所示。根据有向图的深度优先遍历算法,从顶点1出发,所得到的顶点序列是(　　)。

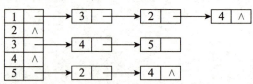

A.1、2、3、5、4   B.1、2、3、4、5   C.1、3、4、5、2   D.1、4、3、5、2

解题思路

梳理逻辑与考点

3. 当判断一个有向图是否有回路时,我们除了使用拓扑排序的方法,还可以使用下面哪一种方法( )。

   A.深度优先遍历   B.求最小生成树   C.求最短路径   D.求关键路径

解题思路

梳理逻辑与考点

4. 若一个 n 个结点和 e 条边的图采用邻接表作为其存储结构,其深度优先遍历的时间复杂度为( )。

   A.$O(n^2)$ B.$O(e^2)$ C.$O(n+e)$ D.$O(e)$

解题思路

梳理逻辑与考点

5. 已知无向图 $G=(V,E)$,其中:$V=\{a,b,c,d,e,f\}$,$E=\{(a,b),(a,e),(a,c),(b,e),$
   $(c,f),(f,d),(e,d)\}$,对该图进行深度优先遍历,得到的顶点序列正确的是( )。

   A.a,b,e,c,d,f   B.a,c,f,e,b,d   C.a,e,b,c,f,d   D.a,e,d,f,c,b

解题思路

梳理逻辑与考点

真题实战

1. 设有向图 $G=(V,E)$，顶点集 $V=\{v_0,v_1,v_2,v_3\}$，边集 $E=\{<v_0,v_1>,<v_0,v_2>,<v_0,v_3>,<v_1,v_3>\}$。若从顶点 v_0 开始对图进行深度优先遍历，则可能得到的不同遍历序列个数是（ ）。

A.2　　　　　　　B.3　　　　　　　C.4　　　　　　　D.5

解题思路

梳理逻辑与考点

2. 下列选项中，不是下图深度优先搜索序列的是（ ）。 **【全国统考 2016 年】**

A.V_1,V_5,V_4,V_3,V_2　　　　　　　　　B.V_1,V_3,V_2,V_5,V_4

C.V_1,V_2,V_5,V_4,V_3　　　　　　　　　D.V_1,V_2,V_3,V_4,V_5

解题思路

梳理逻辑与考点

3. 无向图 $G=(V,E)$，$V=\{a,b,c,d,e,f\}$，$E=\{(a,b),(a,e),(a,c),(b,e),(c,f),(f,d),(e,d)\}$ 对该图进行深度优先遍历，得到的顶点序列正确的是（ ）。

A.a,b,e,c,d,f　　　B.a,c,f,e,b,d　　　C.a,e,b,c,f,d　　　D.a,e,d,f,c,b

解题思路

梳理逻辑与考点

4. 在用邻接矩阵表示图时,当图中有 n 个顶点,e 条边时,对图进行深度优先搜索遍历的算法的时间复杂度为(　　)。

　　A.$O(n^2)$ 　　　　　　B.$O(e^2)$ 　　　　　　C.$O(n×e)$ 　　　　　　D.$O(n+e)$

解题思路

梳理逻辑与考点

5. 设图如下所示,在下面的 5 个序列中,符合深度优先遍历的序列有(　　)。

　　aebdfc　　acfdeb　　aedfcb　　aefdcb　　aefdbc

```
        a
      / | \
     b  e  c
        |
     d -+- f
```

　　A.5 个 　　　　　　B.4 个 　　　　　　C.3 个 　　　　　　D.2 个

解题思路

梳理逻辑与考点

6. 无向图 $G(V,E)$,其中 $V=\{a,b,c,d,e,f\}$,$E=\{(a,b),(a,e),(a,c),(b,e),(c,f),(f,d),(e,d)\}$。对该图进行深度优先遍历,下面不能得到的序列是(　　)。

【杭州电子科技大学 2016 年】

　　A.acfdeb 　　　　　　B.aebdfc 　　　　　　C.aedfcb 　　　　　　D.abecdf

解题思路

梳理逻辑与考点

考点2 广度优先搜索

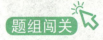

1.【多选题】下列关于 BFS 算法说法正确的是(　　)。

A.当各边权值相等时,广度优先算法可以解决单源路径最短问题

B.当各边权值不相等时,广度优先算法可以解决单源路径最短问题

C.广度优先算法类似于树中的后序遍历算法

D.实现图的广度优先算法时,使用的数据结构是队列

　　解题思路

梳理逻辑与考点

2.【多选题】用邻接表储存的图的深度优先遍历算法类似于树的(　　),而其广度优先
算法类似于树的(　　)。

A.中序遍历　　　　　　　B.先序遍历　　　　　　　C.后序遍历　　　　　　　D.层次遍历

　　解题思路

梳理逻辑与考点

3.图的遍历算法 BFS 中用到辅助队列,每个顶点最多进队(　　)次。

A.1　　　　　　　　　　B.2　　　　　　　　　　C.3　　　　　　　　　　D.不确定

　　解题思路

梳理逻辑与考点

4. 下面(　　)算法可用于求无向图的所有连通分量。

　　A.广度优先遍历　　　　B.拓扑排序　　　　　C.求最短路径　　　　D.求关键路径

解题思路

梳理逻辑与考点

5. 对如图所示的无向图,从顶点 1 开始进行广度优先遍历,可得到顶点访问序列是
(　　)。

一个无向图

　　A.1 3 2 4 5 6 7　　　　B.1 2 4 3 5 6 7　　　　C.1 2 3 4 5 7 6　　　　D.2 5 1 4 7 3 6

解题思路

梳理逻辑与考点

真题实战

1. 如图所示,若从顶点 V_1 出发按广度优先搜索法进行遍历,可能得到的一种顶点序列是
(　　)。

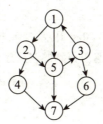

　　A.$V_1, V_2, V_5, V_3, V_6, V_7, V_4$　　　　　　B.$V_1, V_5, V_2, V_4, V_3, V_7, V_6$

　　C.$V_1, V_2, V_5, V_4, V_3, V_7, V_6$　　　　　　D.$V_1, V_5, V_2, V_3, V_7, V_6, V_4$

解题思路

梳理逻辑与考点

2. 当各边上的权值( )时,BFS 算法可用来解决单源最短路径问题。

【四川大学 2018 年】

A.均相等　　　　　　　　　　　　B.均不相等

C.较小　　　　　　　　　　　　　D.以上都不对

解题思路

梳理逻辑与考点

3. 以下关于广度优先遍历算法的叙述中正确的是( )。　　【四川大学 2016 年】

A.广度优先遍历算法不适合有向图

B.对任何有向图调用一次广度优先遍历算法便可访问所有的顶点

C.对一个强连通图调用一次广度优先遍历算法便可访问所有的顶点

D.对任何非强连通图都需要多次调用广度优先遍历算法才可访问所有的顶点

解题思路

梳理逻辑与考点

4. 设某无向图 $G = \{V, E\}$,其中 $V = \{a, b, c, d, e, f\}$, $E = \{(a, b), (a, c), (a, e), (b, e), (e, d),$ $(e, f), (d, f)\}$,则对该图进行广度优先遍历得到的遍历序列正确的是( )。

A.a b c e d f　　　　B.a b e d f c　　　　C.a c f d e b　　　　D.a e d b f c

解题思路

梳理逻辑与考点

§5.4　图的应用

考点 1　最小生成树

1. 用 Prim 算法和 Kruskal 算法分别构造最小生成树,所得到的最小生成树(　　)。

    A.相同   B.不相同

    C.可能相同也可能不同   D.无法比较

    解题思路

梳理逻辑与考点

2. 在一棵无向加权连通图中,若有权值相同的边,则该图的最小生成树(　　)。

    A.只有一棵   B.有一棵或多棵

    C.一定有多棵   D.可能不存在

    解题思路

梳理逻辑与考点

3. 带权连通图 $G=(V,E)$,其中 $V=\{v_1,v_2,v_3,v_4,v_5\}$,$E=\{(v_1,v_2)7,(v_1,v_3)6,(v_1,v_4)9,(v_2,v_3)$ $8,(v_2,v_4)4,(v_2,v_5)4,(v_3,v_4)6,(v_4,v_5)2\}$(注:顶点偶对右下角的数据为边上的权值),$G$ 的最小生成树的权值之和为(　　)。

    A.16   B.17   C.18   D.19

    解题思路

梳理逻辑与考点

4. 下列说法正确的是( )。

　　A.图 G 的一棵最小代价生成树的代价未必小于图 G 的其他任何一棵生成树的代价

　　B.一个图的最小生成树可能不唯一,但权值最小的边一定会出现在所有的解中

　　C.若连通图上各边的权值均不相同,则该图的最小生成树是唯一的

　　D.一个带权的无向连通图的最小生成树的权值之和不是唯一的

　　解题思路

梳理逻辑与考点

5. 对于含有 n 个顶点和 e 条边的无向连通图,利用 Prim 算法和 Kruskal 算法产生最小生成树,其时间复杂度为( )。

　　A.$O(n^2)$ 和 $O(n \times e)$ 　　　　　　　　B.$O(n \times e)$ 和 $O(n \times \log_2 n)$

　　C.$O(n \times e)$ 和 $O(e \log_2 e)$ 　　　　　　D.$O(n^2)$ 和 $O(e \log_2 e)$

　　解题思路

梳理逻辑与考点

6. 对该无向图从顶点 A 开始求最小生成树,用 Prim 算法产生的边和用 Kruskal 算法产生的边顺序相同的个数为( )。

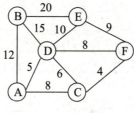

　　A.1　　　　　　　　B.2　　　　　　　　C.3　　　　　　　　D.0

　　解题思路

梳理逻辑与考点

7. 在图采用邻接表存储时,求最小生成树的 Prim 算法的时间复杂度为( )。

    A.$O(n)$ B.$O(n+e)$ C.$O(n^2)$ D.$O(n^3)$

    解题思路

梳理逻辑与考点

1. 求下面带权图的最小(代价)生成树时,可能是克鲁斯卡(Kruskal)算法第 2 次选中但不是普里姆(Prim)算法(从 V_4 开始)第 2 次选中的边是( )。

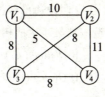

    A.(V_1,V_3) B.(V_1,V_4) C.(V_2,V_3) D.(V_3,V_4)

    解题思路

梳理逻辑与考点

2. 在一个带权图 G 中权值最小的边一定包含在 G 的( )。

    A.深度优先生成树中   B.某棵最小生成树中

    C.广度优先生成树中   D.任一最小生成树中

    解题思路

梳理逻辑与考点

3. 对某个带权连通图构造最小生成树,以下说法正确的是(　　)。【四川大学 2016 年】

Ⅰ. 该图的所有最小生成树的总代价一定是唯一的

Ⅱ. 该图所有权值最小的边一定都会出现在所有的最小生成树中

Ⅲ. 用普里姆(Prim)算法从不同顶点开始构造的所有最小生成树一定相同

Ⅳ. 使用普里姆算法和克鲁斯卡尔(Kruskal)算法得到的最小生成树总不相同

A.仅 Ⅰ

B.仅 Ⅱ

C.仅 Ⅰ、Ⅲ

D.仅 Ⅱ、Ⅳ

解题思路

梳理逻辑与考点

4. 若有一带权无向图,图的结点数为 n,边数为 e(假设边已经按照其权值从小到大顺序排列存储),则利用 Kruskal 算法对该图构造一棵最小生成树的时间复杂度为(　　)。

A.$O(n^2)$

B.$O(n\log_2(n))$

C.$O(e^2)$

D.$O(e\log_2(e))$

解题思路

梳理逻辑与考点

5. 已知无向连通图 G 中各边的权值均为 1,下列算法中,一定能够求出图 G 中从某顶点到其余各顶点最短路径的是(　　)。　　　　【全国统考 2023 年】

Ⅰ.普里姆(Prim)算法

Ⅱ.克鲁斯卡尔(Kruskal)算法

Ⅲ.图的广度优先搜索算法

A.仅 Ⅰ

B.仅 Ⅲ

C.Ⅰ、Ⅱ

D.Ⅰ、Ⅱ、Ⅲ

解题思路

梳理逻辑与考点

考点2　最短路径

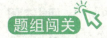

1. 在下列算法中,求图中一个结点到其他结点的最短路径算法是(　　)。

A.Dijkstra 算法　　　　　　　　　　B.KMP 算法

C.Kruskal 算法　　　　　　　　　　D.DFS 算法

解题思路

梳理逻辑与考点

2. 求单源最短路径的 Dijkstra 算法,对于稠密图,采用(　　)保存候选最短路径耗费,性能最好。

A.无序线性表　　　　　　　　　　B.有序线性表

C.最小堆　　　　　　　　　　　　D.二叉搜索树

解题思路

梳理逻辑与考点

3. 求最短路径的 Floyd 算法的时间复杂度为(　　)。

A.$O(n)$　　　　　B.$O(n+e)$　　　　　C.$O(n^2)$　　　　　D.$O(n^3)$

解题思路

梳理逻辑与考点

真题实战

1. 已知 7 个城市(分别编号为 0~6)之间修建道路的耗费分别为:0-1:22,0-2:9,0-3:
10,1-3:15,1-4:7,1-6:12,2-3:4,2-5:3,3-5:5,3-6:23,4-6:20,5-6:32,要修建路
网让每两个城市之间都可以互通(直达或经过其他城市),最小的耗费是(   )。

A.50　　　　　　　B.55　　　　　　　C.35　　　　　　　D.38

解题思路

梳理逻辑与考点

2. 已知带权图 G 如图所示,若采用迪杰斯特拉算法求源点 a 到其他顶点的最短路径,则
得到的第一条最短路径的目标顶点是(   )。

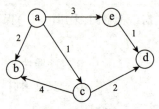

A.顶点 b　　　　　B.顶点 c　　　　　C.顶点 d　　　　　D.顶点 e

解题思路

梳理逻辑与考点

3. 迪杰斯特拉(Dijkstra)算法的基本思想是(   )。
A.按路径长度递减的次序产生最短路径
B.按路径长度递增的次序产生最短路径
C.按广度优先遍历的次序产生最短路径
D.按深度优先遍历的次序产生最短路径

解题思路

梳理逻辑与考点

4. 求解单源点最短路径的 Dijkstra 算法和所有顶点对最短路径的 Floyd-Warshall 算法分
别使用了设计算法的(　　)和(　　)技术。 【四川大学 2016 年】

A.贪心、动态规则 　　　　　　　　　　 B.动态规则、贪心

C.贪心、贪心 　　　　　　　　　　　　 D.动态规划、动态规划

解题思路

梳理逻辑与考点

5. 使用 Dijkstra 算法求下图中顶点 1 到其余各顶点的最短路径,将当前找到的从顶点 1
到顶点 2、3、4、5 的最短路径长度保存在数组 dist 中,求出第二条最短路径后,dist 中的
内容更新为(　　)。 【全国统考 2021 年】

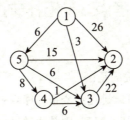

A.26,3,14,6 　　　 B.25,3,14,6 　　　 C.21,3,14,6 　　　 D.15,3,14,6

解题思路

梳理逻辑与考点

6. 下面说法错误的是(　　)。 【河南大学 2016 年】

Ⅰ.求从指定源点到其余各顶点的 Dijkstra 最短路径算法中弧上权不能为负的原因是
在实际应用中无意义;

Ⅱ.利用 Dijkstra 求每一对不同结点之间的最短路径的算法时间是 $O(n^3)$;(图用邻接矩阵表示)

Ⅲ. Floyd 求每对不同结点对的算法中允许弧上的权为负,但不能有权和为负的回路。

A.Ⅰ、Ⅱ、Ⅲ 　　　 B.Ⅰ 　　　　　 C.Ⅰ、Ⅲ 　　　　　 D.Ⅱ、Ⅲ

解题思路

梳理逻辑与考点

7. 对于以下说法,错误的是(　　　)。

　　A.Dijkstra 算法用于求解图中两点间最短路径,其时间复杂度 $O(n^2)$

　　B.Floyd-Warshall 算法用于求解图中所有点对之间最短路径,其时间复杂度为 $O(n^3)$

　　C.找出 n 个数字的中位数至少需要 $O(n\log n)$ 的时间

　　D.基于比较的排序问题的时间复杂度下界是 $O(n\log n)$

解题思路

梳理逻辑与考点

考点3　拓扑排序

1. 下列关于图的拓扑排序的描述正确的是(　　　)。

　　Ⅰ.任何无环的有向图,其顶点都可以排在一个拓扑序列中。

　　Ⅱ.若 n 个顶点的有向图有唯一的拓扑序列,则其边数必为 $n-1$。

　　Ⅲ.在一个有向图的拓扑序列中,若顶点 a 在顶点 b 之前,则图中必有一条边 <a,b>。

　　A.仅Ⅰ　　　　　　B.仅Ⅰ、Ⅲ　　　　　C.仅Ⅱ、Ⅲ　　　　　D.Ⅰ、Ⅱ和Ⅲ

解题思路

梳理逻辑与考点

2. 若一个有向图具有拓扑排序序列,那么它的邻接矩阵必定是(　　　)。

　　A.对称矩阵　　　　　B.稀疏矩阵　　　　　C.三角矩阵　　　　　D.一般矩阵

解题思路

梳理逻辑与考点

3. 对如图 D.4 所示的图进行拓扑排序，可以得到不同的拓扑序列个数是(   )。

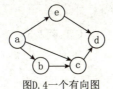

图D.4一个有向图

A.4   B.3   C.2   D.1

解题思路

梳理逻辑与考点

4. 已知带权图 $G = (V, E)$，其中 $V = \{v_1, v_2, v_3, v_4, v_5, v_6\}$，$E = \{<v_1, v_2>, <v_1, v_4>, <v_2, v_6>,$
$<v_3, v_1>, <v_3, v_4>, <v_4, v_5>, <v_5, v_2>, <v_5, v_6>\}$，G 的拓扑序列是(   )。

A.$v_3, v_1, v_4, v_5, v_2, v_6$ B.$v_3, v_4, v_1, v_5, v_2, v_6$

C.$v_1, v_3, v_4, v_5, v_2, v_6$ D.$v_1, v_4, v_3, v_5, v_2, v_6$

解题思路

梳理逻辑与考点

5. 设某有向图中有 n 个顶点，e 条边，进行拓扑排序时总的时间复杂度为(   )。

A.$O(n\log e)$ B.$O(n+e)$ C.$O(e \times n)$ D.$O(e\log n)$

解题思路

梳理逻辑与考点

6. 设有向无环图 G 中的有向边集合 E={<1,2>,<2,3>,<3,4>,<1,4>},则下列属于该有向图 G 的一种拓扑排序序列的是(　　)。

   A.1,2,3,4   B.2,3,4,1   C.1,4,2,3   D.1,2,4,3

解题思路

梳理逻辑与考点

1. 已知有向图 $G=(V,E)$,其中 $V=\{V_1,V_2,V_3,V_4,V_5,V_6,V_7\}$,$E=\{<V_1,V_2>,<V_1,V_3>,$$<V_1,V_4>,<V_2,V_5>,<V_3,V_5>,<V_3,V_6>,<V_4,V_6>,<V_5,V_7>,<V_6,V_7>\}$,G 的拓扑序列是(　　)。

【天津理工大学 2018 年】

   A.$V_1,V_3,V_2,V_6,V_4,V_5,V_7$ B.$V_1,V_3,V_4,V_6,V_2,V_5,V_7$

   C.$V_1,V_3,V_4,V_5,V_2,V_6,V_7$ D.$V_1,V_2,V_5,V_3,V_4,V_6,V_7$

解题思路

梳理逻辑与考点

2. 在有向图 G 的拓扑序列中,若顶点 V_i 在顶点 V_j 之前,则下列情况不可能出现的是(　　)。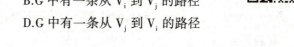

【山东师范大学 2017 年】

   A.G 中有弧 $<V_i,V_j>$ B.G 中有一条从 V_i 到 V_j 的路径

   C.G 中没有弧 $<V_i,V_j>$ D.G 中有一条从 V_j 到 V_i 的路径

解题思路

梳理逻辑与考点

3. 设有向无环图 G = {V,E} 中,顶点集合 V = {1,2,3,4};有向边集合 E = {<1,4>,<2, 3>,<3,4>,<3,1>},则下列属于该有向图 G 的一种拓扑排序序列的是(　　)。

【内蒙古科技大学 2022 年】

A.1,2,3,4　　　　B.2,3,4,1　　　　C.1,4,2,3　　　　D.2,3,1,4

解题思路

梳理逻辑与考点

4. 以下哪种方法最适合用来判断一个有向图中是否含有回路?(　　)

A.深度优先遍历　　　B.拓扑排序　　　C.Dijkstra 算法　　　　D.Kruskal 算法

解题思路

梳理逻辑与考点

5. 设有向无环图 G 中的有向边集合 E = {<1,2>,<2,3>,<3,4>,<1,3>},则下列属于该 有向图 G 的一种拓扑排序序列的是(　　)。 【河北大学 2016 年】

A.1,2,3,4　　　　B.2,3,4,1　　　　C.1,4,2,3　　　　D.1,2,4,3

解题思路

梳理逻辑与考点

6. 若将 n 个顶点 e 条弧的有向图采用邻接表存储,则拓扑排序算法的时间复杂度是(　　)。

【全国统考 2016 年】

A.$O(n)$　　　　B.$O(n+e)$　　　　C.$O(n^2)$　　　　D.$O(n×e)$

解题思路

梳理逻辑与考点

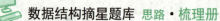
7. 给定如下有向图,该图的拓扑有序序列的个数是(　　　)。 【全国统考2021】

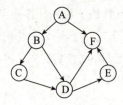

A.1　　　　　　　B.2　　　　　　　C.3　　　　　　　D.4

解题思路

梳理逻辑与考点

考点4　关键路径

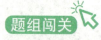

1. 在求解有向图的关键路径问题时,若该有向图用邻接矩阵表示且第 i 列值全为∞,则(　　　)。

    A.如果关键路径存在,第 i 个顶点一定是起点

    B.如果关键路径存在,第 i 个顶点一定是终点

    C.关键路径不存在

    D.该有向图对应的无向图存在多个连通分量

解题思路

梳理逻辑与考点

2. 带权连通图 $G=(V,E)$,其中 $V=\{v_1,v_2,v_3,v_4,v_5,v_6,v_7,v_8,v_9,v_{10}\}$,$E=\{(v_1,v_2)5,(v_1,v_3)6,(v_2,v_5)3,(v_3,v_5)6,(v_3,v_4)3,(v_4,v_5)3,(v_4,v_7)1,(v_4,v_8)4,(v_5,v_6)4,(v_5,v_7)2,(v_6,v_{10})4,(v_7,v_9)5,(v_8,v_9)2,(v_9,v_{10})2\}$(注:顶点偶对右边的数据为边上的权值),$G$ 的关键路径的是(　　　)权值之和。

A.19 B.20 C.21 D.22

解题思路

梳理逻辑与考点

 **真题实战**

1. 下列 AOE 网表示一项包含 8 个活动的工程。通过同时加快若干活动的进度可以缩短整个工程的工期。下列选项中，加快其进度就可以缩短工程工期的是(　　)。

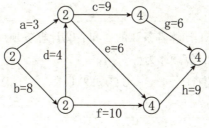

A.c 和 e B.d 和 e C.f 和 d D.f 和 h

解题思路

梳理逻辑与考点

2. 以下关于关键路径的叙述正确的是(　　)。 【北京化工大学 2016 年】

　A.有向无环 AOV 网上起点到终点的最短路径是关键路径

　B.关键路径是有向无环 AOE 网上起点到终点的最短路径

　C.有向无环 AOV 网上起点到终点的最长路径是关键路径

　D.关键路径是有向无环 AOE 网上起点到终点的最长路径

解题思路

梳理逻辑与考点

3. 关键路径是 AOV 网中(　　)。 【太原科技大学 2018 年】

 A.从始点到终点的最短路径

 B.从始点到终点的最长路径

 C.从始点到终点边数最多的路径

 D.从始点到终点边数最少的路径

 解题思路

梳理逻辑与考点

4. 计算关键路径的主要步骤包括:①计算各条弧的 e 和 l;②计算各顶点的 e;③计算各顶点的 l;④计算各顶点的入度;计算顺序为(　　)。【北京化工大学】

 A.①④②③   B.④②③①   C.④③②①   D.③②①④

 解题思路

梳理逻辑与考点

§5.5　综合应用题

1. 使用 Dijkstra 算法求下图中从顶点 1 到其他各顶点的最短路径。

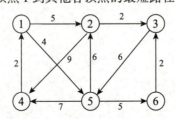

解题思路

梳理逻辑与考点

2. 画出下图使用普利姆算法构造最小生成树的解题过程。

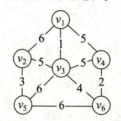

解题思路

梳理逻辑与考点

3. 画出下图的拓扑排序过程。

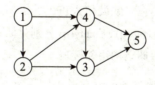

解题思路

梳理逻辑与考点

4. 画出下图使用克鲁斯卡尔算法构造最小生成树的解题过程。

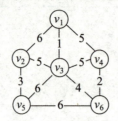

解题思路

梳理逻辑与考点

5. 请用十字链表表示下图存储结构。

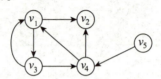

解题思路

梳理逻辑与考点

6. 下面是图的广度优先遍历算法,请在空缺处填入正确的语句。假定队列的运算已知:
InitQueue(q) , EnQueue(q, v) , DelQueue(q) , Empty(q) 分别是队列的初始化、入队、出队、
判断队列是否为空的运算,图的存储结构用邻接表。

```
void BFS( vexnode Adjlist[ n] , int v) {
    InitQueue(q) ;
    visit(v) ;
    visited[ v] = 1;
    EnQueue(q, v) ;
    while( ! Empty(q) ) {
        v = DelQueue(q) ;
        p = Adjlist[ v] .firstarc;
        while( p! = NULL) {
```

```
                w = p->adjvex;
                if(visited[w] == 0) {
                        visit( w ) ;
                        ___(1)___ ;
                        ___(2)___ ;
                        ___(3)___ ;
                }
        }
    }
}
```

解题思路

梳理逻辑与考点

7. 某有向图的邻接表存储如图所示:

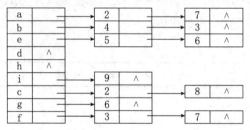

(1)画出其有向图。

(2)写出图的所有强连通分量。

(3)写出顶点 a 到顶点 i 的全部简单路径。

解题思路

梳理逻辑与考点

真题实战

1. 带权图(权值非负,表示边连接的两顶点间的距离)的最短路径问题是找出从初始顶点到目标顶点之间的一条最短路径。假定从初始顶点到目标顶点之间存在路径,现有一种解决该问题的方法:

   (1)设最短路径初始时仅包含初始顶点,令当前顶点 u 为初始顶点。

   (2)选择离 u 最近且尚未在最短路径中的一个顶点 v,加入最短路径中,修改当前顶点 $u=v$。

   (3)重复步骤(2),直到 u 是目标顶点时为止。

   请问上述方法能否求得最短路径? 若该方法可行,请证明之;否则,请举例说明。

   解题思路

   梳理逻辑与考点

2. 已知有 6 个顶点(顶点编号为 0~5)的有向带权图 G,其邻接矩阵 A 为上三角矩阵,按行为主序(行优先)保存在如下的一维数组中。

4	6	∞	∞	∞	5	∞	∞	∞	4	3	∞	∞	3	3

   要求:

   (1)写出图 G 的邻接矩阵 A。

   (2)画出有向带权图 G。

   (3)求图 G 的关键路径,并计算该关键路径的长度。

   解题思路

   梳理逻辑与考点

3. 已知含有 5 个顶点的图 G 如下图所示。

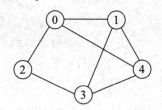

请回答下列问题：

(1) 写出图 G 的邻接矩阵 A（行、列下标从 0 开始）。

(2) 求 A^2，矩阵 A^2 中位于 0 行 3 列元素值的含义是什么。

(3) 若已知具有 $n(n \geqslant 2)$ 个顶点的图的邻接矩阵为 B，则 $B^m(2 \leqslant m \leqslant n)$ 中非零元素的含义是什么？

解题思路

梳理逻辑与考点

4. 已知有向图采用邻接矩阵存储表示，试用深度优先搜索的策略基于图的邻接表存储写一算法，判断有向图是否存在回路。　　【杭州电子科技大学 2018 年】

解题思路

梳理逻辑与考点

5. 已知无向连通图 G 由顶点集 V 和边集 E 组成 $(|E|>0)$，当 G 中度为奇数的顶点个数为不大于 2 的偶数时，G 存在包含所有边且长度为 $|E|$ 的路径（称为 EL 路径），设图 G 采用邻接矩阵存储，类型定义如下：

```
typedef struct{                              //图的定义
    int numVertices, numEdges;               //图中实际的顶点权和边数
    char VerticesList[ MAXV];                //顶点表 MAXV 为已定义常量
    int Edge[ MAXV][ MAXV];                  //邻接矩阵
}; MGraph;
```

请设计算法:int IsExistEL(MGraph G),判断 *G* 是否存在 EL 路径,若存在,则返回 1,否则,返回 0,要求: 【全国统考 2021 年】

(1)给出算法的基本设计思想。

(2)根据设计思想采用 C 或者 C++语言描述算法,关键之处给出注释。

(3)说明你所设计算法的时间复杂度和空间复杂度。

解题思路

梳理逻辑与考点

6. 试用 Dijkstra 算法求下图中从顶点 V1 到其他各顶点间的最短路径,写出执行算法过程 中各步的状态。(使用邻接矩阵表示,要求使用表描述算法中每一步顶点与状态的变化 情况,即求解过程)

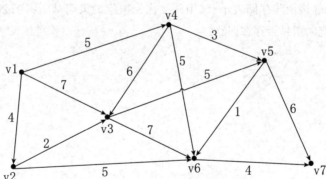

解题思路

梳理逻辑与考点

第 6 章 查找

≫搭建框架 ➡

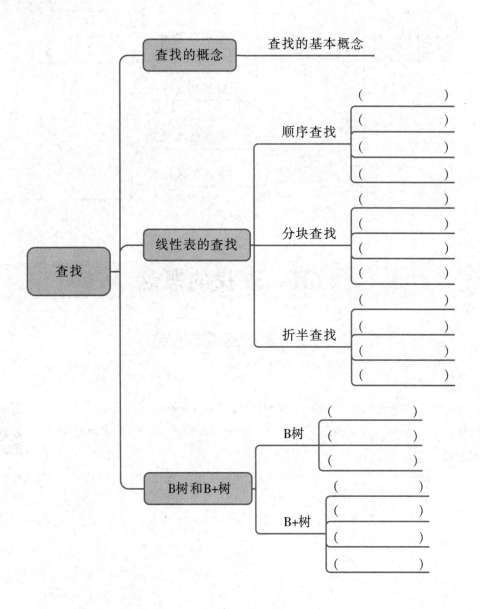

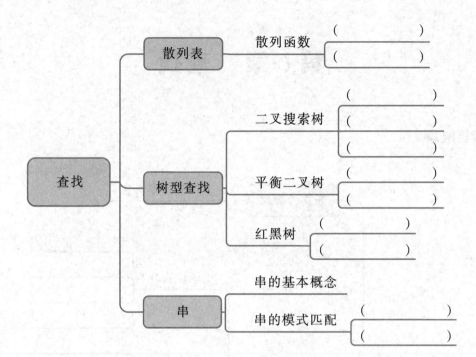

§6.1 查找的概念

考点 查找的基本概念

对于索引文件,稠密索引中的每个索引项对应被索引表中的(　　)。

A.所有记录　　　　B.n 条以下记录　　　　C.一条记录　　　　D.多条记录

解题思路

梳理逻辑与考点

1. 在对查找表的查找过程中,若被查找的数据元素不存在,则把该数据元素插入到集合

中,这种方式主要适合于( )。 　　　　　　　　　　　　　【内蒙古科技大学 2017 年】

　A.静态查找表　　　　　　　　　　　　　B.动态查找表

　C.静态查找表与动态查找表　　　　　　　D.两种表都不适合

解题思路

梳理逻辑与考点

2. 就平均查找速度而言,下列几种查找速度从慢至快的关系是( )。

【华中农业大学 2018 年】

　A.顺序　折半　哈希　分块　　　　　　　B.分块　折半　哈希　顺序

　C.顺序　分块　折半　哈希　　　　　　　D.顺序　哈希　分块　折半

解题思路

梳理逻辑与考点

§6.2　线性表的查找

考点 1　顺序查找

题组闯关

1. 下列关于顺序查找的叙述中,正确的是( )。

　A.顺序查找适合于存储结构为顺序存储结构或链式存储结构的线性表

　B.顺序查找适合于存储结构为散列存储结构的线性表

C.顺序查找适合于存储结构为压缩存储结构的线性表

D.顺序查找适合于存储结构为索引存储结构的线性表

解题思路

梳理逻辑与考点

2. 由 n 个数据元素组成的有序单链表,若查找每个元素的概率相同,采用顺序查找法,则
   该表中任一元素查找成功的平均查找长度为(　　)。

   A.$n/2$　　　　　　　B.$(n+1)/2$　　　　　　C.$(n-1)/2$　　　　　　D.$n+1$

   解题思路

梳理逻辑与考点

3. 对长度为 3 的顺序表进行查找,若查找表中元素的概率依次为 $1/2,1/6,1/3$,则查找
   任一元素的平均查找长度为(　　)。

   A.$5/3$　　　　　　　B.$5/6$　　　　　　　　C.2　　　　　　　　D.$11/6$

   解题思路

梳理逻辑与考点

4. 顺序查找不论在顺序线性表中,还是在链式线性表中的时间复杂度为(　　)。

   A.$O(n)$　　　　　　B.$O(n^2)$　　　　　　C.$O(n^{1/2})$　　　　　　D.$O(\log_2 n)$

   解题思路

梳理逻辑与考点

真题实战

1. 假设顺序表中包含 5 个数据元素 $\{a, b, c, d, e\}$，它们的查找概率分别为 $\{0.3, 0.35, 0.2, 0.1, 0.05\}$，顺序查找时为了使查找成功的平均查找长度最小，则表中数据元素的存放顺序是（　　）。 【北京工业大学 2018 年】

A.$\{e, d, c, b, a\}$　　　　B.$\{b, a, c, d, e\}$　　　　C.$\{b, a, d, c, e\}$　　　　D.$\{a, d, e, c, b\}$

解题思路

梳理逻辑与考点

2. 当对一个长度为 60 的线性表进行索引顺序查找（分块查找）时，若共分成了 10 个子表，则每个子表有 6 个表项。假定对索引表和数据子表都采用顺序查找，则查找每一个表项的平均查找长度为（　　）。

A.7　　　　　　　　　B.8　　　　　　　　　C.9　　　　　　　　　D.10

解题思路

梳理逻辑与考点

3. 已知一个有序表为 $\{12, 18, 24, 35, 47, 50, 62, 83, 90, 115, 134\}$，当二分查找值为 90 的元素时，（　　）次比较后查找成功；当二分查找值为 47 的元素时，（　　）次比较后查找成功。 【昆明理工大学 2016 年】

A.1，4　　　　　　　　B.2，4　　　　　　　　C.3，2　　　　　　　　D.4，2

解题思路

梳理逻辑与考点

4. 在顺序结构线性表中,顺序查找一个指定元素的平均时间复杂度是(　　)。

【北京化工大学 2016 年】

    A.$O(1)$　　　　　　B.$O(\log(n))$　　　　　C.$O(n)$　　　　　D.$O(n^2)$

解题思路

梳理逻辑与考点

5. 一个有序表有 255 个对象采用顺序搜索法查表,平均搜索长度为(　　)。

【华中农业大学 2017 年】

    A.128　　　　　　B.127　　　　　　C.126　　　　　　D.255

解题思路

梳理逻辑与考点

考点2　折半查找

1. 已知一个长度为 13 的有序顺序表 L,若采用折半查找法查找一个 L 中不存在的元素,则关键字的比较次数最多为(　　)。

    A.4　　　　　　　B.5　　　　　　　C.6　　　　　　　D.7

解题思路

梳理逻辑与考点

2. 已知一个有序表 $A[12,20,24,35,42,54,60,88,90,116,142]$,采用二分查找法查找值为 24 的元素时,查找成功的比较次数为(　　)。

A.1　　　　　　B.2　　　　　　C.4　　　　　　D.6

解题思路

梳理逻辑与考点

3. 具有 11 个关键字的有序表中,对每个关键字的查找概率相同,采用折半查找查找成功的平均查找长度为(　　),查找失败的平均查找长度为(　　)。

A.33/11　　　　B.33/12　　　　C.44/11　　　　D.44/12

解题思路

梳理逻辑与考点

4. 若有 18 个元素的有序表存放在一维数组 $A[19]$ 中,第一个元素放 $A[1]$ 中,现进行二分查找,则查找 $A[3]$ 的比较序列的下标依次为(　　)。

A.1,2,3　　　　B.9,5,3　　　　C.9,5,2,3　　　　D.9,4,2,3

解题思路

梳理逻辑与考点

5. 一个长度为 32 的有序表,若采用二分查找一个不存在的元素,则比较次数最多是(　　)。

A.4　　　　　　B.5　　　　　　C.6　　　　　　D.7

解题思路

梳理逻辑与考点

6. 使用二分搜索算法在 1000 个有序元素表中搜索一个特定元素,在最坏情况下,搜索总共需要比较的次数为( )。

A.10　　　　　　B.11　　　　　　C.500　　　　　　D.1000

解题思路

梳理逻辑与考点

7. 在顺序表(3,6,8,10,12,15,16,18,21,25,30)中,用二分法查找关键码值 11,所需的关键码比较次数为( )。

A.2　　　　　　B.3　　　　　　C.4　　　　　　D.5

解题思路

梳理逻辑与考点

8. 广告系统为了做地理位置定向,将 IPV4 分割为 627672 个区间,并标识了地理位置信息,区间之间无重叠,用二分查找将 IP 地址映射到地理位置信息,在最坏的情况下,需要查找( )次。

A.17　　　　　　B.18　　　　　　C.19　　　　　　D.20

解题思路

梳理逻辑与考点

9. 已知有序序列 b c d e f g q r s t,则在二分查找关键字 b 的过程中,先后进行比较的关键字依次是( )。

A.f d b　　　　　B.f c b　　　　　C.g c b　　　　　D.g d b

解题思路

梳理逻辑与考点

10. 顺序查找一个具有 n 个元素的线性表,其时间复杂度为(　　),二分查找一个具有 n 个元素的线性表,其时间复杂度为(　　)。

A.$O(n)$,$O(\log_2(n))$　　　　　　　B.$O(\log_2(n))$,$O(\log_2(n))$

C.$O(n^2)$,$O(n)$　　　　　　　　　　D.$O(n\log_2(n))$,$O(\log_2(n))$

解题思路

梳理逻辑与考点

真题实战

1. 查找有序表中的某一指定元素时,折半查找比顺序查找的比较次数(　　)。

【北京邮电大学 2017 年】

A.一定少　　　　　　　　　　　　B.一定多

C.相同　　　　　　　　　　　　　D.不确定

解题思路

梳理逻辑与考点

2. 下列选项中,不能构成折半查找中关键字比较序列的是(　　)。

A.500,200,450,180　　　　　　　B.500,450,200,180

C.180,500,200,450　　　　　　　D.180,200,500,450

解题思路

梳理逻辑与考点

3. 假设有 n 个待查找关键字,有关折半查找算法的不正确描述是(　　)。

A.最坏搜索效率为 $O(n)$　　　　　　B.平均搜索效率为 $O(\log(n))$

C.搜索效率为 $O(\log(n))$　　　　　　D.数据有序且顺序存储

解题思路

梳理逻辑与考点

4.下列数据结构中,不适合直接使用折半查找的是(　　)。　　　【全国统考 2024 年】

　Ⅰ.有序链表　　　　　　　　　　　　　　　Ⅱ.无序数组

　Ⅲ.有序静态链表　　　　　　　　　　　　Ⅳ.无序静态链表

　A.仅Ⅰ、Ⅲ　　　　　B.仅Ⅱ、Ⅳ　　　　　C.仅Ⅱ、Ⅲ、Ⅳ　　　　D.Ⅰ、Ⅱ、Ⅲ、Ⅳ

　解题思路

梳理逻辑与考点

5. 对序列(2,4,6,8,10,12,14,16,18,20)进行折半查找元素 14,需要依次比较(　　)。

　　　　　　　　　　　　　　　　　　　　　　　　　　【电子科技大学 2016 年】

　　A.10,18,14　　　　B.10,16,14　　　　C.10,18,12,14　　　　D.10,16,12,14

　　解题思路

梳理逻辑与考点

6. 用折半查找进行查找元素的速度比用顺序法(　　)。　　【内蒙古科技大学 2020 年】

　　A.必然快　　　　　B.必然慢　　　　　C.相等　　　　　D.不能确定

　　解题思路

梳理逻辑与考点

7. 设一组记录的关键字序列为(5,13,19,21,37,56,64,75,80,88,92),则利用二分法查

　　找关键字 21 需要比较的次数为(　　)。　　　　　　　【广西师范大学 2017 年】

　　A.1　　　　　　　B.4　　　　　　　C.2　　　　　　　D.3

　　解题思路

梳理逻辑与考点

考点 3 分块查找

1. 下列关于分块查找的说法中,正确的是(　　)。

A.数据分为若干块,每块内数据必须有序,索引块间也必须有序

B.数据分为若干块,每块(除最后一块外)中数据个数必须相同

C.数据分为若干块,每块内数据必须有序,由每块内最大(或最小)的数据组成索引块

D.数据分为若干块,每块内数据不必有序,但块间必须有序,每块内最大(或最小)的数据组成索引块

解题思路

梳理逻辑与考点

2. 对于有 1600 个记录的索引顺序表(分块表)进行查找,最理想的块长为(　　)。

A.40　　　　　　　　B.400　　　　　　　　C.100　　　　　　　　D.$\lceil \log_2 1600 \rceil$

解题思路

梳理逻辑与考点

3. 为提高查找效率,对长度为 16129 的有序顺序表建立索引顺序结构,在最好情况下查找到表中已有元素最多需要执行(　　)次关键字比较。

A.14　　　　　　　　B.16　　　　　　　　C.31　　　　　　　　D.32

解题思路

梳理逻辑与考点

4. 长度为 225 的表,采用分块查找法进行查找,每块的最佳长度为( )合适。

A.13   B.14   C.15   D16

解题思路

梳理逻辑与考点

5. 设顺序线性表的长度为 30,分成 5 块,每块 6 个元素,如果采用分块查找,则其平均查找长度为( )。

A.6   B.11   C.5   D.6.5

解题思路

梳理逻辑与考点

真题实战

1. 当对一个长度为 60 的线性表进行索引顺序查找(分块查找)时,若共分成了 10 个子表,每个子表有 6 个表项。假定对索引表和数据子表都采用顺序查找,则查找每一个表项的平均查找长度为( )。

A.7   B.8   C.9   D.10

解题思路

梳理逻辑与考点

2. 当采用分块查找时,数据的组织方式为(　　)。

　　A.数据分成若干块,每块内数据有序

　　B.数据分成若干块,每块内数据不必有序,但块间必须有序,每块内最大(或最小)的数据组成索引块

　　C.数据分成若干块,每块内数据有序,每块内最大(或最小)的数据组成索引块

　　D.数据分成若干块,每块(除最后一块外)中数据个数需相同

　　解题思路

梳理逻辑与考点

§6.3　B 树和 B+树

考点 1　B 树

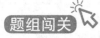

1. 下列关于 m 阶 B 树的说法中,正确的是(　　)。

　　A.根结点至多有 $m-1$ 棵子树

　　B.根结点中的数据都是有序的

　　C.非叶结点至少有 $m/2$(m 为偶数)或($m+1$)/2(m 为奇数)棵子树

　　D.每个结点至少有两棵非空子树

　　解题思路

梳理逻辑与考点

2. 具有 n 个叶结点的 m 阶 B 树,应有(　　)个关键字。

　　A. $n+1$　　　　　　　B. $n-1$　　　　　　　C. $m+1$　　　　　　　D. mn

　　解题思路

梳理逻辑与考点

3. 在一棵高度为 2 的 4 阶 B 树中,所含关键字的个数最少是(   )。

　　A.3　　　　　　　　B.6　　　　　　　　B.8　　　　　　　　D.16

解题思路

梳理逻辑与考点

4. 高度为 2 的 9 阶 B 树,最少包含多少个关键字(   )。

　　A.7　　　　　　　　B.9　　　　　　　　C.11　　　　　　　　D.13

解题思路

梳理逻辑与考点

真题实战

1. 在一棵具有 20 个关键字的 3 阶 B 树中,含关键字的结点个数至少是(   )。

【北京邮电大学 2016 年】

　　A.10　　　　　　　　B.11　　　　　　　　C.12　　　　　　　　D.13

解题思路

梳理逻辑与考点

2. 在非空 m 阶 B 树上,除根结点以外的所有其他非终端结点(   )。

　　A.至少含有 $\lceil m/2 \rceil$ 棵子树　　　　　　　　B.至多含有 $\lceil m/2 \rceil$ 棵子树

　　C.至少含有 $\lfloor m/2 \rfloor$ 棵子树　　　　　　　　D.至多含有 $\lfloor m/2 \rfloor$ 棵子树

解题思路

梳理逻辑与考点

3. 依次将关键字 5,6,9,13,8,2,12,15 插入初始为空的 4 阶 B 树后,根结点中包含的关
　 键字是( )。　　　　　　　　　　　　　　　　　　　　　　【全国统考 2020 年】

　　A.8　　　　　　　　B.6,9　　　　　　　　C.8,13　　　　　　　D.9,12

　解题思路
_____

梳理逻辑与考点

_____

4. 在一棵高度为 3 的 3 阶 B 树中,根为第一层,若第二层中有 4 个关键字,则该树的结点
　 个数最多是( )。　　　　　　　　　　　　　　　　　　　　【全国统考 2021 年】

　　A.11　　　　　　　　B.10　　　　　　　　C.9　　　　　　　　　D.8

　解题思路
_____

梳理逻辑与考点

_____

考点 2　B+树

1. 如图所示是一棵( )。

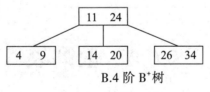

　　A.4 阶 B 树　　　　　　　　　　　　　　B.4 阶 B⁺树
　　C.3 阶 B 树　　　　　　　　　　　　　　D.3 阶 B⁺树

　解题思路
_____

梳理逻辑与考点

_____

2. 下列关于 B 树和 B⁺树的说法中,正确的是( )。

　　A.B 树和 B⁺树都能有效地支持顺序查找

　　B.B 树和 B⁺树都能有效地支持随机查找

　　C.B 树和 B⁺树的叶结点中都包含关键字

　　D.B 树只支持随机查找,而 B⁺树只支持顺序查找

　　解题思路

梳理逻辑与考点

真题实战

1. 下列应用中,适合使用 B+树的是( )。　　　　　【全国统考 2017 年】

　　A.编译器中的词法分析　　　　　　　　B.关系数据库系统中的索引

　　C.网络中的路由表快速查找　　　　　　D.操作系统的磁盘空闲块管理

　　解题思路

梳理逻辑与考点

§6.4　散列表

考点 1　散列表的基本概念

1. 下列哪种情况下最适用散列查找( )。

　　A.查找表为有序的链表

　　B.查找表为顺序存储结构

　　C.地址集合比关键字集合大得多

D.关键字集合与地址集合之间存在对应关系

解题思路

梳理逻辑与考点

2. 下列关于散列表的说法中,正确的是(　　)。

　　A.散列查找中不需要任何关键字的比较

　　B.散列表在查找成功时平均查找长度与表长有关

　　C.若在散列表中删除一个元素,不能简单地直接将该元素删除

　　D.若散列表的装填因子 $\alpha<1$,则一定可避免碰撞的产生

解题思路

梳理逻辑与考点

3. 下列关于散列冲突的说法中,正确的是(　　)。

　　A.在开址法中由于散列表"溢出"容易引起"堆积"问题

　　B.采用链地址法处理冲突容易引起聚集现象

　　C.采用再散列法处理冲突时不易产生聚集现象

　　D.采用线性探测法处理冲突时,所有同义词在散列表中一定相邻

解题思路

梳理逻辑与考点

4. 将 100 个元素散列到 100000 个单元的散列表中,则(　　)产生冲突。

　　A.一定会　　　　　　B.一定不会　　　　　　C.仍可能会　　　　　　D.不确定

解题思路

梳理逻辑与考点

5. 一组记录的关键字为{17, 12, 34, 25, 5, 54, 10, 28, 1},用链地址法构造散列表,散列函数为$H(key) = key\ MOD\ 10$,散列地址为 5 的链中有(　　)个记录。

A.2　　　　　　　B.3　　　　　　　C.4　　　　　　　D.5

解题思路

梳理逻辑与考点

6. 下列所述方法中,不可以提高散列表的查询效率的是(　　)。

　　A.增大装填(载)因子

　　B.设计冲突(碰撞)少的散列函数

　　C.处理冲突(碰撞)时避免产生聚集(堆积)现象

　　D.减少装填(载)因子

解题思路

梳理逻辑与考点

7. 解决哈希冲突的链地址算法中,关于插入新数据项的时间表述正确的是(　　)。

　　A.和哈希表中项数成正比

　　B.和数组已占用单元的百分比成正比

　　C.随装载因子线性增长

　　D.和链表数目成正比

解题思路

梳理逻辑与考点

8. 下面关于哈希(Hash)查找的说法正确的是(　　)。

　　A.哈希函数构造得越复杂越好,因为这样随机性好,冲突小

　　B.除留余数法是所有哈希函数中最好的

C.不存在特别好与坏的哈希函数,要视情况而定

D.若需在哈希表中删去一个元素,不管用任何方法解决冲突都只要简单地将该元素删去即可

解题思路

梳理逻辑与考点

9.为提高散列(Hash)表的查找效率,可以采取的正确措施是(　　　)。

Ⅰ. 增大装填(载)因子

Ⅱ. 设计冲突(碰撞)少的散列函数

Ⅲ. 处理冲突(碰撞)时避免产生聚集(堆积)现象

A.仅Ⅰ　　　　　　　　B.仅Ⅱ　　　　　　　　C.仅Ⅰ、Ⅱ　　　　　　　　D.仅Ⅱ、Ⅲ

解题思路

梳理逻辑与考点

真题实战

1.用哈希(散列)方法处理冲突(碰撞)时可能出现堆积(聚集)现象,下列选项中,会受堆积现象直接影响的是(　　　)。

A.存储效率　　　　　　　　　　　　　　B.数列函数

C.装填(装载)因子　　　　　　　　　　　D.平均查找长度

解题思路

梳理逻辑与考点

2. 将10个元素散列到100000个单元的哈希表中,则( )产生冲突。

A.一定会

B.一定不会

C.仍可能会

D.以上答案均不正确

解题思路

梳理逻辑与考点

3. 设哈希地址空间为0~m-1,k 为记录的关键字,哈希函数采用除留余数法,即 Hash(k) =k%p,为了减少发生冲突的频率,一般取 p 为( )。

A.m

B.小于或等于 m 的最大质数

C.大于 m 的最小质数

D.小于等于 m 的最大合数

解题思路

梳理逻辑与考点

考点2 散列函数

1. 设某散列表的长度为100,散列函数 $H(k) = k \% P$,则 P 通常情况下最好选择( )。

A.99   B.97   C.91   D.93

解题思路

梳理逻辑与考点

2. 设散列表中有 m 个存储单元,散列函数 $H(key) = key \% p$,则 p 最好选择(　　)。

A.小于等于 m 的最大奇数　　　　　　B.小于等于 m 的最大素数

C.小于等于 m 的最大偶数　　　　　　D.小于等于 m 的最大合数

解题思路

梳理逻辑与考点

3. 设 $H(x)$ 是一哈希函数,有 k 个不同的关键字 $(x_1, x_2, \ldots, x_k)$ 满足 $H(x_1) = H(x_2) = \ldots = H(x_k)$,若用线性探测法将这 k 个关键字存入哈希表中,至少要线性探测(　　)次。

A.$k-1$　　　　　　　　　　　　B.k

C.$k+1$　　　　　　　　　　　　D.$k(k-1)/2$

解题思路

梳理逻辑与考点

4. 已知一个关键字集合为 $(19, 01, 23, 14, 55, 68, 11, 82, 36)$,采用的散列函数为 $H(Key) = Key \bmod 11$,依次将元素散列到表长为 11 的哈希表中存储。若采用二次线性探测的开放定址法解决冲突,则关键字 68 的存储地址为(　　)。

A.4　　　　　　B.5　　　　　　C.6　　　　　　D.7

解题思路

梳理逻辑与考点

5. 利用线性探测法处理冲突的哈希表中,若将哈希表存储空间看作循环的,则两个同义词在哈希表中(　　)。

　　A.位置可能相邻　　　　　　　　　　B.位置一定相邻

　　C.位置一定不相邻　　　　　　　　　D.以上说法均不对

解题思路

6. 在采用链地址法处理冲突所构成的散列表上查找某一关键字,则在查找成功的情况下,所探测的这些位置上的键值(　　)。

　　A.一定都是同义词　　　　　　　　　B.不一定都是同义词

　　C.都相同　　　　　　　　　　　　　D.一定都不是同义词

解题思路

7. 假定关键字 K = 2789465,允许存储地址为三位十进制数,现得到的散列地址为149,则所采用的构建哈希函数的方法是(　　)。

　　A.除留余数法,模为23　　　　　　　B.平方取中法

　　C.移位叠加　　　　　　　　　　　　D.间界叠加

解题思路

梳理逻辑与考点

8. 设哈希表长 m＝14,哈希函数 H(key)＝key MOD 11。表中已有 4 个结点 addr(15)＝4, addr(38)＝5,addr(61)＝6,addr(84)＝7,其余地址为空,如用二次探查再散列法处理冲突,则关键字为 49 的结点的地址是(　　　)。

A.8　　　　　　　　B.3　　　　　　　　C.5　　　　　　　　D.9

解题思路

梳理逻辑与考点

9. 存储 10 个元素到一个哈希表,这 10 个元素的 key 是{5,28,19,15,20,12,33,17,10, 18}。哈希表总共有 9 个 slots,哈希函数是 h(k)＝k mod 9,并用链表解决冲突。哈希表中最长的链表长度是(　　　)。

A.1　　　　　　　　B.2　　　　　　　　C.3　　　　　　　　D.4

解题思路

梳理逻辑与考点

10. 设哈希函数 H(key)＝key MOD 11,采用线性探测再散列的方法解决冲突。对关键字序列{13,28,72,5,16,8,7,11,29}在地址空间为 0~12 的散列区中建哈希表,等概率情况下查找成功时的平均查找长度是(　　　)。

A.12　　　　　　　　B.4/3　　　　　　　　C.7/3　　　　　　　　D.1

解题思路

梳理逻辑与考点

真题实战

1. 设哈希表长 $M=14$，哈希函数 $H(\text{KEY})=\text{KEY mod } 7$。表中已有 4 个结点：$\text{ADDR}(15)=1$，$\text{ADDR}(38)=3$，$\text{ADDR}(61)=5$，$\text{ADDR}(84)=0$，其余地址为空。如用二次探测再用哈希法解决冲突，关键字为 68 的结点的地址是（　　）。

A.8 　　　　　　 B.3 　　　　　　 C.5 　　　　　　 D.6

解题思路

梳理逻辑与考点

2. 对于线性表 $(7,34,55,25,64,46,20,10)$ 进行散列存储时，若选用 $H(K)=K \% 9$ 作为散列函数，则散列地址为 1 的元素有（　　）个。　　　　　　【暨南大学 2017 年】

A.1 　　　　　　 B.2 　　　　　　 C.3 　　　　　　 D.4

解题思路

梳理逻辑与考点

3. 设哈希表长为 13，哈希函数是 $H(\text{key})=\text{key} \% 13$，表中已有关键字 18,39,75,93 共 4 个，现要将关键字为 70 的结点加到表中，用伪随机探测再散列法解决冲突，使用的伪随机序列为 5,8,3,9,7,1,6,4,2,11,13,21，则放入的位置是（　　）。

【四川大学 2018 年】

A.8 　　　　　　 B.11 　　　　　　 C.7 　　　　　　 D.5

解题思路

梳理逻辑与考点

4. 现有长度为 11 且初始为空的散列表 HT,散列函数是 $H(key) = key \% 7$,采用线性探查（线性探测再散列）法解决冲突。将关键字序列 87, 40, 30, 6, 11, 22, 98, 20 依次插入到 HT 后,HT 查找失败的平均查找长度是(　　)。

【全国统考 2019 年】

A.4　　　　　　　B.5.25　　　　　　　C.6　　　　　　　D.6.29

解题思路

梳理逻辑与考点

5. 哈希表构建时采用线性探测法处理冲突,在某关键字查找成功的情况下,所探测的多个位置上的关键字(　　)。 【北京工业大学 2018 年】

A.不一定都是同义词　　　　　　　B.一定是同义词

C.一定都不是同义词　　　　　　　D.必然有序

解题思路

梳理逻辑与考点

6. 设哈希表长为 12,哈希函数为 $H(key) = key \% 11$,表中已有数据关键字为 26、16、50、68 共 4 个。现要将关键字为 38 的结点加到列表中,用线性探测再散列解决冲突,则放入的位置是(　　)。 【南京大学 2017 年】

A.3　　　　　　　B.5　　　　　　　C.7　　　　　　　D.9

解题思路

梳理逻辑与考点

7. 哈希表的地址区间是 0 到 16,哈希函数为 H(K)= K mod 17,采用线性探测法处理冲突,并将关键字序列 26,25,72,38,8,18,59 依次存储到哈希表中。则元素 59 存放在哈希表中的地址是( )。

【北京邮电大学 2018 年】

A.8 B.9 C.10 D.11

解题思路

梳理逻辑与考点

8. 设有一组记录的关键字为{19,14,23,1,68,20,84,27,55,11,10,79},采用哈希函数 H(key)= key MOD 13 构造哈希表,用链地址法处理冲突,则哈希地址为 1 的链表中有( )个记录。

【内蒙古科技大学 2020 年】

A.3 B.4 C.5 D.6

解题思路

梳理逻辑与考点

9. 设哈希表长为 15,哈希函数是 H(key)= key % 13,表中已有数据的关键字为 15,22,50,13,20,36,28,现要将关键字为 48 的结点加到表中,用二次探测再散列法解决冲突,则放入的位置是( )。

【杭州电子科技大学 2018 年】

A.8 B.3 C.5 D.9

解题思路

梳理逻辑与考点

10. 设哈希表长为 13,哈希函数是 H(key)= key % 13,表中已有关键字 18,39,75,93 共四个,现要将关键字为 70 的结点加到表中,用伪随机探测再散列法解决冲突,使用的伪随机序列为 5,8,3,9,7,1,6,4,2,11,13,21 则放入的位置是(　　)。

【四川大学 2018 年】

　　A.8　　　　　　　　B.11　　　　　　　　C.7　　　　　　　　D.5

解题思路

梳理逻辑与考点

11. 在长度为 13 的哈希表中已填有关键字分别为 19,44,72 的记录,哈希函数为 H(key) = KMOD13,现在第四个记录,其关键字为 31,若采用二次探测再散列,应该填入序号为(　　)的位置(哈希表开始位置序号为 0)。

　　A.4　　　　　　　　B.5　　　　　　　　C.6　　　　　　　　D.8

解题思路

梳理逻辑与考点

12. 现有长度为 5、初始为空的散列表 HT,散列表函数 $H(k)=(k+4)\%5$,用线性探查再散列法解决冲突。若将关键字序列 2022,12,25 依次插入 HT 中,然后删除关键字 25,则 HT 中查找失败的平均查找长度为(　　)。【全国统考 2023 年】

　　A.1　　　　　　　　B.1.6　　　　　　　　C.1.8　　　　　　　　D.2.2

解题思路

梳理逻辑与考点

§6.5 树型查找

考点1 二叉搜索树

1. 二叉查找树的查找效率与二叉树的树型有关,在( )时其查找效率最低。

    A.结点太多   B.完全二叉树

    C.是单枝树   D.结点太复杂

解题思路

梳理逻辑与考点

2. 查找效率最高的二叉排序树是( )。

    A.所有结点的左子树都为空的二叉排序树

    B.所有结点的右子树都为空的二叉排序树

    C.平衡二叉树

    D.没有左子树的二叉排序树

解题思路

梳理逻辑与考点

3. 在二叉排序树中,凡是新插入的结点,都是没有( )的。

    A.孩子   B.关键字

    C.平衡因子   D.赋值

解题思路

梳理逻辑与考点

4. 如图所示的二叉树是( )。

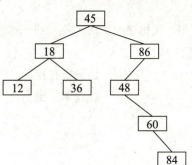

A.二叉判定树   B.二叉排序树

C.二叉平衡树   D.堆

解题思路

梳理逻辑与考点

5. 如图所示的一棵二叉排序树其在查找不成功时的平均查找长度是( )。

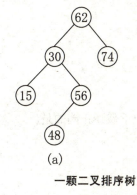

(a)

一颗二叉排序树

A.21/7   B.28/7   C.15/6   D.21/6

解题思路

梳理逻辑与考点

真题实战

1. 在关键字随机分布的情况下,用二叉排序树方法进行查找,下列方法中与其平均查找长度数量级相当的是( )。 【北京邮电大学 2016 年】

    A.顺序查找   B.折半查找

    C.分块查找   D.均不正确

    解题思路

梳理逻辑与考点

2. 二叉排序中,按( )遍历二叉排序得到的序列是一个有序序列。

【四川大学 2017 年】

    A.先序   B.中序   C.后序   D.层次

    解题思路

梳理逻辑与考点

3. 在一棵以升序排列的二叉排序树上,以下叙述正确的是( )。

    A.权值最小的结点层数最小

    B.权值最大的结点一定为叶结点

    C.权值最大的结点层数最大

    D.从根结点到叶结点的路径不一定有序

    解题思路

梳理逻辑与考点

4. 含 n 个关键字的二叉排序树的平均查找长度主要取决于( )。

　　A.关键字的个数　　　　　　　　　B.树的形态

　　C.关键字的取值范围　　　　　　　D.关键字的数据类型

　　解题思路

梳理逻辑与考点

5. 一棵二叉搜索树如图所示, $k1$、$k2$、$k3$ 分别是对应结点保存的关键字, 子树 T 的任一结点中保存的关键字 x 满足的是( )。　　**【全国统考2024年】**

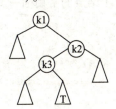

　　A.$x<k1$　　　　　　　　　　　　B.$x>k2$

　　C.$k1<x<k3$　　　　　　　　　　D.$k3<x<k2$

　　解题思路

梳理逻辑与考点

考点2　平衡二叉树

1. 高度为 7 的 AVL 树的结点数最少为( )。

　　A.29　　　　　　　　B.31　　　　　　　　C.33　　　　　　　　D.35

　　解题思路

梳理逻辑与考点

2. 在平衡二叉树中插入一个结点后造成了不平衡,设最低的不平衡结点为 A,并已知 A 的左孩子的平衡因子为-1,右孩子的平衡因子为 0,则应做(   )型调整以使其平衡。

A.LL   B.LR   C.RL   D.RR

解题思路

梳理逻辑与考点

3. 若某平衡二叉树的高度为 4,其所有非叶子结点的平衡因子均为-1,则该棵平衡二叉 树的结点总数是(   )。

A.4   B.5   C.6   D.7

解题思路

梳理逻辑与考点

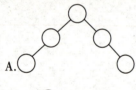 

1. 下列二叉树中,不满足二叉平衡树的定义的是(   )。

解题思路

梳理逻辑与考点

2. 已知平衡二叉排序树(简称平衡二叉树)如图所示,若插入关键字 3 后得到一棵新的平衡二叉树,则在新平衡二叉树中,关键字 4 所在结点的左右孩子结点保存的关键字分别是(　　)。

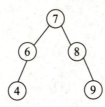

A.3,6 　　　　B.6,7 　　　　C.3,7 　　　　D.6,3

解题思路

梳理逻辑与考点

3. 给定平衡二叉树如下图所示,放入关键字 23 后,根中的关键字是(　　)。

【全国统考 2021 年】

A.16 　　　　B.20 　　　　C.23 　　　　D.25

解题思路

梳理逻辑与考点

4. 平衡二叉树的平均查找长度是(　　)。【暨南大学 2017 年】

A.$O(n^2)$ 　　　B.$O(n\log_2(n))$ 　　　C.$O(n)$ 　　　D.$O(\log_2(n))$

解题思路

梳理逻辑与考点

5. 在下列所示的平衡二叉树中插入关键字 48 后得到一棵新平衡二叉树,在新平衡二叉树中,关键字 37 所在结点的左、右子结点保存的关键字分别是(　　　)。

【四川大学 2016 年】

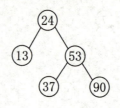

A.13,48
B.24,48
C.24,53
D.24,90

解题思路

梳理逻辑与考点

考点 3　红黑树

1. 下列关于红黑树的叙述中,错误的是(　　　)。

A.每个结点或者是黑色,或者是红色

B.根结点必须是红色

C.每个叶子结点(NIL)是黑色

D.从一个结点到该结点的子孙结点的所有路径上包含相同数目的黑结点

解题思路

梳理逻辑与考点

2. 红黑树在处理过程中红黑结点会产生冲突,请问在下列操作时解决的冲突中,正确的是( )。

    A.插入操作时,解决红黑冲突   B.删除操作时,解决红黑冲突

    C.插入操作时,解决红红冲突   D.删除操作时,解决黑黑冲突

解题思路

梳理逻辑与考点

§6.6 串

考点1 串的基本概念

1. 对于含有 n 个互不相同字符的串,则真子串(不包括串自身但含空串)的个数是( )。

    A.n B.n^2 C.$n(n+1)/2$ D.$n(n-1)/2$

解题思路

梳理逻辑与考点

2. 串"ababaaababaa"的 next 数组为( )。

    A.012345678999   B.012121111212

    C.011234223456   D.012301232234

解题思路

梳理逻辑与考点

3. 在下列关于"串"的陈述中,不正确的说明是(   )。

    A.串可以用顺序存储

    B.串是由字母和数字构成

    C.串可以用链式存储(分块存储)

    D.在 C 语言中,串的最后隐含一个字符'\0'

解题思路

梳理逻辑与考点

4. 串的模式匹配是指(   )。

    A.判断两个串是否相等

    B.对两个串进行大小比较

    C.找某字符在主串中第一次出现的位置

    D.找某子串在主串中第一次出现的第一个字符位置

解题思路

梳理逻辑与考点

5. 串的长度是指(   )。

    A.串中所含不同字母的个数   B.串中所含字符的个数

    C.串中所含不同字符的个数   D.串中所含非空格字符的个数

解题思路

梳理逻辑与考点

6. 若串 s = " abcdefgh ",其子串(含空串和自身)的个数是( )。

A.8　　　　　　　　B.37　　　　　　　　C.36　　　　　　　　D.9

解题思路

梳理逻辑与考点

真题实战

1. 若串 S = " database ",其非空子串数目为( )。

A.37　　　　　　　　B.36　　　　　　　　C.35　　　　　　　　D.34

解题思路

梳理逻辑与考点

2. 下面关于串的叙述中,哪一个是不正确的( )。

A.串是字符的有限序列

B.空串是由空格构成的串

C.模式匹配是串的一种重要运算

D.串既可以采用顺序存储,也可以采用链式存储

解题思路

梳理逻辑与考点

考点2　串的模式匹配

现有字符串 s 为'aabaabaabaac',模式串 t 为'aabaac',那么采用 KMP 算法,在第
(　　)趟匹配时串 t 在串 s 中匹配成功。

A.3　　　　　　　B.4　　　　　　　C.6　　　　　　　D.7

解题思路

梳理逻辑与考点

真题实战

1. 已知字符串 s 为"abaabaabacacaabaabcc",模式串 t 为"abaabc"。采用 KMP 算法进行匹
配,第一次出现"失配"($s[i] \neq t[j]$)时,$i=j=5$,则下次开始匹配时,i 和 j 的值分别是
(　　)。

A.$i=1, j=0$　　　　　　　　　　B.$i=5, j=0$

C.$i=5, j=2$　　　　　　　　　　D.$i=6, j=2$

解题思路

梳理逻辑与考点

2. 设有两个串 p 和 q,求 q 在 p 中首次出现的位置的运算称作(　　)。

A.连接　　　　　　B.模式匹配　　　　　C.求子串　　　　　D.求串长

解题思路

梳理逻辑与考点

3. 已知字符串"pqppqpqp"，它的 nextval 数组值是(　　)。　【北京邮电大学 2018 年】

　　A.01021040　　　　　　B.01021243　　　　　　C.01122240　　　　　　D.01122343

解题思路

梳理逻辑与考点

4. KMP 算法使用修正后的 next 数组进行模式匹配，模式串 S = "aabaab"，当主串中某字符与 S 中某字符失配时，S 将向右滑动的最长距离是(　　)。　【全国统考 2024 年】

　　A.5　　　　　　　B.4　　　　　　　C.3　　　　　　　D.2

解题思路

梳理逻辑与考点

§6.7　综合应用题

1. 已知 11 个元素的有序表{7, 10, 13, 16, 19, 29, 32, 33, 37, 41, 43}。

　　(1)请使用二分查找法查找出值为 11 的元素并画出判定树；

　　(2)计算查找成功和查找失败的平均查找长度。

解题思路

梳理逻辑与考点

2. 给定一组关键字{15, 26, 50, 52, 64, 69, 72}, 请给出创建一棵 3 阶 B 树的过程。

解题思路

梳理逻辑与考点

3. 使用散列函数 $H(key)\%11$, 把一个整数值转换成散列表下表, 现要把数据{2, 14, 13, 35, 39, 34, 28, 23}依次插入散列表中。

(1)使用线性探测法来构造散列表；

(2)使用链地址法构造散列表。

请根据情况分别确定查找成功和查找失败的平均查找长度。

解题思路

梳理逻辑与考点

4. 已知顺序表中有 m 个记录, 表中记录不依关键字有序。编写算法, 为该顺序表建立一个有序的索引表, 索引表中每一项应该含有记录关键字和记录在顺序表中的序号, 要求算法的时间复杂度最好的情况下能达到 $O(m)$ 。

解题思路

梳理逻辑与考点

真题实战

1. 现有 n(n>100000) 个数保存在一维数组 M 中,需要在 M 中查找最小的 10 个数。请回答下列问题。

   【全国统考 2022 年】

   (1)设计一个完成上述查找任务的算法,要求平均情况下的比较次数尽可能少,简述其算法思想(不要程序实现)。

   (2)说明你所设计的算法平均情况下的时间复杂度和空间复杂度。

   解题思路

梳理逻辑与考点

2. 设包含 4 个数据元素的集合 $S = \{\text{"do"}, \text{"for"}, \text{"repeat"}, \text{"while"}\}$,各元素的查找概率依次为:$p_1 = 0.35$,$p_2 = 0.15$,$p_3 = 0.15$,$p_4 = 0.35$。将 S 保存在一个长度为 4 的顺序表中,采用折半查找法,查找成功时的平均查找长度为 2.2。请回答:

   (1)若采用顺序存储结构保存 S,且要求平均查找长度更短,则元素应如何排列,应使用何种查找方法,查找成功时的平均查找长度是多少?

   (2)若采用链式存储结构保存 S,且要求平均查找长度更短,则元素应如何排列,应使用何种查找方法,查找成功时的平均查找长度是多少?

   解题思路

梳理逻辑与考点

3. 已知一组关键字为{26, 36, 41, 38, 44, 15, 68, 12, 6, 51, 25},假设装填因子 $a = 0.75$。

   (1)使用线性探测再散列的方法来构造该散列表。

   (2)写出关键字 68 的查找过程。

   解题思路

梳理逻辑与考点

4. 设二叉排序树中关键字由 1 至 1000 的整数组成,现要查找关键字为 363 的结点,下面的关键字序列哪个不可能是在二叉树中查到的序列?说明原因。

【暨南大学 2017 年】

(1)51,250,501,390,320,340,382,363。

(2)24,877,125,342,501,623,421,363。

解题思路

梳理逻辑与考点

5. 将关键字序列 20,3,11,18,9,14,7 依次存储到初始为空、长度为 11 的散列表 HT 中,散列函数 $H(key)=(key×3)\%11$。$H(key)$ 计算出的初始散列地址为 H_0,发生冲突时探查地址序列是 $H_1,H_2,H_3,\cdots$,其中,$H_k=(H_0+k^2)\%11$,$k=1,2,3,\cdots$。请回答下列问题。

【全国统考 2024 年】

(1)画出所构造的 HT,并计算 HT 的装填因子。

(2)给出在 HT 中查找关键字 14 的关键字比较序列。

(3)在 HT 中查找关键字 8,确认查找失败时的散列地址是多少?

解题思路

梳理逻辑与考点

第7章 排序

搭建框架

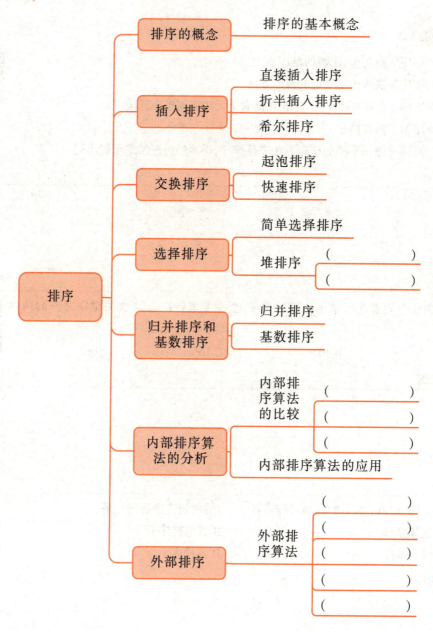

§7.1 排序的概念

考点 排序的基本概念

1. 下列关于排序的叙述中,正确的是( )。

    A.稳定的排序算法优于不稳定的排序算法

    B.排序算法都是在顺序表上实现的,在链表上无法实现排序算法

    C.拓扑排序属于内部排序

    D.对同一线性表使用不同的排序方法进行排序,得到的排序结果可能不同

    解题思路

梳理逻辑与考点

2. 对任意的 6 个元素进行基于比较的排序,至少要进行( )次关键字之间的两两比较。

    A.9   B.10   C.16   D.64

    解题思路

梳理逻辑与考点

3. 数据序列{9, 11, 14, 5, 7, 23, 3, 4}只能是( )的两趟排序后的结果。

    A.简单选择排序   B.冒泡排序

    C.简单插入排序   D.堆排序

    解题思路

梳理逻辑与考点

4. 对于数据序列{3, 2, 5, 10, 9, 11, 7, 21}，只能是下列算法中(　　　)的两趟排序的结果。

　　A.快速排序　　　　　　　　　　　　B.冒泡排序

　　C.选择排序　　　　　　　　　　　　D.插入排序

　　解题思路

梳理逻辑与考点

 真题实战

1. 排序算法的稳定性是指(　　　)。

　　A.经过排序之后，能使值相同的数据保持原顺序中的相对位置不变

　　B.经过排序之后，能使值相同的数据保持原顺序中的绝对位置不变

　　C.算法的排序性能与被排序元素的数量关系不大

　　D.算法的排序性能与被排序元素的数量关系密切

　　解题思路

梳理逻辑与考点

2. 第 i 趟处理是将 A[i+1]，……，A[n]中关键字最小者与 A[i]（i = 1, 2, ……n−1）进行交换的排序算法为(　　　)。

　　A.快速排序　　　　　　　　　　　　B.选择排序

　　C.冒泡排序　　　　　　　　　　　　D.插入排序

　　解题思路

梳理逻辑与考点

§7.2　插入排序

考点1　直接插入排序

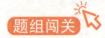

1. 对任意6个不同的数据元素进行直接插入排序,最多需要进行的比较次数是(　　)。

　　A.10　　　　　　　　B.15　　　　　　　　C.18　　　　　　　　D.36

解题思路

梳理逻辑与考点

2. 对有n个记录的表做直接插入排序,在最好的情况下需比较(　　)次关键字。

　　A.$n-1$　　　　　　B.$n/2$　　　　　　　C.$n+1$　　　　　　D.$n(n-1)/2$

解题思路

梳理逻辑与考点

真题实战

1. 在直接插入排序过程中,对序列{15, 9, 7, 8, 20, −1, 4}进行一趟直接插入后,得到的序列是(　　)。

　　A.7, 8, 9, 15, 20, −1, 4　　　　　　　　B.−1, 4, 7, 8, 9, 15, 20

　　C.9, 15, 7, 8, 20, −1, 4　　　　　　　　D.9, 15, 7, 8, −1, 20, 4

解题思路

梳理逻辑与考点

2. 直接插入排序在最好情况下的时间复杂度为( )。 **【上海海事大学 2018 年】**

A.$O(\log n)$　　　　　　　　　　　　B.$O(n)$

C.$O(n \times \log n)$　　　　　　　　　　D.$O(n \times n)$

解题思路

梳理逻辑与考点

3. 对于大部分元素已经有序的数组进行排序时,直接插入排序比简单选择排序效率更高,原因是( )。 **【全国统考 2020 年】**

Ⅰ. 直接插入排序过程中元素之间的比较次数更少

Ⅱ. 直接插入排序过程中所需要的辅助空间更少

Ⅲ. 直接插入排序过程中移动次数更少

A.Ⅰ 正确　　　　　　　　　　　　B.Ⅲ正确

C.Ⅰ、Ⅱ 正确　　　　　　　　　　D.Ⅰ、Ⅱ、Ⅲ 正确

解题思路

梳理逻辑与考点

考点2　折半插入排序

下列关于插入排序的叙述中,正确的是( )。

A.直接插入排序算法是稳定的,而折半插入排序是不稳定的

B.采用折半插入排序可以减少元素的移动次数

C.采用折半插入排序可以减少比较的总趟数

D.采用折半插入排序可能减少元素之间的比较次数

解题思路

梳理逻辑与考点

考点3　希尔排序

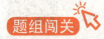

1. 对序列{16, 10, 8, 9, 21, 0, 5}用希尔排序方法排序,经一趟后序列变为{16, 0, 5, 9, 21, 10, 8},则该次排序采用的增量为(　　)。

A.2　　　　　　　　B.3　　　　　　　　C.4　　　　　　　　D.5

解题思路

梳理逻辑与考点

2. 对序列{99, 37, −8, 1, 48, 24, 2, 9, 11, 8}采用希尔排序,则下列序列中(　　)是增量为4的一趟排序结果。

A.{11, 8, −8, 1, 48, 24, 2, 9, 99, 37}　　　　　B.{−8, 1, 37, 99, 2, 9, 24, 48, 8, 11}

C.{37, 99, −8, 1, 24, 48, 2, 9, 8, 11}　　　　　D.以上都不对

解题思路

梳理逻辑与考点

真题实战

希尔排序的组内排序采用的是(　　)。

A.直接插入排序　　　　　　　　B.折半插入排序

C.快速排序　　　　　　　　　　D.归并排序

解题思路

梳理逻辑与考点

§7.3 交换排序

考点 1 冒泡排序

1. 对序列 $\{11, 15, 27, 30, 42, 52\}$ 使用冒泡排序法进行从小到大的排序,需进行(   )次比较。

A.5　　　　　　　　B.10　　　　　　　　C.15　　　　　　　　D.20

解题思路

梳理逻辑与考点

2. 对数据序列 $\{9, 10, 11, 5, 6, 7, 21, 1, 3\}$ 采用冒泡排序(从后向前次序进行,要求升序),需要进行的趟数至少为(   )。

A.4　　　　　　　　B.5　　　　　　　　C.6　　　　　　　　D.8

解题思路

梳理逻辑与考点

3. 冒泡排序在最坏情况下的比较次数是(   )。

A.$n(n+1)/2$　　　　B.$n\log_2 n$　　　　C.$n(n-1)/2$　　　　D.$n/2$

解题思路

梳理逻辑与考点

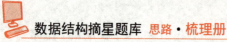

考点2 快速排序

题组闯关

1. 下列关于快速排序的说法中,正确的是(　　)。

　A.快速排序算法在要排序的数据已基本有序的情况下效率最高

　B.快速排序是一个稳定的排序算法

　C.快速排序的空间复杂度平均为 $O(n)$

　D.快速排序算法的性能关键在于划分操作的好坏

　　解题思路

梳理逻辑与考点

2. 对数据序列{45, 78, 55, 37, 39, 83}进行快速排序,以第一个元素为基准,从小到大排序,第一趟的排序结果为(　　)。

　A.37, 39, 45, 55, 78, 83　　　　　　　　　B.39, 37, 45, 78, 55, 83

　C.39, 37, 45, 55, 78, 83　　　　　　　　　D.以上都不对

　　解题思路

梳理逻辑与考点

3. 下列序列中,不可能是快速排序第二趟的排序结果的是(　　)。

　A.3, 4, 6, 5, 7, 8, 10　　　　　　　　　　B.3, 8, 6, 7, 5, 4, 10

　C.4, 3, 6, 5, 8, 7, 10　　　　　　　　　　D.5, 3, 4, 6, 8, 7, 10

　　解题思路

梳理逻辑与考点

真题实战

1. 下列选项中,不可能是快速排序第二趟排序结果的是(　　　)。

　　A.2, 3, 5, 4, 6, 7, 9　　　　　　　　B.2, 7, 5, 6, 4, 3, 9

　　C.3, 2, 5, 4, 7, 6, 9　　　　　　　　D.4, 2, 3, 5, 7, 6, 9

　　解题思路

　　　　　　　　　　　梳理逻辑与考点

2. 下列序列中,(　　　)是执行第一趟快速排序后所得的序列。

　　A.[68, 11, 18, 69][23, 93, 73]　　　　B.[68, 11, 69, 23][18, 93, 73]

　　C.[93, 73][68, 11, 69, 23, 18]　　　　D.[73, 11, 69, 23, 18][93, 68]

　　解题思路

　　　　　　　　　　　梳理逻辑与考点

3. 若一组记录的排序码为(46, 79, 56, 38, 40, 84)则利用快速排序的方法,以第一个记录为基准得到的一次划分结果为(　　　)。

　　A.38, 40, 46, 56, 79, 84　　　　　　B.40, 38, 46, 79, 56, 84

　　C.40, 38, 46, 56, 79, 84　　　　　　D.40, 38, 46, 84, 56, 79

　　解题思路

　　　　　　　　　　　梳理逻辑与考点

4. 一组记录的关键字为(55,82,63,42,47,90),采用快速排序方法进行升序排序,则以第一个记录为枢轴得到的一次划分结果为(   )。 【天津理工大学 2017 年】

A.(42,47,55,63,82,90)

B.(47,42,55,82,63,90)

C.(47,42,55,90,63,82)

D.(47,42,55,63,82,90)

解题思路

梳理逻辑与考点

5. 使用快速排序算法对含 $n(n \geq 3)$ 个元素的数组 M 进行排序,若第一趟排序将 M 中除枢轴外的 $n-1$ 个元素划分为均不为空的 P 和 Q 两块,则下列叙述中,正确的是(   )。 【全国统考2024 年】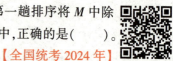

A.P 与 Q 块间有序

B.P 与 Q 均块内有序

C.P 和 Q 的元素个数大致相等

D.P 中和 Q 中均不存在相等的元素

解题思路

梳理逻辑与考点

6. 使用快速排序算法对数据进行升序排序,若经过一次划分后得到的数据序列是 68,11,70,23,80,77,48,81,93,88,则该次划分的枢轴是(   )。 【全国统考2023 年】

A.11

B.70

C.80

D.81

解题思路

梳理逻辑与考点

§7.4 选择排序

考点1 简单选择排序

1.下列关于简单选择排序的说法中,正确的是( )。

　A.简单选择排序算法是稳定的排序算法

　B.简单选择排序算法在最好情况下时间复杂度为 $O(n\log n)$

　C.在初始序列基本有序的情况下,简单选择排序算法的性能达到最好情况

　D.简单排序算法的空间复杂度为 $O(1)$

　解题思路

梳理逻辑与考点

2.简单选择排序算法的移动次数平均为( )。

　A.$O(n)$ 　　　　　B.$O(\log n)$ 　　　　　C.$O(n\log n)$ 　　　　　D.$O(n^2)$

　解题思路

梳理逻辑与考点

3.下列排序方法中,在最坏情况下,数据的交换效率最好的排序方法是( )方法。

　A.插入排序 　　　　B.快速排序 　　　　C.希尔排序 　　　　D.选择排序

　解题思路

梳理逻辑与考点

4. 设线性表中每个元素有两个数据项 K1 和 K2,现对线性表按下列规则进行排序:先看数据项 K1,K1 值小的在前,大的在后;在 K1 值相同的情况下,再看数据项 K2,K2 值小的在前,大的在后。满足这种要求的排序方法是(   )。
  A.先按 K1 值进行直接插入排序,再按 K2 值进行简单选择排序
  B.先按 K2 值进行直接插入排序,再按 K1 值进行简单选择排序
  C.先按 K1 值进行简单选择排序,再按 K2 值进行直接插入排序
  D.先按 K2 值进行简单选择排序,再按 K1 值进行直接插入排序
  解题思路

梳理逻辑与考点

5. 下列的排序方法中,排序的比较次数与序列的初始排列状态无关的是(   )。
  A.选择排序   B.插入排序   C.气泡排序   D.快速排序
  解题思路

梳理逻辑与考点

真题实战

1. 直接选择排序的时间复杂度为(   )。(n 为元素的个数) **【安徽工业大学 2019 年】**
  A.$O(n)$ B.$O(\log_2 n)$ C.$n\log_2 n$ D.$O(n^2)$
  解题思路

梳理逻辑与考点

2. 第 i 趟排序时,顺序扫描待排序记录序列,从中选出当前最小(或最大)元素,并与第 i 个元素交换位置。这是哪种排序方法的基本思想?( )　**【华中农业大学 2017 年】**

　A.堆排序　　　　　　B.冒泡排序　　　　　C.快速排序　　　　　　D.简单选择排序

　　解题思路

梳理逻辑与考点

3. 对于9个数的简单选择排序,最坏情况下需要比较的次数为(   )次。

【河北大学 2019 年】

　A.9　　　　　　　　B.36　　　　　　　　C.45　　　　　　　D.55

　　解题思路

梳理逻辑与考点

考点2　堆排序

1. 下列关于堆排序的说法中,正确的是(   )。

　A.堆排序是一种稳定的排序算法

　B.对堆排序的排序树进行中序遍历,可以得到有序序列

　C.堆排序的空间复杂度与排序树结点个数有关

　D.堆排序算法在最好和最坏情况下的时间复杂度均为 $O(n\log n)$

　　解题思路

梳理逻辑与考点

2. 对数据序列{14, 8, 6, 7, 19, 0, 6, 3}使用堆排序的筛选方法建立的初始小根堆为（ ）。

A.0, 3, 7, 8, 19, 6, 14, 6   B.0, 6, 14, 6, 3, 7, 19, 8

C.0, 3, 6, 7, 19, 14, 6, 8   D.以上均不对

解题思路

梳理逻辑与考点

3. 对含有 n 个关键字的小根堆中,关键字最大的记录有可能存储在（ ）。

A.$n/2$ B.$n/2+2$ C.1   D.$n/2-1$

解题思路

梳理逻辑与考点

4. 向具有 n 个结点的堆中插入一个新元素的时间复杂度为（ ）。

A.$O(1)$ B.$O(n)$ C.$O(\log n)$ D.$O(n\log n)$

解题思路

梳理逻辑与考点

5. 已知关键字序列{4, 7, 11, 18, 27, 19, 14, 21}是小根堆,插入关键字2,调整好后得到的小根堆是（ ）。

A.2, 4, 11, 7, 27, 19, 14, 21, 18   B.2, 4, 11, 18, 19, 14, 21, 7, 27

C.2, 7, 11, 4, 19, 14, 21, 27, 18   D.2, 11, 4, 7, 27, 19, 14, 21, 18

解题思路

梳理逻辑与考点

6. 对于关键字序列{22, 16, 71, 59, 24, 7, 67, 70, 51}进行堆排序,输出一个最小关键字码
   后的剩余堆是( )。

   A.{16, 22, 71, 59, 24, 67, 70, 51}   B.{16, 22, 24, 51, 59, 70, 71, 67}

   C.{16, 22, 24, 51, 59, 70, 67, 71}   D.{16, 24, 22, 51, 59, 71, 67, 70}

   解题思路

梳理逻辑与考点

7. 已知小根堆7,14,9,20,33,15,11,删除关键字7之后需要重新建堆,在此过程中,关键
   字的比较次数为( )。

   A.2   B.3   C.4   D.5

   解题思路

梳理逻辑与考点

真题实战

1. 已知小根堆为8, 15, 10, 21, 34, 16, 12,删除关键字8之后需重建堆,在此过程中,关键
   字之间的比较次数是( )。

   A.1   B.2   C.3   D.4

   解题思路

梳理逻辑与考点

2. 若一组待排记录的关键字为(46, 79, 38, 40, 84),利用堆排序建立的初始堆为(　　)。

【北京邮电大学 2016 年】

A.(38, 40, 46, 79, 84)　　　　　　B.(84, 79, 46, 40, 38)

C.(84, 79, 38, 46, 40)　　　　　　D.(38, 40, 84, 79, 46)

解题思路

梳理逻辑与考点

3. 下列序列中满足大顶堆条件的是(　　)。　　　【北京工业大学 2018 年】

A.49, 37, 40, 28, 41, 16, 25, 18　　　　B.34, 23, 45, 6, 24, 7, 15, 12

C.52, 37, 49, 28, 16, 42, 39, 19　　　　D.55, 43, 45, 48, 52, 29, 77, 12

解题思路

梳理逻辑与考点

4. 下列关于大根堆(至少含 2 个元素)的叙述中正确的是(　　)。【全国统考 2020 年】

Ⅰ. 可以将堆看成一颗完全二叉树

Ⅱ. 可采用顺序存储方式保存堆

Ⅲ. 可以将堆看成一颗二叉排序树

Ⅳ. 堆中的次大值一定在根的下一层

A. Ⅰ、Ⅱ、Ⅲ正确　　　　　　　　B. Ⅱ、Ⅲ、Ⅳ正确

C. Ⅰ、Ⅱ、Ⅳ正确　　　　　　　　D. Ⅰ、Ⅲ、Ⅳ正确

解题思路

梳理逻辑与考点

5. 将关键字 6,9,1,5,8,4,7 依次插入初始为空的大根堆 H 中,得到的 H 是(　　)。

【全国统考 2021 年】

A.9,8,7,6,5,4,1　　　　　　　　　　B.9,8,7,5,6,1,4

C.9,8,7,5,6,4,1　　　　　　　　　　D.9,6,7,5,8,4,1

解题思路

梳理逻辑与考点

6. 已知关键字序列 28,22,20,19,8,12,15,5 是大根堆(最大堆),对该堆进行两次删除操作后,得到的新堆是(　　)。

【全国统考 2024 年】

A.20,19,15,12,8,5　　　　　　　　　B.20,19,15,5,8,12

C.20,19,12,15,8,5　　　　　　　　　D.20,19,8,12,15,5

解题思路

梳理逻辑与考点

7. 下列序列中符合小顶堆定义的是(　　)。

A.21,34,78,82,50,65　　　　　　　　B.21,34,65,82,50,78

C.21,34,82,78,50,65　　　　　　　　D.21,34,78,82,50,65

解题思路

梳理逻辑与考点

§7.5 归并排序和基数排序

考点1 归并排序

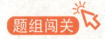

1. 下列关于归并排序算法的说法中,正确的是(　　)。

　A.归并排序是一种不稳定的排序方法

　B.若采用归并排序,每一趟排序一定可以选出一个元素放在其最终位置上

　C.归并排序的空间复杂度为$O(1)$

　D.归并排序的思想是基于分治的

解题思路

梳理逻辑与考点

2. 若对8个元素只进行3趟多路归并排序,则选取的归并路数为(　　)。

　A.1　　　　　　　B.2　　　　　　　C.3　　　　　　　D.4

解题思路

梳理逻辑与考点

3. 2-路归并排序过程中,每一趟 Merge( ) 的时间复杂度为(　　)。

　A.$O(1)$　　　　　　B.$O(n)$　　　　　　C.$O(\log n)$　　　　　　D.$O(n\log n)$

解题思路

梳理逻辑与考点

4. 存在一个含有 2000 个记录的文件，每个磁盘块可容纳 250 个记录，若对该文件采用 2-路归并排序，需要做(   )趟归并排序。

A.2   B.3   C.4   D.5

解题思路

梳理逻辑与考点

5. 将两个长度为 len1 和 len2 的升序链表，合并为一个长度为 len1+len2 的降序列表，采用归并排序，在最坏的情况下，比较操作的次数与(   )最接近。

A.len1+len2   B.len1 * len2

C.min(len1,len2)   D.max(len1,len2)

解题思路

梳理逻辑与考点

6. 有 n 个初始归并段，采用 k 路归并时，所需的归并遍数是(   )。

A.$\log_n k$ B.$\log_k n$ C.$\log_2 n$ D.$\log_2 k$

解题思路

梳理逻辑与考点

真题实战

1. 对 m 个初始归并段，采用 k-路归并时，所需的归并趟数为(   )。

A.$\log_2 k$ B.$\log_2 m$ C.$\log_k m$ D.$\lceil \log_k m \rceil$

解题思路

梳理逻辑与考点

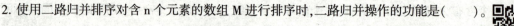

2. 使用二路归并排序对含 n 个元素的数组 M 进行排序时,二路归并操作的功能是( )。

【全国统考 2022 年】

A.将两个有序表合并为一个新的有序表

B.将 M 划分为两部分,两部分的元素个数大致相等

C.将 M 划分为 n 个部分,每个部分中仅含有一个元素

D.将 M 划分为两部分,一部分元素的值均小于另一部分元素的值

解题思路

梳理逻辑与考点

考点2 基数排序

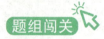

1. 对数据序列{06, 47, 14, 56, 95, 18, 43}进行基数排序,一趟排序的结果是( )。

A.06, 47, 14, 56, 95, 18, 43　　　　　　　　B.06, 14, 18, 43, 47, 56, 95

C.43, 14, 95, 06, 56, 47, 18　　　　　　　　D.06, 14, 47, 56, 18, 43, 95

解题思路

梳理逻辑与考点

2. 在用桶(基数)排序算法对待排数据按"十六进制数"进行排序时,需要桶的个数是

( )。

A.8　　　　　　　B.10　　　　　　　C.16　　　　　　　D.20

解题思路

梳理逻辑与考点

3. 设一组初始记录关键字序列为(345,253,674,924,627),则用基数排序需要进行
( )趟的分配和回收才能使得初始关键字序列变成有序序列。

A.3　　　　　　　B.4　　　　　　　C.5　　　　　　　D.8

解题思路

梳理逻辑与考点

1. 对{05,46,13,55,94,17,42}进行基数排序,一趟排序的结果是( )。

A.05,46,13,55,94,17,42　　　　　　　B.05,13,17,42,46,55,94

C.42,13,94,05,55,46,17　　　　　　　D.05,13,46,55,17,42,94

解题思路

梳理逻辑与考点

2. 设数组 S[ ] ={93,946,372,9,146,151,301,485,236,327,43,892},采用最低位优先
(LSD)基数排序将 S 排列成升序序列,第一趟分配收集后,元素 372 之前,之后相邻的
元素是素是( )。　　　　　　　　　　　　　　　　　　　**【全国统考 2021 年】**

A.43,892　　　　　　　B.236,301　　　　　　　C.301,892　　　　　　　D.485,301

解题思路

梳理逻辑与考点

3. 如果一台计算机具有多核的 CPU，可以同时执行相互独立的任务。归并排序的各个归并段的归并也可并行执行，因此称归并排序是可并行执行的。那么以下的排序方法不可以并行执行的有(　　)。

Ⅰ.基数排序　　　　Ⅱ.快速排序　　　　Ⅲ.冒泡排序　　　　Ⅳ.堆排序

A.Ⅰ、Ⅲ　　　　　B.Ⅰ、Ⅱ　　　　　C.Ⅰ、Ⅲ、Ⅳ　　　　D.Ⅱ、Ⅳ

解题思路

梳理逻辑与考点

§7.6　内部排序算法的分析

考点 1　内部排序算法的比较

1. 通过相邻元素比较−交换进行排序的算法，如插入排序、起泡排序等，其时间复杂性最好只能达到(　　)。

A.$O(n)$　　　　　B.$O(n\log n)$　　　　C.$O(n^2)$　　　　D.$O(n^3)$

解题思路

梳理逻辑与考点

2. 在最好的情况下，时间复杂度可以达到线性时间的是(　　)。

①冒泡排序　　　　②堆排序　　　　　③快速排序

④归并排序　　　　⑤直接插入排序

A.①　　　　　　B.①⑤　　　　　C.④⑤　　　　　D.②③

解题思路

梳理逻辑与考点

3. 下述几种排序方法中,要求辅助空间最大的方法是(　　)。

　　A.希尔排序　　　　　B.快速排序　　　　　C.堆排序　　　　　D.二路归并排序

　　解题思路

梳理逻辑与考点

4. 下列排序算法中,其中(　　)是稳定的。

　　A.堆排序,起泡排序　　　　　　　　　　B.快速排序,堆排序

　　C.简单选择排序,归并排序　　　　　　　D.归并排序,起泡排序

　　解题思路

梳理逻辑与考点

1. 在下面的排序方法中,关键字比较的次数与记录的初始排序次序无关的是(　　)。

　　A.选择排序　　　　　B.冒泡排序　　　　　C.快速排序　　　　　D.插入排序

　　解题思路

梳理逻辑与考点

2. 下列四种排序中,(　　)的空间复杂度最大。　　【河北大学 2016 年】

　　A.插入排序　　　　　B.冒泡排序　　　　　C.堆排序　　　　　D.归并排序

　　解题思路

梳理逻辑与考点

3. 平均时间复杂度为 $O(n\log n)$，且需要辅助存储空间为 $O(\log n)$ 的排序方法是(　　)。

【华中农业大学 2017 年】

   A.冒泡排序   B.直接插入排序

   C.快速排序   D.归并排序

解题思路

梳理逻辑与考点

4. 以下稳定的排序方法是(　　)。

【河北大学 2018 年】

   A.直接插入排序和快速排序   B.折半插入排序和起泡排序

   C.简单选择排序和二路归并排序   D.树形选择排序和 shell 排序

解题思路

梳理逻辑与考点

5. 下列排序算法中,不稳定的是(　　)。

【全国统考 2023 年】

  Ⅰ.希尔排序   Ⅱ.归并排序   Ⅲ.快速排序

  Ⅳ.堆排序   Ⅴ.基数排序

  A.Ⅰ、Ⅱ   B.Ⅱ、Ⅴ   C.Ⅰ、Ⅲ、Ⅳ   D.Ⅲ、Ⅳ、Ⅴ

解题思路

梳理逻辑与考点

考点2　内部排序算法的应用

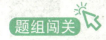

1. 若表 R 在排序前已按关键字正序排列,则(　　)方法的比较次数最少。

   A.直接插入排序　　　　　　　　　　B.快速排序

   C.归并排序　　　　　　　　　　　　D.简单选择排序

解题思路

梳理逻辑与考点

2. 一趟排序结束后不一定能够选出一个元素放在其最终位置上的是(　　)。

   A.堆排序　　　　　B.冒泡排序　　　　　C.快速排序　　　　　D.希尔排序

解题思路

梳理逻辑与考点

3. 设有 5000 个待排序的记录关键字,如果需要用最快的方法选出其中最小的 10 个记录关键字,则用下列(　　)方法可以达到此目的。

   A.快速排序　　　　　B.堆排序　　　　　C.归并排序　　　　　D.插入排序

解题思路

梳理逻辑与考点

4. 数据序列(2,1,4,9,8,10,6,20)只能是下列排序算法中( )的两趟排序后的结果。

    A.快速排序   B.冒泡排序   C.选择排序   D.插入排序

  解题思路

梳理逻辑与考点

真题实战

1. 对下列四种排序方法,在排序中关键字比较次数同记录初始排列无关的是( )。

    A.直接插入排序   B.二分法插入排序

    C.快速排序   D.冒泡排序

  解题思路

梳理逻辑与考点

2. 用某种排序方法对线性表(25,84,21,47,15,27,68,35,20)进行排序时,元素序列的变化情况如下:

  (1)25,84,21,47,15,27,68,35,20

  (2)20,15,21,25,47,27,68,35,84

  (3)15,20,21,25,35,27,47,68,84

  (4)15,20,21,25,27,35,47,68,84 则所采用的排序方法是( )。   **【安徽工业大学 2020 年】**

    A.选择排序   B.希尔排序   C.归并排序   D.快速排序

  解题思路

梳理逻辑与考点

3. 对一组数据（7,17,21,93,10,16）进行排序,若前三趟排序结果如下,则采用的排序方法是（　　）

【华中农业大学 2018 年】

第一趟:7,17,21,10,16,93

第二趟:7,17,10,16,21,93

第三趟:7,10,16,17,21,93

　　A.冒泡排序　　　　　　B.希尔排序　　　　　　C.归并排序　　　　　　D.基数排序

解题思路

梳理逻辑与考点

4. 一个序列中有 4096 个元素,若只想得到其中前 10 个最小元素,则最好采用（　　）。

【天津理工大学 2016 年】

　　A.希尔排序　　　　　　B.快速排序　　　　　　C.直接选择排序　　　　D.堆排序

解题思路

梳理逻辑与考点

§7.7　外部排序

考点　外部排序算法

1. 外排序是指（　　）。

　　A.在外存上进行的排序方法

　　B.不需要使用内存的排序方法

C.数据很大,需要人工干预的排序方法

D.排序前后数据在外存,排序时数据调入内存的排序方法

解题思路

梳理逻辑与考点

2. 采用败者树进行 k 路平衡归并的外排序算法,其总的归并效率与 k (　　)。

　　A.有关　　　　　　　　B.无关

　　解题思路

梳理逻辑与考点

真题实战

1. 在外排序中,利用败者树对初始为升序的归并段进行多路归并,败者树中记录"冠军"的结点保存的是(　　)。

　　【全国统考2024年】

　　A.最大关键字

　　B.小关键字

　　C.最大关键字所在的归并段号

　　D.最小关键字所在的归并段号

　　解题思路

梳理逻辑与考点

2. 外部排序的时间主要取决于( )。
  A.产生归并段的时间 B.读写外存的时间
  C.内部归并所需时间 D.都不是
  解题思路

梳理逻辑与考点

3. 如果想在 4092 个数据中只需要选择其中最小的 5 个,采用( )方法最好。
  A.起泡排序 B.堆排序 C.锦标赛排序 D.快速排序
  解题思路

梳理逻辑与考点

4. 设外存上有 120 个初始归并段,进行 12 路归并时,为实现最佳归并,需要补充的虚段个数是( )。 **【全国统考 2019 年】**
  A.1 B.2 C.3 D.4
  解题思路

梳理逻辑与考点

5. 对 10TB 的数据文件进行排序,应使用的方法是( )。 **【全国统考 2016 年】**
  A.希尔排序 B.堆排序 C.快速排序 D.归并排序
  解题思路

梳理逻辑与考点

§7.8 综合应用题

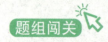

1. 借助快速排序的算法思想,在一组无序的记录中查找关键字等于 key 的记录。设此组记录存放于数组 $r[1 \cdots n]$ 中。若查找成功,则输出该记录在 r 数组中的位置及其值。请编写出算法,并简要说明算法原理。

解题思路

梳理逻辑与考点

2. 如下是带头结点的非空双向循环链表操作算法,写出其功能计算法思想,并在空缺处填入适当语句。

```
void unknow(DuLinkList L) {
    p=L->next;
    q=p->next;
    r=q-next;
    while( q! =L) {
        while( ( p! =L) &&( p->data>q->data) )    p=p->prior;
        ( q->prior) ->next=r;
        _____(1)_____;
        q->next=p->next;
        q->prior=p;
        _____(2)_____;
        _____(3)_____;
    }
```

```
        q = r;
        p = q->prior;
            _____(4)_____;
        }
    }
```

解题思路

梳理逻辑与考点

真题实战

1. 一个长度为 $L(L \geq 1)$ 的升序序列 S，处在第 $L/2$（向上取整）个位置的数称为 S 的中位数。例如，若序列 $S_1 = (11, 13, 15, 17, 19)$，则 S_1 的中位数是 15，两个序列的中位数是含它们所有元素的升序序列的中位数。例如，若 $S_2 = (2, 4, 6, 8, 20)$，则 S_1 和 S_2 的中位数是 11。现在有两个等长升序序列 A 和 B，试设计一个在时间和空间两方面都尽可能高效的算法，找出两个序列 A 和 B 的中位数。要求：

(1) 给出算法的基本设计思想。

(2) 根据设计思想，采用 C、C++ 或 Java 语言描述算法，关键之处给出注释。

(3) 说明你所设计算法的时间复杂度和空间复杂度。

解题思路

梳理逻辑与考点

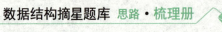

2. 设有 6 个有序表 A、B、C、D、E、F,分别含有 10、35、40、50、60 和 200 个数据元素,各表 中元素按升序排列。要求通过 5 次两两合并,将 6 个表最终合并成 1 个升序表,并在 最坏情况下比较的总次数达到最小。请回答下列问题。

(1)给出完整的合并过程,并求出最坏情况下比较的总次数。

(2)根据你的合并过程,描述 $n(n \geqslant 2)$ 个不等长升序表的合并策略,并说明理由。

解题思路

梳理逻辑与考点

3. 编写直接插入排序。

```
void insertSort( RedType R[ ] , int n)
```

解题思路

梳理逻辑与考点

4. 若要对一个序列进行排序,且需要对其进行 $O(1)$ 次插入操作,以及 $O(n)$ 次查找最大值
的操作。现有堆和二叉排序树两种数据结构,分别从平均情况和最坏情况下分析各
数据结构的时间复杂度。　　　　　　　　　　　　　　　　　　【苏州大学 2018 年】

  (1)若考虑平均情况,则应采用哪种数据结构,时间复杂度分别为多少,并进行分析。

  (2)若考虑最坏情况,则应采用哪种数据结构,时间复杂度分别为多少,并进行分析。

解题思路

梳理逻辑与考点

5.已知某排序算法:

```
void cmpCountSort( int a[ ], int b[ ],  int[ n])
{    int i, j,  * count;
     count = ( int  * ) malloc( sizeof( int)  * n) ;
                               //C++语言: count = new int[ n];
       for( i = 0; i<n; i++)    count[ i] = 0;
       for( i = 0; i<n−1; i++)
               for( j = i+1; j<n; j++)
                     if( a[ i] < a[ j])  count[ j] ++;
                     else    count[ i] ++;
       for( i = 0; i<n; i++)    b[ count[ i] ] = a[ i];
       free( count) ;                    //C++语言: delete count;
}
```

请回答下列问题。 【全国统考 2021 年】

(1)若有 int a[ ] = {25,-10,25,10,11,19}, b[6];,则调用 cmpCountSort(a,b,6)后数组 b 中的内容是什么？

(2)若 a 中含有 n 个元素,则算法执行过程中,元素之间的比较次数是多少？

(3)该算法是稳定的吗？若是,则阐述理由；否则,修改为稳定排序算法。

解题思路

梳理逻辑与考点

6. 对含有 $n(n>0)$ 个记录的文件进行外部排序,采用置换-选择排序生成初始归并段时需要使用一个工作,工作区中能保存 m 个记录,请回答下列问题: 【全国统考 2023 年】

(1)若文件中含有 19 个记录,其关键字依次是 51,94,37,92,14,63,15,99,48,56,23,60,31,17,43,8,90,166,100,当 $m=4$ 时,可生成几个初始归并段？各是什么？

(2)对任意的 $m(n>>m>0)$,生成的第一个初始归并段的长度最大值和最小值分别是多少？

解题思路

梳理逻辑与考点

2026年
计算机考研
摘星题库系列

金榜时代 x 研芝士 YANZHISHI

数据结构
摘星题库

强化通关800题

研芝士李栈教学教研团队 ◎ 编著

中国农业出版社
CHINA AGRICULTURE PRESS

·北京·

图书在版编目（CIP）数据

数据结构摘星题库／研芝士李栈教学教研团队编著.
北京：中国农业出版社，2025.6. --（计算机考研系列
）. -- ISBN 978-7-109-33412-0

Ⅰ. TP311.12-44

中国国家版本馆 CIP 数据核字第 2025PB7251 号

数据结构摘星题库

SHUJU JIEGOU ZHAIXING TIKU

中国农业出版社出版

地址:北京市朝阳区麦子店街 18 号楼

邮编:100125

责任编辑:吕　睿

责任校对:吴丽婷

印刷:正德印务(天津)有限公司

版次:2025 年 6 月第 1 版

印次:2025 年 6 月天津第 1 次印刷

发行:新华书店北京发行所

开本:787mm×1092mm　1/16

印张:17.5

字数:414 千字

定价:99.80 元

丛书编委会成员名单

致考生的一封信

随着我国经济和科技的不断发展,特别是信息技术的高速发展,社会对计算机专业高端人才的需求将不断增长。如果说高考是人生的第一次大考,那么考研可以说是人生的第二次大考,它也是考生改变命运、实现自我提升的又一次机会。在众多的考研专业之中,计算机专业一直是高校和科研院所的热门专业之一。

自 2009 年计算机学科专业基础综合实行全国硕士研究生入学统一考试以来,不同类别高校的学生有了一次公平竞争的机会,有不少非名校考生通过自身努力最终走进了重点院校和科研院所的大门。值得注意的是,近两年来,回归全国统考 408(408 即全国硕士招生考试计算机学科专业基础综合的初试科目代码)的高校也在逐渐增加。

近年来,随着报考人数的增加,不少高校对研究生进行了扩招。虽然如此,招生人数增幅远低于报名人数增长幅度,考研的难度却在增加,报录比不断提升。不论是不断提高就业竞争力的外部要求,还是进一步提高自身能力的内在需求,选择了考研的考生都要切实提高综合应试能力,尤其是报考计算机专业的考生,计算机专业基础综合的内容多、难度大是众所周知的。

计算机学科专业基础综合是计算机考研的必考科目之一。一般而言,综合性院校多选择全国统考,专业性院校自命题的较多。全国统考和院校自命题考试的侧重点有很大的区别,主要体现在考试大纲和历年真题上。在考研实践中,我们发现考生常常为找不到相关真题或者费力找到真题后又没有详细的答案和解析而烦恼。从同学们的需求出发,我们组织力量整理并解析了历年408 统考真题,搜集了百所名校真题并安排 985 院校学长进行了解析(请扫描封底二维码后联系索取),希望助力同学们取得理想的成绩。宝剑锋从磨砺出,梅花香自苦寒来。不论是 408 统考还是院校自命题,深入掌握计算机专业基础综合科目的知识点和考点没有捷径可走,只有大量、高质量地做题、练习才能巩固并灵活运用这些知识点,这才是得高分的关键。对此,考生不应抱有任何侥幸心理。由于时间和精力有限,我们的工作肯定也有一些疏漏和不足,在此,希望同学们给予积极反馈,多提宝贵意见,以便不断完善,更好地为大家服务。

在考研的路上你并不孤单,研芝士将伴你同行,砥砺前进,只要你足够坚定、足够努力,有了目标就全力奋进吧! 谁还不是个追梦少年呢?

研芝士计算机考研命题研究中心
于北京大学畅春园

目　录

第1章　绪论 ··· (1)

§1.1　数据结构 ··· (3)
　　考点　数据结构的基本概念 ································· (3)
§1.2　算法 ··· (5)
　　考点1　算法的基本概念 ··································· (5)
　　考点2　算法效率的度量 ··································· (6)

第2章　线性表 ··· (9)

§2.1　线性表的基本概念 ······································· (11)
　　考点1　线性表的定义 ····································· (11)
　　考点2　线性表的基本操作 ································· (12)
§2.2　线性表的顺序存储 ······································· (12)
　　考点　顺序表 ··· (12)
§2.3　线性表的链式存储 ······································· (14)
　　考点1　单链表 ··· (14)
　　考点2　双链表 ··· (16)
　　考点3　循环链表 ··· (17)
　　考点4　静态链表 ··· (18)
　　考点5　线性表存储方式的比较 ····························· (18)
§2.4　综合应用题 ··· (19)

第3章　栈、队列和数组 ····································· (27)

§3.1　栈 ··· (29)
　　考点1　栈的基本概念 ····································· (29)
　　考点2　栈的存储结构 ····································· (30)
　　考点3　栈的应用 ··· (30)
§3.2　队列 ··· (32)
　　考点1　队列的基本概念 ··································· (32)
　　考点2　队列的存储结构 ··································· (33)
　　考点3　双端队列 ··· (35)
　　考点4　队列的应用 ······································· (36)
§3.3　数组 ··· (36)
　　考点1　一维数组 ··· (36)
　　考点2　二维数组 ··· (36)
　　考点3　特殊矩阵和稀疏矩阵 ······························· (37)

§3.4　综合应用题 ……………………………………………………………… (38)

第4章　树与二叉树 …………………………………………………… (43)

§4.1　树 ……………………………………………………………………… (45)
 考点1　树的基本概念 ……………………………………………………… (45)
 考点2　树的存储结构 ……………………………………………………… (46)
 考点3　树的遍历 ……………………………………………………………… (46)

§4.2　二叉树 ………………………………………………………………… (47)
 考点1　二叉树的基本概念 ………………………………………………… (47)
 考点2　特殊的二叉树 ……………………………………………………… (48)
 考点3　二叉树的存储结构 ………………………………………………… (50)
 考点4　二叉树的遍历 ……………………………………………………… (51)
 考点5　线索二叉树 ………………………………………………………… (52)

§4.3　森林 …………………………………………………………………… (54)
 考点1　森林与二叉树的转换 ……………………………………………… (54)
 考点2　森林的遍历 ………………………………………………………… (55)

§4.4　树与二叉树的应用 …………………………………………………… (56)
 考点1　哈夫曼树与哈夫曼编码 …………………………………………… (56)
 考点2　并查集 ……………………………………………………………… (57)

§4.5　综合应用题 …………………………………………………………… (58)

第5章　图 …………………………………………………………………… (63)

§5.1　图的概念 ……………………………………………………………… (65)
 考点　图的基本概念 ……………………………………………………… (65)

§5.2　图的存储 ……………………………………………………………… (67)
 考点　图的存储结构 ……………………………………………………… (67)

§5.3　图的遍历 ……………………………………………………………… (69)
 考点1　深度优先搜索 ……………………………………………………… (69)
 考点2　广度优先搜索 ……………………………………………………… (71)

§5.4　图的应用 ……………………………………………………………… (72)
 考点1　最小生成树 ………………………………………………………… (72)
 考点2　最短路径 …………………………………………………………… (74)
 考点3　拓扑排序 …………………………………………………………… (75)
 考点4　关键路径 …………………………………………………………… (77)

§5.5　综合应用题 …………………………………………………………… (78)

第6章　查找 ………………………………………………………………… (85)

§6.1　查找的概念 …………………………………………………………… (87)
 考点　查找的基本概念 …………………………………………………… (87)

§6.2　线性表的查找 ………………………………………………………… (87)
 考点1　顺序查找 …………………………………………………………… (87)

　　　考点 2　折半查找 ……………………………………………………………… (88)
　　　考点 3　分块查找 ……………………………………………………………… (90)
　§ 6.3　**B 树和 B+树** …………………………………………………………… (91)
　　　考点 1　B 树 ……………………………………………………………………… (91)
　　　考点 2　B+树 …………………………………………………………………… (92)
　§ 6.4　散列表 ……………………………………………………………………… (92)
　　　考点 1　散列表的基本概念 …………………………………………………… (92)
　　　考点 2　散列函数 ……………………………………………………………… (94)
　§ 6.5　树型查找 …………………………………………………………………… (96)
　　　考点 1　二叉搜索树 …………………………………………………………… (96)
　　　考点 2　平衡二叉树 …………………………………………………………… (98)
　　　考点 3　红黑树 ………………………………………………………………… (99)
　§ 6.6　串 …………………………………………………………………………… (100)
　　　考点 1　串的基本概念 ………………………………………………………… (100)
　　　考点 2　串的模式匹配 ………………………………………………………… (101)
　§ 6.7　综合应用题 ………………………………………………………………… (101)

第 7 章　排序 ……………………………………………………………………… (105)

　§ 7.1　排序的概念 ………………………………………………………………… (107)
　　　考点　排序的基本概念 ………………………………………………………… (107)
　§ 7.2　插入排序 …………………………………………………………………… (108)
　　　考点 1　直接插入排序 ………………………………………………………… (108)
　　　考点 2　折半插入排序 ………………………………………………………… (108)
　　　考点 3　希尔排序 ……………………………………………………………… (109)
　§ 7.3　交换排序 …………………………………………………………………… (109)
　　　考点 1　冒泡排序 ……………………………………………………………… (109)
　　　考点 2　快速排序 ……………………………………………………………… (109)
　§ 7.4　选择排序 …………………………………………………………………… (111)
　　　考点 1　简单选择排序 ………………………………………………………… (111)
　　　考点 2　堆排序 ………………………………………………………………… (112)
　§ 7.5　归并排序和基数排序 ……………………………………………………… (113)
　　　考点 1　归并排序 ……………………………………………………………… (113)
　　　考点 2　基数排序 ……………………………………………………………… (114)
　§ 7.6　内部排序算法的分析 ……………………………………………………… (115)
　　　考点 1　内部排序算法的比较 ………………………………………………… (115)
　　　考点 2　内部排序算法的应用 ………………………………………………… (116)
　§ 7.7　外部排序 …………………………………………………………………… (117)
　　　考点　外部排序算法 …………………………………………………………… (117)
　§ 7.8　综合应用题 ………………………………………………………………… (118)

答案解析

第1章　绪论 ·· (125)

§1.1　数据结构 ······································· (125)
考点　数据结构基础概念 ·························· (125)
§1.2　算法 ··· (128)
考点1　算法的基本概念 ·························· (128)
考点2　算法效率的度量 ·························· (130)

第2章　线性表 ······································ (132)

§2.1　线性表的基本概念 ····························· (132)
考点1　线性表的定义 ···························· (132)
考点2　线性表的基本操作 ························ (133)
§2.2　线性表的顺序存储 ····························· (134)
考点　顺序表 ···································· (134)
§2.3　线性表的链式存储 ····························· (135)
考点1　单链表 ·································· (135)
考点2　双链表 ·································· (137)
考点3　循环链表 ································ (138)
考点4　静态链表 ································ (139)
考点5　线性表存储方式的比较 ···················· (139)
§2.4　综合应用题 ···································· (141)

第3章　栈、队列和数组 ······························ (153)

§3.1　栈 ·· (153)
考点1　栈的基本概念 ···························· (153)
考点2　栈的存储结构 ···························· (154)
考点3　栈的应用 ································ (155)
§3.2　队列 ·· (157)
考点1　队列的基本概念 ·························· (157)
考点2　队列的存储结构 ·························· (159)
考点3　双端队列 ································ (161)
考点4　队列的应用 ······························ (162)
§3.3　数组 ·· (163)
考点1　一维数组 ································ (163)
考点2　二维数组 ································ (163)
考点3　特殊矩阵和稀疏矩阵 ······················ (164)
§3.4　综合应用题 ···································· (166)

第4章　树与二叉树 ································· （172）

§4.1　树 ·································· （172）
　考点1　树的基本概念 ·················· （172）
　考点2　树的存储结构 ·················· （173）
　考点3　树的遍历 ······················ （174）

§4.2　二叉树 ······························ （176）
　考点1　二叉树的基本概念 ·············· （176）
　考点2　特殊的二叉树 ·················· （177）
　考点3　二叉树的存储结构 ·············· （180）
　考点4　二叉树的遍历 ·················· （181）
　考点5　线索二叉树 ···················· （183）

§4.3　森林 ································ （184）
　考点1　森林与二叉树的转换 ············ （184）
　考点2　森林的遍历 ···················· （185）

§4.4　树与二叉树的应用 ·················· （187）
　考点1　哈夫曼树与哈夫曼编码 ·········· （187）
　考点2　并查集 ························ （189）

§4.5　综合应用题 ························ （190）

第5章　图 ····································· （196）

§5.1　图的概念 ·························· （196）
　考点　图的基本概念 ···················· （196）

§5.2　图的存储 ·························· （198）
　考点　图的存储结构 ···················· （198）

§5.3　图的遍历 ·························· （200）
　考点1　深度优先搜索 ·················· （200）
　考点2　广度优先搜索 ·················· （202）

§5.4　图的应用 ·························· （203）
　考点1　最小生成树 ···················· （203）
　考点2　最短路径 ······················ （205）
　考点3　拓扑排序 ······················ （207）
　考点4　关键路径 ······················ （209）

§5.5　综合应用题 ························ （210）

第6章　查找 ··································· （216）

§6.1　查找的概念 ························ （216）
　考点　查找的基本概念 ·················· （216）

§6.2　线性表的查找 ······················ （217）
　考点1　顺序查找 ······················ （217）
　考点2　折半查找 ······················ （219）

考点3　分块查找 ·· (222)

§6.3　B 树和 B+树 ·· (222)

　考点1　B 树 ··· (222)

　考点2　B+树 ··· (224)

§6.4　散列表 ·· (224)

　考点1　散列表的基本概念 ··· (224)

　考点2　散列函数 ·· (226)

§6.5　树型查找 ·· (231)

　考点1　二叉搜索树 ·· (231)

　考点2　平衡二叉树 ·· (233)

　考点3　红黑树 ·· (234)

§6.6　串 ·· (235)

　考点1　串的基本概念 ··· (235)

　考点2　串的模式匹配 ··· (237)

§6.7　综合应用题 ··· (239)

第7章　排序 ··· (245)

§7.1　排序的概念 ··· (245)

　考点　排序的基本概念 ·· (245)

§7.2　插入排序 ·· (246)

　考点1　直接插入排序 ··· (246)

　考点2　折半插入排序 ··· (247)

　考点3　希尔排序 ·· (247)

§7.3　交换排序 ·· (247)

　考点1　冒泡排序 ·· (247)

　考点2　快速排序 ·· (248)

§7.4　选择排序 ·· (250)

　考点1　简单选择排序 ··· (250)

　考点2　堆排序 ·· (251)

§7.5　归并排序和基数排序 ··· (255)

　考点1　归并排序 ·· (255)

　考点2　基数排序 ·· (256)

§7.6　内部排序算法的分析 ··· (257)

　考点1　内部排序算法的比较 ·· (257)

　考点2　内部排序算法的应用 ·· (259)

§7.7　外部排序 ·· (262)

　考点　外部排序算法 ·· (262)

§7.8　综合应用题 ··· (264)

第 1 章

绪论

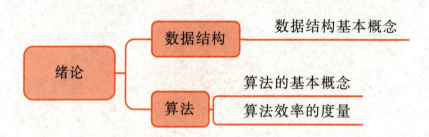

§1.1 数据结构

考点 数据结构的基本概念

1. 在设计存储结构时,通常不仅要存储各数据元素的值,而且还要存储(　　)。
   A.数据的处理方法　　　　　　　　　　B.数据元素的类型
   C.数据元素之间的关系　　　　　　　　D.数据的存储方法

2. 数据结构是具有(　　)的数据元素的集合。
   A.性质相同　　　　　　　　　　　　　B.特定关系
   C.相同运算　　　　　　　　　　　　　D.数据项

3. 按存储结构可把数据结构分为(　　)。
   A.静态结构和动态结构　　　　　　　　B.线性结构和非线性结构
   C.顺序结构和链式结构　　　　　　　　D.内部结构和外部结构

4. 数据结构研究数据的(　　)以及它们之间的相互关系。
   A.理想结构,物理结构　　　　　　　　B.理想结构,抽象结构
   C.物理结构,逻辑结构　　　　　　　　D.抽象结构,逻辑结构

5. (　　)是数据的最小单位。
   A.数据元素　　　　　　　　　　　　　B.数据项
   C.数据对象　　　　　　　　　　　　　D.数据结构

6. 在数据结构中,与所使用的计算机无关的是(　　)。
   A.逻辑结构　　　　　　　　　　　　　B.存储结构
   C.逻辑结构和存储结构　　　　　　　　D.物理结构

7. 数据的逻辑结构是(　　)关系的整体。
   A.数据元素之间逻辑　　　　　　　　　B.数据项之间逻辑
   C.数据类型之间　　　　　　　　　　　D.存储结构之间

8. 下列术语中,(　　)与数据的存储结构无关。
   A.循环队列　　　　　　　　　　　　　B.堆栈
   C.散列表　　　　　　　　　　　　　　D.单链表

9. (　　)不属于数据的线性逻辑结构。
   A.串　　　　　　B.栈　　　　　　C.二叉树　　　　　　D.队列

10. 数组的逻辑结构不同于(　　)的逻辑结构。
    A.线性表　　　　　　B.栈　　　　　　C.队列　　　　　　D.树

11. 下列属于线性结构的是(　　)。
    A.线性表　　　　　　B.树　　　　　　C.查找　　　　　　D.图

12. 下面关于链式存储结构的叙述中,(　　)是不正确的。
    A.结点除自身信息外还包括指针域,因此存储密度小于顺序存储结构

B.逻辑上相邻的结点物理上不必相邻

C.可以通过计算直接确定第 i 个结点的存储地址

D.插入、删除运算操作方便,不必移动结点

13. 数据采用链式存储结构存储,要求(   )。

    A.每个结点占用一片连续的存储区域

    B.所有结点占用一片连续的存储区域

    C.结点的最后一个数据域是指针类型

    D.每个结点有多少个后继,就设多少个指针域

14. 在计算机的存储器中表示数据时,物理地址和逻辑地址的相对位置相同并且是连续的,称之为(   )。

    A.逻辑结构   B.顺序存储结构

    C.链式存储结构   D.以上都对

15. 在数据结构中,用计算关键字来确定其存储位置的数据结构是(   )。

    A.Hash 表   B.二叉搜索树

    C.链式结构   D.顺序结构

16. 若结点的存储地址是其关键字的某个函数,则称这种存储结构为(   )。

    A.顺序存储结构   B.链式存储结构

    C.索引存储结构   D.散列存储结构

17. 以下哪一组都是物理结构(   )。

    A.线性表、二叉树   B.集合、图

    C.单链表、散列表   D.线性表、散列表

18. 链式存储结构中,每个数据的存储结点里(   )指向邻接存储结点的指针,用以反映数据间的逻辑关系。

    A.只能有 1 个   B.只能有 2 个

    C.只能有 3 个   D.可以有多个

真题实战

1. 下列关于数据结构的说法中错误的是(   )。   【北京工业大学 2016 年】

    A.数据结构相同,对应的存储结构也相同

    B.数据结构涉及数据的逻辑结构、存储结构和施加在其上的操作

    C.数据结构操作的实现与存储结构有关

    D.定义逻辑结构时可以不考虑存储结构

2. 与数据元素本身的形式、相对位置和个数无关的是(   )。   【广东工业大学 2019 年】

    A.数据存储结构   B.数据逻辑结构

    C.算法   D.操作

3. 以下数据结构中元素之间为非线性关系的是(   )。

    A.栈   B.队列

    C.线性表   D.以上都不是

4. 下列说法中,不正确的是(   )。   【扬州大学 2017 年】

A.数据元素是数据的基本单位

B.数据项是数据元素中不可分割的最小可标识单位

C.数据可由若干个数据元素构成

D.数据项可由若干个数据元素构成

5. 数据结构的定义为(D,S),其中 D 是(　　)的集合。

A.算法　　　　　　　　　　　　　　B.数据元素

C.数据操作　　　　　　　　　　　　D.逻辑结构

6. 以下属于逻辑结构的是(　　)。　　　　　　　　　　【南京邮电大学 2016 年】

A.顺序表　　　　　B.哈希表　　　　　C.有序表　　　　　D.单链表

7. 在线性表的存储结构中,(　　)查找(按关键字查找)、插入、删除速度慢,但顺序存取和随机存取第 i 个元素速度快;(　　)查找和存取速度快,但插入、删除速度慢;(　　)查找、插入和删除速度快,但不能进行顺序存取;(　　)插入、删除和顺序存取速度快,但查找速度慢。

【昆明理工大学 2016 年】

A.散列表,顺序有序表,顺序表,链接表

B.顺序表,顺序有序表,散列表,链接表

C.链接表,顺序有序表,散列表,顺序表

D.顺序有序表,顺序表,链接表,散列表

8. 数据的四种基本存储结构是指(　　)。　　　　　　【昆明理工大学 2018 年】

A.顺序存储结构、索引存储结构、直接存储结构、倒排存储结构

B.顺序存储结构、索引存储结构、链式存储结构、散列存储结构

C.顺序存储结构、非顺序存储结构、指针存储结构、树型存储结构

D.顺序存储结构、链式存储结构、树型存储结构、圆形存储结构

§1.2　算法

考点 1　算法的基本概念

题组闯关

1. 下面关于算法的说法正确的是(　　)。

A.算法最终必须由计算机程序实现

B.一个算法所花时间等于该算法中每条语句的执行时间之和

C.算法的可行性是指指令不能有二义性

D.以上说法都是错误的

2. 算法的有穷性是指(　　)。

A.算法程序的运行时间是有限的　　　　　B.算法程序所处理的数据量是有限的

C.算法程序的长度是有限的　　　　　　　D.算法只能被有限的用户使用

3. 一个算法具有以下五个重要特性(　　)。

A.有穷性、确定性、可行性、输入、输出

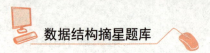

B.可行性、可移植性、可扩充性、输入、输出

C.确定性、有穷性、稳定性、输入、输出

D.易读性、稳定性、安全性、输入、输出

4. 下面的说法中,错误的是(   )。

①算法原地工作的含义是指不需要任何额外的辅助空间

②在相同规模 n 下,复杂度为 $O(n)$ 的算法在时间上总是优于复杂度为 $O(n^2)$ 的算法

③所谓时间复杂度,是指最坏情况下估算算法执行时间的一个上界

④同一个算法,实现语言的级别越低,执行效率越低

A.①   B.①②   C.①④   D.③

真题实战

1. 下面关于"算法"的描述,错误的是(   )。   【四川大学 2018 年】

A.算法必须是正确的   B.算法必须要能够结束

C.一个问题可以有多种算法解决   D.算法的某些步骤可以有二义性

2. 算法是指为解决某一问题的有限指令序列,它必须具有输入、输出以及(   )等特性。

A.易读性、稳定性、确定性   B.易读性、稳定性、可移植性

C.有穷性、可行性、确定性   D.有穷性、可行性、可扩充性

3. 计算机算法指的是(   )。   【上海海事大学 2017 年】

A.计算方法   B.排序方法

C.调度方法   D.解决问题的步骤序列

考点2　算法效率的度量

题组闯关

1. 以比较为基础的排序算法,在最坏的情况下的计算时间复杂度的下界为(   )。

A.$O(n^2)$ B.$O(\log_2(n))$ C.$O(n)$ D.$O(n\log_2(n))$

2. 下面函数的时间复杂度是(   )。

```
void func(int n) {
    int sum = 0, i, j;
    for( i = 1; i <= n; i++)
        for( j = 1; j <= n; j * = 3)
            sum++;
}
```

A.$O(\log_3(n))$ B.$O(n^2)$ C.$O(n\log_3(n))$ D.$O(n)$

3. 下面程序段的时间复杂度为(   )。

```
i = 1;
while( i <= n) i = i * 3;
```

A.$O(3n)$ B.$O(n)$ C.$O(n^3)$ D.$O(\log_3 n)$

4. 下面算法的时间复杂度是(　　　)。

```
int f(unsigned int n)
{
    if (n==0||n==1) return(1);
    else return n * f(n-1);
}
```

A.$O(1)$　　　　　　B.$O(n)$　　　　　　C.$O(n^2)$　　　　　　D.$O(n!)$

5. 下面程序段的时间复杂度为(　　　)。

```
for(int i=0; i<m; i++)
    for(int j=0; j<n; j++)
        A[i][j]=i * j;
```

A.$O(m^2)$　　　　　B.$O(n^2)$　　　　　C.$O(m×n)$　　　　　D.$O(m+n)$

6. 程序段

```
for(i=n-1; i>=1; i--)
    for(j=1; j<=i; j++)
        if( A[j]>A[j+1]) A[j]与A[j+1]对换;
```

其中 n 为正整数,则该程序段在最坏情况下的时间复杂度是(　　　)。

A.$O(n)$　　　　　　B.$O(n\log(n))$　　　　C.$O(n^3)$　　　　　　D.$O(n^2)$

7. 下面是有关算法时间复杂度的论述,其中正确的说法是(　　　)。

A.算法的时间复杂度与数据规模无关

B.算法的时间复杂度与算法的语句频度无关

C.算法的时间复杂度与算法采用的解决问题的策略无关

D.算法的时间复杂度与选择的程序设计语言无关

8. 下列程序的时间复杂度为(　　　)。

```
for (i=0; i<m; i++)
    for(j=0; j<t; j++)
        c[i][j]=0;
for(i=0; i<m; i++)
    for(j=0; j<t; j++)
        for(k=0; k<n; k++)
            c[i][j]=c[i][j]+a[i][k] * b[k][j];
```

A.$O(m+n×t)$　　　B.$O(m+n+t)$　　　C.$O(m×n×t)$　　　D.$O(m×t+n)$

9. Fibonacci 数列的递归计算方法如下:$F(0)=0, F(1)=1, F(n)=F(n-1)+F(n-2)$,该递归函数的时间复杂度是(　　　)。

A.$O(n)$　　　　　　B.$O(n^2)$　　　　　C.$O(2^n)$　　　　　　D.$O(n\log_2(n))$

10. 在一个元素个数为 n 的数组里,找到升序排在 $n/5$ 位置的元素的最优算法时间复杂度是(　　　)。

A.$O(n)$　　　　　　B.$O(n\log n)$　　　　C.$O(n(\log n)^2)$　　　D.$O(n^{3/2})$

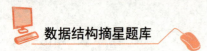

11. 某算法的空间花费 $s(n) = 1000n\log_2 n + 0.5n^2 + 50n^{1.5} + 100n + 2000$，其空间复杂度为（　　）。

    A. $O(n)$　　　　　　B. $O(n^{1.5})$　　　　　　C. $O(n^2)$　　　　　　D. $O(n\log_2 n)$

真题实战

1. 下面程序段的时间复杂度是（　　）。　　　　　　　　　　　【广东工业大学 2017 年】

```
x = 0;
for(i = 0; i < n; i++)
    for(j = i; j < n; j++)
        x++;
```

    A. $O(\log_2 n)$　　　　　　　　　　　　　　　B. $O(n)$

    C. $O(n\log_2 n)$　　　　　　　　　　　　　　D. $O(n^2)$

2. 时间复杂度 $O(1)$ 的含义是（　　）。　　　　　　　　　　【广东工业大学 2016 年】

    A. 问题规模为 1　　　　　　　　　　　　　　B. 执行时间为 1 秒

    C. 问题规模为 1 的常数倍　　　　　　　　　D. 执行时间与问题规模无关

3. 下列程序段的时间复杂度是（　　）。　　　　　　　　　　　　【全国统考 2022 年】

```
int sum = 0;
for ( int i = 1; i < n; i * = 2)
    for( int j = 0; j < i; j++)
        sum++;
```

    A. $O(\log n)$　　　　　B. $O(n)$　　　　　C. $O(n\log n)$　　　　　D. $O(n^2)$

4. 下面程序段的时间复杂度是（　　）。　　　　　　　　　　　【昆明理工大学 2016 年】

```
j = 0;
s = 0;
while(s < n)
{
    j++;
    s = s + j;
}
```

    A. $O(\sqrt{n})$　　　　　　B. $O(\sqrt{2}n)$　　　　　C. $O(n)$　　　　　D. $O(n^2)$

5. 某算法的空间复杂度为 $O(1)$，则（　　）。

    A. 该算法执行不需要任何辅助空间

    B. 该算法执行所需辅助空间大小与问题规模 n 无关

    C. 该算法执行不需要任何空间

    D. 该算法执行所需空间大小与问题规模 n 无关

第 **2** 章

线性表

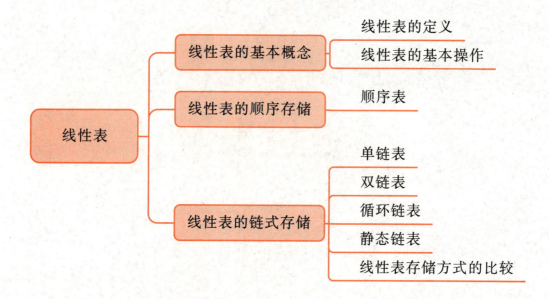

§2.1 线性表的基本概念

考点 1 线性表的定义

题组闯关

1. 链式存储设计时,结点内的存储单元地址( )。

   A.一定连续 　　　　　　　　　　B.一定不连续

   C.不一定连续 　　　　　　　　　　D.部分连续,部分不连续

2. ( )是一个线性表。

   A.由 n 个实数组成的集合 　　　　B.由 100 个字符组成的序列

   C.所有整数组成的序列 　　　　　　D.邻接表

3. 若线性表最常用的操作是存取第 i 个元素及其前驱和后继元素的值,为了提高效率,应采用( )的存储方式。

   A.单链表 　　　　　　　　　　　　B.双向链表

   C.单循环链表 　　　　　　　　　　D.顺序表

4. 一个线性表最常用的操作是存取一个指定序号的元素并在最后进行插入、删除操作,则利用( )的存储方式可以节省时间。

   A.顺序表 　　　　　　　　　　　　B.双链表

   C.带头结点的双循环链表 　　　　　D.单循环链表

5. 对于一个线性表,既要求它能够进行较快速的插入和删除,又要求其存储结构能反映数据之间的逻辑关系,则应该用( )。

   A.顺序存储方式 　　　　　　　　　B.链式存储方式

   C.散列存储方式 　　　　　　　　　D.以上均可以

6. 某线性表中最常用的操作是在最后一个元素之后插入一个元素和删除第一个元素,则采用( )的存储方式最节省运算时间。

   A.单链表 　　　　　　　　　　　　B.仅有头指针的单循环链表

   C.双链表 　　　　　　　　　　　　D.仅有尾指针的单循环链表

7. 线性表是具有 n 个( )的有限序列。

   A.表元素 　　　　　　　　　　　　B.数据元素

   C.数据项 　　　　　　　　　　　　D.信息项

8. 下面关于线性表的叙述中,错误的是( )。

   A.线性表采用顺序存储,必须占用一片连续的存储单元

   B.线性表采用顺序存储,便于进行插入和删除操作

   C.线性表采用链接存储,不必占用一片连续的存储单元

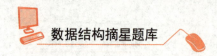

D.线性表采用链接存储,便于插入和删除操作

真题实战

下面关于线性表的叙述中,不正确的是(　　)。

Ⅰ.线性表在链式存储时,查找第 i 个元素的时间同 i 的值成正比

Ⅱ.线性表在链式存储时,查找第 i 个元素的时间同 i 的值无关

Ⅲ.线性表在顺序存储时,查找第 i 个元素的时间同 i 的值成正比

Ⅳ.线性表在顺序存储时,查找第 i 个元素的时间同 i 的值无关

A.Ⅰ、Ⅱ 　　　　B.Ⅱ、Ⅲ 　　　　C.Ⅲ、Ⅳ 　　　　D.Ⅰ、Ⅳ

考点 2　线性表的基本操作

题组闯关

1. 一个长度为 n 的顺序存储的线性表中,向第 i 个元素($1 \leqslant i \leqslant n+1$)位置插入一个新元素时,需要从后面向前依次后移(　　)个元素。

A.$n-i$ 　　　　B.$n-i+1$ 　　　　C.$n-i-1$ 　　　　D.i

真题实战

1. 设某线性表中已有 n 个元素,下列操作中,(　　)在顺序表上实现比在链表上实现效率更高。

【天津理工大学 2017 年】

A.输出第 $i(1 \leqslant i \leqslant n)$ 个元素值

B.交换第 i 个和第 j 个元素的值,$1 \leqslant i,j \leqslant n$

C.依次输出 n 个元素的值

D.查找与给定值 x 相等的元素

2. 在一个长度为 n 的顺序存储线性表中,向第 i 个元素($1 \leqslant i \leqslant n+1$)之前插入一个新元素时,需要从后向前依次后移(　　)个元素。

A.$n-i$ 　　　　B.$n-i+1$ 　　　　C.$n-i-1$ 　　　　D.i

§2.2　线性表的顺序存储

考点　顺序表

题组闯关

1. 假设 8 行 10 列的二维数组 $a[1\cdots8,1\cdots10]$ 分别以行序为主序和以列序为主序顺序存储时,其首地址相同,那么以行序为主序时元素 $a[3,5]$ 的地址与以列序为主序时(　　)元素相同。注意:第一个元素为 $a[1,1]$。

A.$a[7,3]$ 　　　　B.$a[8,3]$ 　　　　C.$a[3,4]$ 　　　　D.以上都不对

2. 设长度为 n 的顺序存储线性表,在其中任何位置上插入或删除一个元素的概率相等,则删除一个元素时,平均需要移动(　　)个元素。

A.$(n+1)/2$　　　　　　B.$n/2$　　　　　　C.$(n-1)/2$　　　　　　D.$(n-2)/2$

3. 向一个有 127 个元素的顺序表中插入一个新元素并保持原来的顺序不变,平均要移动(　　)个元素。

A.8　　　　　　B.63.5　　　　　　C.63　　　　　　D.7

真题实战

1. 已知一个三维数组 $A[1\cdots15][0\cdots9][-3\cdots6]$ 的每个元素占用 5 个存储单元,该数组总共需要的存储空间单元数为(　　)。　　　　　　【北京邮电大学 2017 年】

A.1500　　　　　　B.4050　　　　　　C.5600　　　　　　D.7500

2. 若 6 行 5 列的数组以行序为主序顺序存储,基地址为 1000,每个元素占 2 个存储单元,则第 3 行第 4 列的元素(假定无第 0 行第 0 列)的地址是(　　)。

A.1040　　　　　　　　　　　　　B.1042

C.1026　　　　　　　　　　　　　D.以上答案都不对

3. 二维数组 $A[0\cdots7][0\cdots9]$ 中,每个元素占用 3 个存储单元,起始存储地址是 1000,则数组元素 $A[5][3]$ 的存储地址是(　　)。　　　　　　【北京邮电大学 2016 年】

A.1126　　　　　　B.1141　　　　　　C.1156　　　　　　D.1159

4. 在长度为 n 的顺序表的第 i 个位置上插入一个元素($1\leqslant i\leqslant n+1$),元素的移动次数为(　　)。

A.$n-i+1$　　　　　　B.$n-i$　　　　　　C.i　　　　　　D.$i-1$

5. 对于长度为 n 的顺序表,假定删除表中任一元素的概率相同,则删除一个元素平均需要移动元素的个数是(　　)。

A.n　　　　　　　　　　　　　B.$n/2$

C.$(n-1)/2$　　　　　　　　　　　D.$(n+1)/2$

6. 通常说顺序表具有随机存取特性,指的是(　　)。　　　　　　【四川大学 2017 年】

A.查找值为 x 的元素的时间与顺序表中元素个数 n 无关

B.查找值为 x 的元素的时间与顺序表中元素个数 n 有关

C.查找序号为 i 的元素的时间与顺序表中元素个数 n 无关

D.查找序号为 i 的元素的时间与顺序表中元素个数 n 有关

7. 下述哪一条是顺序存储结构的优点(　　)。　　　　　　【杭州电子科技大学 2018 年】

A.存储密度大　　　　　　　　　　B.插入运算方便

C.删除运算方便　　　　　　　　　　D.可方便地用于各种逻辑结构的存储表示

8. 假设顺序表中包含 5 个关键字{a,b,c,d,e},它们的查找概率分别为 {0.25,0.3,0.2,0.1,0.15},为了使查找成功时的平均查找长度达到最小,则顺序表中数据元素的出现顺序是(　　)。

【北京工业大学 2017 年】

A.e,d,c,b,a　　　　　　　　　　　B.b,a,c,e,d

C.b,a,d,c,e　　　　　　　　　　　D.a,d,e,c,b

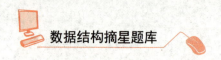

§2.3　线性表的链式存储

考点1　单链表

1. 下列选项中,(　　)是链表不具有的特点。

    A.插入和删除运算不需要移动元素

    B.所需要的存储空间与线性表的长度成正比

    C.不必事先估计存储空间大小

    D.可以随机访问表中的任意元素

2. 单链表的存储密度(　　)。

    A.大于1　　　　　　　　　　　　　　　B.等于1

    C.小于1　　　　　　　　　　　　　　　D.不能确定

3. 在一个长度为 $n(n>1)$ 的单链表上,设有头和尾两个指针,执行(　　)操作与链表的长度有关。

    A.删除单链表中的第一个元素

    B.删除单链表中的最后一个元素

    C.在单链表第一个元素前插入一个新元素

    D.在单链表最后一个元素后插入一个新元素

4. 在一个单链表中,删除 *p 结点(非尾结点)之后的一个结点的操作是(　　)。

    A.p->next = p

    B.p->next->next = p->next

    C.p->next->next = p

    D.p->next = p->next->next

5. 在一个单链表中,若要删除 *p 结点的后继结点,则执行(　　)。

    A.p->next = p->next->next;

    B.p->next = p->next->next; free(p->next) ;

    C.p->next = p->next->next; q = p->next; free(q) ;

    D.q = p->next; p->next = p->next->next; free(q) ;

6. 将长度为 n 的单链表链接在长度为 m 的单链表之后的算法的时间复杂度为(　　)。

    A.$O(1)$　　　　　　B.$O(n)$　　　　　　C.$O(m)$　　　　　　D.$O(m+n)$

7. 在一个具有 n 个结点的有序单链表中插入一个新结点并仍然有序的时间复杂度为(　　)。

    A.$O(1)$　　　　　　B.$O(n)$　　　　　　C.$O(n^2)$　　　　　　D.$O(\log_2(n))$

真题实战

1. 用单链表存储两个各有 n 个元素的有序表,若要将其归并成一个有序表,其最少的比较次数是
   (   )。 【北京邮电大学 2017 年】
   A.$n-1$　　　　　　　　B.n　　　　　　　　C.$2n-1$　　　　　　　　D.$2n$

2. 用单链表方式存储队列(有头尾指针,非循环),在进行删除运算时(   )。
   【杭州电子科技大学 2018 年】
   A.仅修改头指针　　　　　　　　　　　　B.仅修改尾指针
   C.头、尾指针都须修改　　　　　　　　　D.头、尾指针可能都要修改

3. 在单链表中,若需在 p 所指结点之后插入 s 所指结点,可执行语句(   )。
   【广东工业大学 2017 年】
   A.s->next = p; p->next = s;　　　　　　　　B.s->next = p->next; p = s;
   C.s->next = p->next; p->next = s;　　　　　D.p->next = s; s->next = p;

4. h 为不带头结点的单向链表。在 h 的头上插入一个新结点 t 的语句是(   )。
   A.t->next = h; h = t;　　　　　　　　　　B.h = t; t->next = h;
   C.t->next = h->next; h = t;　　　　　　　D.h = t; t->next = h->next;

5. 从一个具有 n 个结点的单链表中检索其值等于 x 的结点时,在检索成功的情况下,平均需比较的
   结点个数是(   )。
   A.$n/2$　　　　　　　　　　　　　　　B.n
   C.$(n+1)/2$　　　　　　　　　　　　D.$(n-1)/2$

6. 在一个单链表中,已知 q 指向结点是 p 指向结点的前趋结点,若在 q 指向结点和 p 指向结点之
   间插入 s 指向结点,则需执行(   )。 【上海海事大学 2016 年】
   A.s->next = p->next; p->next = s;　　　　　B.q->next = s; s->next = p;
   C.p->next = s->next; s->next = p;　　　　　D.p->next = s; s->next = q;

7. 能正确完成删除单链表中 p 所指结点的后继的操作是(   )。
   A.p = p->next;　　　　　　　　　　　　B.p->next = p->next->next;
   C.p->next = p;　　　　　　　　　　　　D.p = p->next->next;

8. 已知头指针 h 指向一个带头结点的非空单循环链表,结点结构 | data | next | ,其中 next 是指向直
   接后继结点的指针,p 是尾指针,q 是临时指针。现要删除该链表的第一个元素,正确的语句序
   列是(   )。 【全国统考 2021 年】
   A.h->next = h->next->next; q = h->next; free(q);
   B.q = h->next; h->next = h->next->next; free(q);
   C.q = h->next; h->next = q->next; if(p! = q) p=h; free(q);
   D.q = h->next; h->next = q->next; if(p = = q) p=h; free(q);

9. 单链表中访问当前结点的直接后继结点的时间复杂度为(   )。 【广东工业大学 2019 年】
   A.$O(1)$　　　　　B.$O(n)$　　　　　C.$O(n^2)$　　　　　D.$O(\log n)$

10. 已知两个长度分别为 m 和 n 的升序链表,若将它们合并为一个长度为 $m+n$ 的降序链表,则最坏

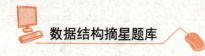
情况下的时间复杂度是(　　)。

A.$O(n)$ B.$O(m×n)$

C.$O(\min(m, n))$ D.$O(\max(m, n))$

11. 已知带头结点的非空单链表 L 的头指针为 h,结点结构为 data next ,其中 next 是指向直接后继结点的指针。现有指针 p 和 q,若 p 指向 L 中非首且非尾的任意一个结点,则执行语句序列"q=p->next; p->next=q->next; q->next = h->next; h->next=q"的结果是(　　)。

【全国统考2024年】

A.在 p 所指结点后插入 q 所指结点 B.在 q 所指结点后插入 p 所指结点

C.将 p 所指结点移动到 L 的头结点之后 D.将 q 所指结点移动到 L 的头结点之后

考点2　双链表

题组闯关

1. 在双向链表存储结构中,删除 p 所指的结点时需要修改指针(　　)。

A.p-> next-> prior=p-> prior; p-> prior-> next=p-> next;

B.p-> next=p-> next-> next; p-> next-> prior=p;

C.p-> prior-> next=p; p-> prior=p-> prior-> prior;

D.p-> prior=p-> next-> next; p-> next=p-> prior-> prior;

2. 设双向链表中结点的结构为(prior,data,next),在双向链表中删除指针 p 所指的结点时需要修改指针(　　)。

A.p-> prior-> next=p-> next; p-> next-> prior=p-> prior;

B.p-> prior=p-> prior-> prior; p-> prior-> next=p;

C.p-> next-> prior=p; p-> next=p-> next-> next;

D.p-> next=p-> prior-> prior; p-> prior=p-> next-> next;

3. 在一个双链表中,在 * p 结点(非尾结点)之后插入一个结点 * s 的操作是(　　)。

A.s->prior=p; p->next=s; p->next->prior=s; s->next=p->next;

B.s->next=p->next; p->next->prior=s; p->next=s; s->prior=p;

C.p->next=s; s->prior=p; s->next=p->next; p->next->prior=s;

D.p->prior=s; s->next=p; s->next->prior=p; p->next=s->next;

4. 在长度为 $n(n≥1)$ 的非空双链表 L 中,删除 p 所指结点的前驱结点(非头结点)的时间复杂度为(　　)。

A.$O(1)$ B.$O(n)$ C.$O(n^2)$ D.$O(n\log_2(n))$

5. 有如下的操作:① s->prior=p->prior;② p->prior->next=s;③ s->next=p;④ p->prior=s。在双向链表中某结点 p 之前插入一个结点的错误语句序列是(　　)。

A.③④①② B.①②④③ C.③①②④ D.①②③④

真题实战👆

1. 设指针变量 p 指向双向链表中结点 A,指针变量 s 指向被插入的结点 X,则在结点 A 的后面插入结点 X 的操作序列为(　　)。　　　　　　　　　　　　　　【暨南大学 2017 年】

　　A.p->next＝s; s->prior＝p; p->next->prior＝s; s->prior＝p->next;

　　B.s->prior＝p; s->next＝p->next; p->next＝s; s->next->prior＝s;

　　C.p->prior＝s; p->nest->prior＝s; s->prior＝p; s->next＝p->prior;

　　D.s->prior＝p; s->next＝p->next; p->next＝s; p->next->prior＝s;

2. 在链表中若经常要删除表中最后一个结点或在最后一个结点之后插入一个新结点,则宜采用(　　)存储方式。　　　　　　　　　　　　　　　　　　　　　　【昆明理工大学 2018 年】

　　A.顺序表　　　　　　　　　　　　　B.用头指针标识的循环单链表

　　C.用尾指针标识的循环单链表　　　　D.双向链表

3. 在双向链表中向 p 所指的结点之前插入一个结点 q 的操作为(　　)。

　　　　　　　　　　　　　　　　　　　　　　【杭州电子科技大学 2016 年】

　　A.p->prior＝q; q->next＝p; p->prior->next＝q; q->prior＝p->prior;

　　B.q->prior＝p->prior; p->prior->next＝q; q->next＝p; p->prior＝q->next;

　　C.q->prior＝p; p->prior＝q; q->prior->next＝q; q->next＝p;

　　D.p->prior->next＝q; q->next＝p; q->prior＝p->prior; p->prior＝q;

4. 双向链表中每个结点的指针域的个数为(　　)。

　　A.0　　　　　　　　B.1　　　　　　　　C.2　　　　　　　　D.3

考点 3　循环链表

题组闯关👆

1. 单循环链表的主要优点是(　　)。

　　A.从表中任一结点出发都能扫描到整个链表

　　B.不再需要头指针了

　　C.在进行插入、删除操作时,能更好地保证链表不断开

　　D.已知某个结点的位置后,能够容易找到它的直接前趋

2. 带头结点的单循环链表 head 为空的判定条件是(　　)。

　　A.head＝NULL　　　　　　　　　　　B.head->next＝NULL

　　C.head->next＝head　　　　　　　　D.head!＝NULL

真题实战👆

1. 设双向循环链表中结点的结构为(data,lLink,rLink),且不带表头结点。若想在指针 p 所指结点之后插入指针 s 所指结点,则应执行下列哪个操作(　　)。

　　A.p->rLink＝s; s->lLink＝p; p->rLink->lLink＝s; s->rLink＝p->rLink;

  B. p->rLink = s; p->rLink->lLink = s; s->lLink = p; s->rLink = p->rLink;

  C. s->lLink = p; s->rLink = p->rLink; p->rLink = s; p->rLink->lLink = s;

  D. s->lLink = p; s->rLink = p->rLink; p->rLink->lLink = s; p->rLink = s;

2. 若线性表最常用的运算是删除第一个元素、在末尾插入新元素,则最适合的存储方式是( )。

【北京邮电大学 2018 年】

  A.顺序表   B.带尾指针的单循环链表

  C.单链表   D.带头指针的单循环链表

3. 最不适合用作链式队列的链表是( )。   【杭州电子科技大学 2016 年】

  A.只带队首指针的非循环双链表   B.只带队首指针的循环双链表

  C.只带队尾指针的循环双链表   D.只带队尾指针的循环单链表

考点4　静态链表

题组闯关

1. 需要分配较大空间,插入和删除不需要移动元素的线性表,其存储结构是( )。

  A.单链表   B.线性链表   C.静态链表   D.顺序存储结构

2. 线性表的静态链表存储结构与顺序存储结构相比优点是( )。

  A.所有的操作算法实现简单   B.便于随机存储

  C.便于插入和删除   D.便于利用零散的存储空间

考点5　线性表存储方式的比较

题组闯关

1. 最适合用做链式队列的链表是( )。

  A.带队首指针和队尾指针的循环单链表   B.带队首指针和队尾指针的非循环单链表

  C.只带队首指针的非循环单链表   D.只带队首指针的循环单链表

2. 某线性表中最常用的操作是在最后一个元素之后插入一个元素和删除第一个元素,则采用

  ( )存储方式最节省运算时间。

  A.单链表   B.仅有头指针的单循环链表

  C.双链表   D.仅有尾指针的单循环链表

3. 以下关于链式存储结构的叙述中,( )是不正确的。

  A.结点除自身信息外还包括指针域,因此存储密度小于顺序存储结构

  B.逻辑上相邻的结点物理上不必相邻

  C.可以通过计算直接确定第 i 个结点的存储地址

  D.插入、删除运算操作方便,不必移动结点

真题实战

1. 在顺序表中,逻辑上相邻的元素在物理位置上(　　)。　　　　【北京工业大学 2016 年】

　　A.相邻　　　　　　　　B.不相邻　　　　C.不一定相邻　　　　D.不确定

2. 线性表采用链式存储时,其地址(　　)。

　　A.必须是连续的　　　　　　　　　　B.部分地址必须是连续的

　　C.一定是不连续的　　　　　　　　　D.连续与否均可以

3. 链表不具备的特点是(　　)。　　　　　　　　　　　　　　【北京师范大学 2017 年】

　　A.可随机访问任一结点　　　　　　　B.插入删除不需要移动元素

　　C.不必事先估计存储空间　　　　　　D.所需空间与其长度成正比

§2.4　综合应用题

 **题组闯关**

1. 设计一个算法判断单链表中元素是否是递增的。

2. 设计一个算法将所有奇数移到所有偶数之前。

3. 设计一个最优的算法实现输出链表中倒数第 k 个结点,定义链表结构如下:

```
struct ListNode
{
    int value;
    ListNode * next;
}
```

4. 设计一个算法实现在单链表中删除值相同的多余结点的算法。

5. 试以单链表为存储结构实现简单选择排序的算法。

6. 假设有两个元素值递增有序的线性表 La 和 Lb，均以带头结点的单链表作为存储结构，编写算法将 La 表和 Lb 表合并为一个按元素值递减有序排列的线性表 Lc，并要求利用原表（La 和 Lb 表）的结点空间存放表 Lc。

7. 已知指针 La 和 Lb 分别是两个带头结点单链表的头指针，下列算法是将表 La 的第 i 个元素起的 len 个元素删除并插入到表 Lb 的第 $j(j \geqslant 1)$ 个元素之前，试问此算法是否正确？若有错，请改正。设 $i \geqslant 1$，len $\geqslant 1$，$i+$len $\leqslant$ ListLength(La)，$1 \leqslant j \leqslant$ ListLength(Lb)。

```
void insertsublist( LNode * La, LNode * Lb, int i, int j, int len) {
    pre = La;
    pa = La->next;
    k = 1;
    while(k<i) {
        p = p->next;
        k = k+1;
    }
    s = p;
    while(k<len) {
        s = s->next;
        k = k+1;
    }
    pre->next = s->next;
    q = Lb, k = 0;
```

```
    while(k<j) {
        q = q->next;
        k = k+1;
    }
    q->next = p;
    s->next = q->next;
}
```

8. 下面是用 C 语言编写的对不带头结点的单链表进行就地倒置的算法,该算法用 L 返回倒置后链表的头指针。试在空缺处填入适当语句。

```
void reverse(LinkList &L) {
    p = NULL;
    q = L;
    while(q! = NULL) {
        (1)_____ ;
        q->next = p;
        p = q;
        (2)_____ ;
    }
    (3)_____ ;
}
```

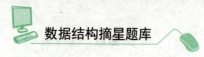

真题实战

1. 假定采用带头结点的单链表保存单词,当两个单词有相同的后缀时,则可共享相同的后缀存储空间,例如,"loading"和"being"的存储映像如下图所示。

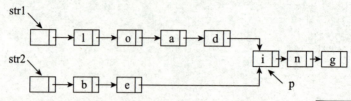

设 str1 和 str2 分别指向两个单词所在单链表的头结点,链表结点结构为 $\boxed{\text{data} \mid \text{next}}$,请设计一个时间上尽可能高效的算法,找出由 str1 和 str2 所指向两个链表共同后缀的起始位置(如图中字符 i 所在结点的位置 p)。要求:

(1)给出算法的基本设计思想。

(2)根据设计思想,采用 C 或 C++或 Java 语言描述算法,关键之处给出注释。

(3)说明你所设计算法的时间复杂度。

2. 已知一个整数序列 $A = (a_0, a_1, \cdots, a_{n-1})$,其中 $0 \leq a_i < n(0 \leq i < n)$。若存在 $a_{p1} = a_{p2} = \cdots = a_{pm} = x$ 且 $m > n/2(0 \leq p_k < n, 1 \leq k \leq m)$,则称 x 为 A 的主元素。例如 $A = (0, 5, 5, 3, 5, 7, 5, 5)$,则 5 为主元素;又如 $A = (0, 5, 5, 3, 5, 1, 5, 7)$,则 A 中没有主元素。假设 A 中的 n 个元素保存在一个一维数组中,请设计一个尽可能高效的算法,找出 A 的主元素。若存在主元素,则输出该元素;否则输出 -1。要求:

(1)给出算法的基本设计思想。

(2)根据设计思想,采用 C 或 C++或 Java 语言描述算法,关键之处给出注释。

(3)说明你所设计算法的时间复杂度和空间复杂度。

3. 用单链表保存 m 个整数,结点的结构为: | data | next |,且 $|data| \leq n$(n 为正整数)。现要求设计一个时间复杂度尽可能高效的算法,对于链表中 data 的绝对值相等的结点,仅保留第一次出现的结点而删除其余绝对值相等的结点。例如,若给定的单链表 head 如下:

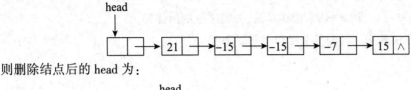

则删除结点后的 head 为:

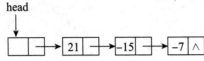

要求:

(1)给出算法的基本设计思想。

(2)使用 C 或 C++语言,给出单链表结点的数据类型定义。

(3)根据设计思想,采用 C 或 C++语言描述算法,关键之处给出注释。

(4)说明你所设计算法的时间复杂度和空间复杂度。

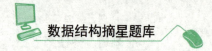

4. 已知由 $n(n \geq 2)$ 个正整数构成的集合 $A = \{a_k | 0 \leq k < n\}$，将其划分为两个不相交的子集 A_1 和 A_2，元素个数分别是 n_1 和 n_2，A_1 和 A_2 中元素之和分别为 S_1 和 S_2。设计一个尽可能高效的划分算法，满足 $|n_1 - n_2|$ 最小且 $|S_1 - S_2|$ 最大。要求：

(1) 给出算法的基本设计思想。

(2) 根据设计思想，采用 C 或 C++ 语言描述算法，关键之处给出注释。

(3) 说明你所设计算法的平均时间复杂度和空间复杂度。 【全国统考 2016 年】

5. 已知无表头结点的单链表 la 及单链表 lb 存在，写一算法，删除单链表 la 中第 i 个结点起长度为 len 的结点，并将其插入至单链表 lb 第 j 个结点之前。 【杭州电子科技大学 2018 年】

6. 一个线性表的元素均为正整数,使用带头指针的单链表实现。编写算法:判断该线性表是否符合:所有奇数在前面,偶数在后面。

【苏州大学 2018 年】

7. 写出递归删除单链表中所有值为 item 的算法。

8. 给定一个值,求出所有得到的新值的个数。例如给出值为 345,将其各位数字相加得到新值为 12,对 12 各位相加得到的新值为 3,则对 345 得到的新值的个数为 3 个(包括其本身)。

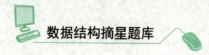

9. 定义三元组 (a,b,c) (a、b、c 均为正数) 的距离 $D=|a-b|+|b-c|+|c-a|$。给定三个非空整数集合 S_1、S_2 和 S_3，按升序分别存储在三个数组中。请设计一个尽可能高效的算法，计算并输出所有可能的三元组 (a,b,c) ($a \in S_1, b \in S_2, c \in S_3$) 中的最小距离。例如 $S_1=\{-1,0,9\}$，$S_2=\{-25,-10,10,11\}$，$S_3=\{2,9,17,30,41\}$，则最小距离为 2，相应的三元组为 $\{9,10,9\}$。要求：

(1) 给出算法的基本设计思想。

(2) 根据设计思想，采用 C 或 C++ 语言描述算法，关键之处给出注释。

(3) 说明你所设计的算法的时间复杂度和空间复杂度。　　　　　　　　　　　**【全国统考 2020 年】**

第 **3** 章

栈、队列
和数组

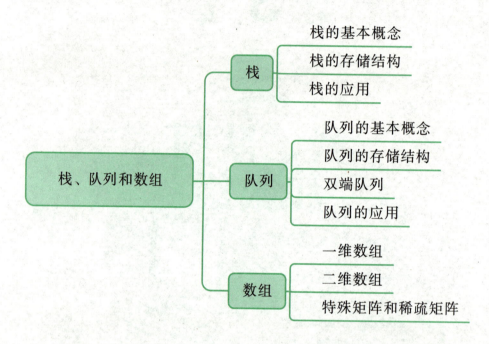

§3.1　栈

考点1　栈的基本概念

题组闯关

1. 一个栈的入栈顺序序列是 ABCDE,则不可能的出栈序列是(　　)。

　A.ABCDE　　　　　　B.EDCBA　　　　　　C.DECBA　　　　　　D.DCEAB

2. 已知操作符包括"+""−""×""/""("和")"。将中缀表达式 a+b-a×((c+d)/e-f)+g 转换为后缀表达式 ab+acd+e/f-×-g+时,用栈来存放暂时还不能确定运算次序的操作符。若栈初始时为空,则转换过程中同时保存在栈中的操作符的最大个数是(　　)。

　A.5　　　　　　　　　B.7　　　　　　　　　C.9　　　　　　　　　D.11

3. 若已知一个栈的进栈序列是 $1, 2, 3, \cdots, n$,其输出序列为 $p_1, p_2, p_3, \cdots, p_n$。若 $p_1 = 3$,则 p_2 为(　　)。

　A.可能是 2　　　　　B.一定是 2　　　　　C.可能是 1　　　　　D.一定是 1

4. 一个栈的入栈序列为 $1, 2, 3, 4, \cdots, n$,其出栈序列是 $p_1, p_2, p_3, \cdots, p_n$。若 $p_2 = 3$,则 p_3 可能取值的个数是(　　)。

　A.$n-3$　　　　　　B.$n-2$　　　　　　C.$n-1$　　　　　　D.无法确定

5. 一个栈的输入序列为 $1, 2, 3, 4, \cdots, n$,若输出序列的第一个元素是 n,输出第 i 个元素是(　　)。

　A.不确定　　　　　　B.$n-1$　　　　　　C.i　　　　　　　　D.$n-i+1$

6. 设栈 S 和队列 Q 的初始状态均为空,元素 a,b,c,d,e,f,g 依次进入栈 S。若每个元素出栈后立即进入队列 Q,且 7 个元素出列的顺序是 b,d,c,g,f,e,a 则栈 S 的容量至少是(　　)。

　A.1　　　　　　　　　B.2　　　　　　　　　C.3　　　　　　　　　D.4

7. 由两个栈共享一个向量空间的好处是(　　)。

　A.减少存取时间,降低上溢发生的几率　　　　　B.节省存储空间,降低上溢发生的几率

　C.减少存取时间,降低下溢发生的几率　　　　　D.节省存储空间,降低下溢发生的几率

真题实战

1. 若元素 a,b,c,d,e,f 依次进栈,允许进栈、退栈操作交替进行,但不允许连续三次进行退栈工作,则不可能得到的出栈序列是(　　)。　　　　　　　　　　　　　　　　　　　【北京化工大学 2019 年】

　A.dcebfa　　　　　　B.cbdaef　　　　　　C.bdceaf　　　　　　D.afedcb

2. 给定有限符号集 S,in 和 out 均为 S 中所有元素的任意排列。对于初始为空的栈 ST,下列叙述中,正确的是(　　)。　　　　　　　　　　　　　　　　　　　　　　　　　　　　　　　【全国统考 2022 年】

　A.若 in 是 ST 的入栈序列,则不能判断 out 是否为其可能的出栈序列

　B.若 out 是 ST 的出栈序列,则不能判断 in 是否为其可能的入栈序列

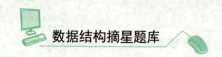

C.若 in 是 ST 的入栈序列,out 是对应 in 的出栈序列,则 in 与 out 一定不同

D.若 in 是 ST 的入栈序列,out 是对应 in 的出栈序列,则 in 与 out 可能互为倒序

考点 2　栈的存储结构

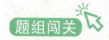

1. 若栈采用顺序存储方式存储,现两栈共享空间 V[1...m],top[i]代表第 i 个栈(i=1,2)栈顶,栈 1 的底在 V[1],栈 2 的底在 V[m],则栈满的条件是(　　)。

A.|top[2]-top[1]|=0

B.top[1]+1=top[2]

C.top[1]+top[2]=m

D.top[1]=top[2]

2. 向一个栈顶指针为 top 的链栈中插入一个 x 结点,则执行(　　)。

A.top-> next=x;

B.x-> next=top-> next; top-> next=x;

C.x-> next=top; top=x;

D.x-> next=top; top=top-> next;

真题实战

1. 若一个栈以向量 V[1...n]存储,初始栈顶指针 top 为 n+1,则下面 x 入栈的正确操作是(　　)。

A.top=top+1; V[top]=x

B.V[top]=x; top=top+1

C.top=top-1; V[top]=x

D.V[top]=x; top=top-1

2. 若双栈共享空间 S[0...n-1],初始时 top1=-1,top2=n,则判栈满为真的条件是(　　)。

【北京邮电大学 2016 年】

A.top1==top2

B.top1-top2==1

C.top1+top2==n

D.top2-top1==1

3. 若有一栈 stack[0...n-1],初始时栈顶指针 top 为 n,则以下元素 x 进栈的正确操作是(　　)。

A.top++; stack[top]=x;

B.stack[top]=x; top++;

C.top--; stack[top]=x;

D.stack[top]=x; top--;

4. 链式栈与顺序栈相比,一个比较明显的优点是(　　)。

A.插入操作更加方便

B.通常不会出现栈满的情况

C.不会出现栈空的情况

D.删除操作更加方便

考点 3　栈的应用

题组闯关

1. 以下哪个选项中不会应用到栈(　　)。

A.递归　　　　B.图的广度优先搜索　　　　C.表达式求值　　　　D.树的深度优先遍历

2. 表达式 3×2^(4+2×2-6×3)-5,求值过程中当扫描到 6 时,对象栈和算符栈为(　　),其中^为乘幂。

A.3, 2, 8; ×^-　　　　　　　　　　　　B.3, 2, 4, 2, 2; ×^+×-

C.3, 2, 4, 2, 2; ×^(+×-　　　　　　　D.3, 2, 8; ×^(-

3. 有函数 int func(int i) 的实现如下：

```
int func(int i)
{
   if (i>1)
      return i * func(i-1);
   else
      return 1;
}
```

请问函数调用 func(5) 的返回值是多少(　　　)。

A.5　　　　　　　B.15　　　　　　　C.20　　　　　　　D.120

4. 一个问题的递归算法求解和其相对应的非递归算法求解相比(　　　)。

A.递归算法通常高效一些　　　　　　B.非递归算法通常高效一些

C.两者相同　　　　　　　　　　　　D.无法比较

5. 当执行函数时,其局部变量的存储一般采用(　　　)进行存储。

A.树　　　　　　B.静态链表　　　　　C.栈　　　　　　　D.队列

真题实战

1. 已知程序如下：

```
int S(int n) {
   return (n<=0) ? 0: S(n-1)+n;
}
void main() {
   count<< S(1);
}
```

程序运行时使用栈来保存调用过程的信息,自栈底到栈顶保存的信息依次对应的是(　　　)。

A.main( ) →S(1) →S(0)　　　　　　B.S(0) →S(1) →main( )

C.main( ) →S(0) →S(1)　　　　　　D.S(1) →S(0) →main( )

2. 利用栈求表达式的值时,设立运算数栈 OPEN。假设 OPEN 只有两个存储单元,在下列表达式中,不发生溢出的是(　　　)。

A.A-B * (C-D)　　　　　　　　　　B.(A-B) * C-D

C.(A-B * C) -D　　　　　　　　　　D.(A-B) * (C-D)

3. 算术表达式 a+b * (c+d/e) 转为后缀表达式后为(　　　)。　　　【上海海事大学 2017 年】

A.abcde/+ * +　　　　　　　　　　B.abcde/ * ++

C.abcde * /++　　　　　　　　　　D.ab+cde/ *

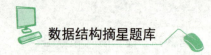

4. 与表达式 $x+y*(z-u)/v$ 等价的后缀表达式是(　　)。　　【全国统考 2024 年】

A.$zyzu-*v/+$

B.$xyzu-v/*+$

C.$+x/*y-zuv$

D.$+x*y/-zuv$

§3.2　队列

考点 1　队列的基本概念

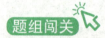

1. 栈和队列的共同点是(　　)。

　A.都是先进先出

　B.都是先进后出

　C.只允许在端点处插入和删除元素

　D.没有共同点

2. 以下哪个问题的求解需要使用队列(　　)。

　A.函数调用时保存函数的参数、局部变量等

　B.检查括号匹配

　C.图的广度优先搜索

　D.基于深度优先搜索的图的拓扑排序过程

3. 假设用数组 $A[8]$ 存储循环队列的元素,其头、尾指针 front 和 rear 的当前值分别为 4 和 0。当从队列中出队列两个元素,再入队列一个元素后,front 和 rear 的值分别为(　　)。

A.3 和 6

B.6 和 3

C.1 和 6

D.6 和 1

4. 对于空队列 Q,执行如下一组操作:

EnQueue(Q, 1); DeQueue(Q);

EnQueue(Q, 2); EnQueue(Q, 3);

DeQueue(Q); EnQueue(Q, 4);

操作之后,队头元素是(　　)。

A.1

B.2

C.3

D.4

真题实战

1. 一个队列的入列序列是 1,2,3,4,则队列的出队序列是(　　)。　　【暨南大学 2017 年】

A.4, 3, 2, 1

B.1, 2, 3, 4

C.1, 4, 3, 2

D.3, 2, 4, 1

2. 循环队列存储在数组 $A[0...m-1]$,则出队时的操作为(　　)。

　A.front = front+1

　B.front = (front+1) mod (m-1)

　C.front = (front+1) mod m

　D.front = (front mod m) +1

3. 下列操作中,不属于队列基本操作的是(　　)。　　【广东工业大学 2017 年】

　A.取队头元素

　B.删除队头元素

C.取队尾元素　　　　　　　　　　　　　　　D.插入队尾元素

4. 有关队列的叙述中正确的是(　　　)。

　　Ⅰ.队列中元素的逻辑关系是线性关系

　　Ⅱ.队列中元素的逻辑关系不一定是线性关系

　　Ⅲ.队列是一种先进先出表

　　Ⅳ.队列的插入和删除操作在同一端进行

　　A.仅Ⅰ、Ⅳ　　　　　　B.仅Ⅰ、Ⅲ　　　　　　C.仅Ⅱ、Ⅲ　　　　　　D.仅Ⅰ、Ⅲ、Ⅳ

5. 设循环队列中数组的下标为 $0 \sim N-1$,已知其队头指针 f(f 指向队首元素的前一位置)和队中元素个数 n,则队尾指针 r(r 指向队尾元素的位置)为(　　　)。　　　　**【四川大学 2017 年】**

　　A.$f-n$　　　　　　　B.$(f-n)\%N$　　　　　C.$(f+n)\%N$　　　　　D.$(f+n+1)\%N$

6. 已知初始为空的队列 Q 的一端仅能进行入队操作,另外一端既能进行入队操作又能进行出队操作。若 Q 的入队序列是 1,2,3,4,5,则不能得到的出队序列是(　　　)。　　**【全国统考2021 年】**

　　A.5,4,3,1,2　　　　　B.5,3,1,2,4　　　　　C.4,2,1,3,5　　　　　D.4,1,3,2,5

考点2　队列的存储结构

题组闯关

1. 设顺序循环队列 Q[0:M−1] 的头指针和尾指针分别为 F 和 R,头指针 F 总是指向队头元素的前一个位置,尾指针 R 总是指向队尾元素的当前位置,则该循环队列的元素个数为(　　　)。

　　A.$R-F$　　　　　　　　　　　　　　　　B.$F-R$

　　C.$(R-F+M)\%M$　　　　　　　　　　　D.$(F-R+M)\%M$

2. 设栈 S 和队列 Q 的初始状态为空,元素 E_1,E_2,E_3,E_4,E_5,E_6 依次通过栈 S,一个元素出栈后立即进入队列 Q,若 6 个元素出队的顺序为 E_2,E_4,E_3,E_6,E_5,E_1,则栈 S 的容量至少应该是(　　　)。

　　A.6　　　　　　　　　B.4　　　　　　　　　C.3　　　　　　　　　D.2

3. 已知循环队列的存储空间为 A[21],front 指向队头元素的前一个位置,rear 指向队尾元素,假设当前 front 和 rear 的值分别为 8 和 3,则该队列的长度为(　　　)。

　　A.5　　　　　　　　　B.6　　　　　　　　　C.16　　　　　　　　　D.17

4. 假设循环队列的长度为 QSize。当队列未满时,向队列中添加一个数据后,其队尾下标 Rear 的变化为(　　　)。

　　A.Rear = Rear+1　　　　　　　　　　　　B.Rear = Rear++%QSize

　　C.Rear =(Rear+1)%QSize　　　　　　　　D.Rear = Rear%Qsize+1

5. 循环队列用数组 A[0…m−1]存放其元素值,已知其队头指针 front 指向队头元素,队尾指针 rear 指向队尾元素,则当前队列的元素个数是(　　　)。

　　A.(rear−front+m) MOD m　　　　　　　B.rear−front+1

　　C.(rear−front+m+1) MOD m　　　　　　D.(rear−front+m−1) MOD m

6. 若用一个大小为 6 的数组来实现循环队列,且当前 rear 和 front 的值分别为 0 和 3,当从队列中删除一个元素,再加入两个元素后,rear 和 front 的值分别为(　　)。

    A.1 和 5   B.2 和 4   C.4 和 2   D.5 和 1

7. 循环队列存储在数组 A[0...m]中,则入队时的操作为(　　)。

    A.rear＝rear+1   B.rear＝(rear+1) MOD(m−1)

    C.rear＝(rear+1) MOD m   D.rear＝(rear+1) MOD(m+1)

8. 若用一个大小为 6 的数组来实现循环队列,且 rear 和 front 的值分别为 0 和 3。从队列中删除一个元素,再加入两个元素后,rear 和 front 的值分别为(　　)。

    A.1 和 5   B.2 和 4   C.4 和 2   D.5 和 1

9. 用链接方式存储的队列,在进行删除运算时(　　)。

    A.仅修改头指针   B.仅修改尾指针

    C.头、尾指针都要修改   D.头、尾指针可能都要修改

10. 设循环队列的存储空间为 Q(1:35),初始状态为 front＝rear＝35。现经过一系列入队与退队运算后,front＝15,rear＝15,则循环队列中的元素个数为(　　)。

    A.15   B.16   C.20   D.0 或 35

11. 单循环链表表示的队列长度为 n,若只设头指针,则入队的时间复杂度为(　　)。

    A.$O(n)$ B.$O(1)$ C.$O(n^2)$ D.$O(n\log n)$

真题实战

1. 循环队列放在一维数组 A[0...M−1]中,end1 指向队头元素,end2 指向队尾元素的后一个位置。假设队列两端均可进行入队和出队操作,队列中最多能容纳 M−1 个元素,初始时为空。下列判断队空和队满的条件中,正确的是(　　)。

    A.队空:end1==end2;　　队满:end1==(end2+1) mod M

    B.队空:end1==end2;　　队满:end2==(end1+1) mod(M−1)

    C.队空:end2==(end1+1) mod M;　　队满:end1==(end2+1) mod M

    D.队空:end1==(end2+1) mod M;　　队满:end2==(end1+1) mod(M−1)

2. 采用顺序存储结构的栈 S 和队列 Q 的初始状态均为空,元素 a、b、c、d、e、f 依次进入队列 Q,Q 每一个元素出队后立刻进入栈 S,如果 6 个元素出栈序列是 b、c、d、f、e、a,则栈 S 的容量最少是(　　)。 【北京工业大学 2018 年】

    A.2   B.3

    C.4   D.5

3. 循环队列用数组 A[0...m−1]存放其元素值,已知其头尾指针分别是 front 和 rear,则当前队列中的元素个数是(　　)。 【暨南大学 2017 年】

    A.rear−front+m+1   B.rear−front+1

    C.rear−front−1   D.rear−front

4. 若线性表中总的元素个数基本稳定,但经常要在表头删除元素,在表尾插入元素,那么最好采用(　　)来实现该线性表。

    A.带头指针的单链表   B.双向循环链表

C.循环顺序队列 　　　　　　　　　　　　D.顺序表

5. 在具有 n 个单元的顺序存储的循环队列中,假定 front 和 rear 分别为队头指针和队尾指针,则判断队满的条件为(　　)。　　　　　　　　　　　　　　　　**【上海海事大学 2016 年】**

A.rear%n＝＝front 　　　　　　　　　　B.(front+1)%n＝＝rear

C.rear%n－1＝＝front 　　　　　　　　　D.(rear+1)%n＝＝front

6. 若用带头结点的单循环链表表示非空队列,队列只设一个指针 Q,则插入新元素结点 P 的操作语句序列是(　　)。　　　　　　　　　　　　　　　**【北京邮电大学 2016 年】**

A.P->next=Q->next; Q->next=P; Q=P 　　B.Q->next=P; P->next=Q->next; Q=P

C.P->next=Q->next->next; Q=P 　　　　　D.P->next=Q->next; Q=P

7. 假定一个带头结点的链队列的队头和队尾指针分别为 front 和 rear,则判断队空的条件为(　　)。　　　　　　　　　　　　　　　　　　　　　　　　　**【广东工业大学 2019 年】**

A.front＝＝rear 　　　　　　　　　　　　B.rear!＝NULL

C.front!＝NULL 　　　　　　　　　　　　D.front＝＝NULL

8. 若用一个不带头结点的循环单链表表示队列,则最好用(　　)标识链队。**【四川大学 2016 年】**

A.首结点指针 　　　　　　　　　　　　　B.尾结点指针

C.首结点和尾结点两个指针 　　　　　　　D.任何结点指针

考点 3　双端队列

题组闯关

1. 双端队列,是一种在线性表两端都可进行插入和删除操作(也仅可在两端进行)的数据结构,假定输入序列为 1 2 3 4 5 6,下列哪个序列不可能是双端队列的输出序列(　　)。

A.1 2 3 4 5 6 　　　B.4 2 1 3 5 6 　　　C.1 2 6 4 5 3 　　　D.5 2 6 3 4 1

2. 某队列允许在其两端进行入队操作,但仅允许在一端进行出队操作。设入队顺序是 abcde,则不可能得到的出队顺序是(　　)。

A.bacde 　　　　　B.dbace 　　　　　C.dbcae 　　　　　D.ecbad

真题实战

输入受限的双端队列是指元素只能从队列的一端输入,但可以从队列的两端输出,如图所示。若有 8、1、4、2 依次进入输入受限的双端队列,则得不到输出序列(　　)。

【昆明理工大学 2016 年】

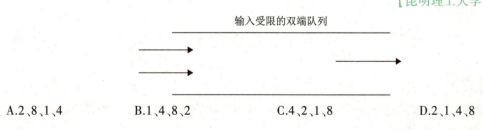

输入受限的双端队列

A.2、8、1、4 　　　B.1、4、8、2 　　　C.4、2、1、8 　　　D.2、1、4、8

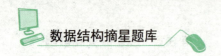

考点 4 队列的应用

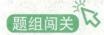

1. 执行(   )操作时,需要使用队列作为辅助存储空间。

   A.查找散列(哈希)表　　　　　　　　　　B.广度优先搜索图

   C.前序(根)遍历二叉树　　　　　　　　　D.深度优先搜索图

2. 为解决计算机主机与打印机之间的速度不匹配问题,通常设计一个打印数据缓冲区,主机将要输出的数据依次写入该缓冲区,而打印机则依次从该缓冲区中取出数据。该缓冲区的逻辑结构应该是(   )。

   A.栈　　　　　　B.队列　　　　　　C.树　　　　　　D.图

§3.3 数组

考点 1 一维数组

用足够容量的一维数组 B 对 $n*n$ 阶对称矩阵 A 进行压缩存储,若 B 中只存储对称矩阵 A 的下三角元素,则 $a_{i,j}$(其中 $0 \leq i,j \leq n-1, i < j$)存储在 B 中对应的元素为(   )。

A.$B[i*n/2+j]$　　　　　　　　　　　　B.$B[j*n/2+i]$

C.$B[i*(i+1)/2+j]$　　　　　　　　　　D.$B[j*(j+1)/2+i]$

真题实战

1. 已知一个三维数组 A[1...15][0...9][−3...6]的每个元素占用 5 个存储单元,该数组总共需要的存储空间单元数为(   )。　　　　　　　　　　　　　　　【北京邮电大学 2017 年】

   A.1500　　　　　　B.4050　　　　　　C.5600　　　　　　D.7500

2. 用足够容量的一维数组 B 对 $n*n$ 阶对称矩阵 A 进行压缩存储,若 B 中只存储对称矩阵 A 的下三角元素,则 $A[i,j]$(其中 $i<j$)存储在 B 中对应的元素为(   )。

   A.$B[j*n/2+i]$　　　　　　　　　　　　B.$B[i*(i+1)/2+j]$

   C.$B[j*(j+1)/2+i]$　　　　　　　　　　D.$B[i*n/2+j]$

考点 2 二维数组

题组闯关

1. 二维数组 M[5][6],每个元素占 4 个存储单元,按行存储情况下 M[3][5]的起始地址与按列存储时哪个元素的起始地址相同(   )。

A.M[2][4]   B.M[3][4]   C.M[3][5]   D.M[4][4]

2. 已知二维数组 A[1：4,1：6]采用列序为主序方式存储,每个元素占用 5 个存储单元,并且 A[3,4]的存储地址为 2091,那么元素 A[1,1]的存储地址为(　　)。

  A.2011   B.2021   C.2031   D.2041

3. C 语言中定义的整数一维数组 a[50]和二维数组 b[10][5]具有相同的首元素地址,即 &(a[0]) = &(b[0][0]),在以列序为主序时,a[18]的地址和(　　)相同。

  A.b[1][7]   B.b[1][8]   C.b[8][1]   D.b[7][1]

真题实战

1. 设二维数组的定义为 ElemtypeA[6][10],每个数组元素占用 4 个存储单元,若按行优先顺序存放数组中的元素,a[0][0]的存储地址为 860,则 a[3][5]的存储地址是(　　)。

  A.960   B.980   C.1000   D.1020

2. 二维数组 A[14][9]采用列优先的存储方法,若每个元素占 4 个存储单元且第一个元素的首地址为 50,则 A[6][5]的地址为(　　)。

  A.346   B.350   C.354   D.358

考点 3　特殊矩阵和稀疏矩阵

题组闯关

1. 按照压缩存储的思想,对于具有 t 个非零元素的 $m*n$ 阶稀疏矩阵,可以采用三元组表存储方法存储,但 t 满足(　　)关系时,这样做才有意义。

  A.$t<m*n$ B.$t<(m*n)/3$

  C.$t\leq(m*n)/3-1$ D.$t<(m*n)/3-1$

2. 设有一个 10 阶的下三角矩阵 A(包括对角线),按照行优先的顺序存储到连续的 55 个存储单元中,每个数组元素占 1 个字节的存储空间,则 A[5][4]地址与 A[0][0]的地址之差为(　　)。

  A.10   B.19   C.28   D.55

3. 对稀疏矩阵采用压缩存储,其缺点之一是(　　)。

  A.无法判断矩阵有多少行多少列

  B.无法根据行列号查找某个矩阵元素

  C.无法根据行列号计算矩阵元素的存储地址

  D.使矩阵元素之间的逻辑关系更加复杂

真题实战

1. 设有 10 阶矩阵 A,其对角线以上的元素 $a_{ij}(1\leq j\leq 10,1<i<j)$ 均取值为 -3,其它矩阵元素为正整数。现将矩阵压缩存放在一维数组 $F[m]$ 中,则 m 为(　　)。

  A.45   B.46   C.55   D.56

2. 假设用一个一维数组 B 来按行存放一个对称矩阵 A 的下三角部分,那么访问 A 的下三角部分的第 i 行第 j 列元素应表示为(　　)。(下标都从 0 开始)

A.$B[i*(i-1)/2+j+1]$ 　　　　　　　　B.$B[i*(i+1)/2+j+1]$

C.$B[i*(i-1)/2+j]$ 　　　　　　　　　D.$B[i*(i+1)/2+j]$

3. 有一个 100 阶的三对角矩阵 M,其元素 $m_{i,j}m_{i,j}$($1 \leq i \leq 100, 1 \leq j \leq 100$)按行优先次序压缩存入下标从 0 开始的一维数组 N 中。元素 $m_{30,30}m_{30,30}$ 在 N 中的下标是(　　)。【全国统考 2016 年】

A.86 　　　　　　B.87 　　　　　　C.88 　　　　　　D.89

4. 关于稀疏矩阵的存储方法,不正确的是(　　)。

A.三元组表存储 　　　　　　　　B.双循环链表

C.带行指针的链表存储 　　　　　　D.十字链表存储

§3.4　综合应用题

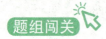

1. 设计一个算法实现对栈取最小值的操作 min 函数,要求时间复杂度 $O(1)$。

2. 给定一个整数数组 nums 和一个目标值 target,请你在该数组中找出和为目标值的那两个整数,并返回它们的数组下标。

3. 设计一个算法,使用两个栈实现队列的入队和出队操作。

4. 编写一个双向起泡的排序算法,即相邻两趟向相反方向起泡。

5. 什么是队列的上溢现象?一般有几种解决方法?

6. 请简述判断队列为空和队列为满的方法都有哪些?

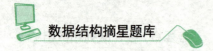

7. 在一个算法中需要建立多个堆栈时可以选用下列三种方案之一,试问:这三种方案之间相比较各有什么优缺点?

   (1)分别用多个顺序存储空间建立多个独立的堆栈;

   (2)多个堆栈共享一个顺序存储空间;

   (3)分别建立多个独立的链接堆栈。

8. 写出下列程序段的输出结果(栈的元素类型 SElemType 为 char)。

```
void main( ) {
    Stack S;
    char x, y;
    InitStack(S);
    x = 'c';
    y = 'k';
    Push(S, x);
    Push(S, 'a');
    Push(S, y);
    Pop(S, x);
    Push(S, 't');
    Push(S, x);
    Pop(S, x);
    Push(S, 's');
    while( !StackEmpty(S) ) {
        Pop(S, y);
        printf(y);
    }
    printf(x);
}
```

9. 简述以下算法的功能（栈的元素类型 SElemType 为 int）。

（1）

```
status algo1(Stack S) {
    int i, n, A[255];
    n = 0;
    while( ! StackEmpty(S) ) {
        n++; Pop( S, A[n] );
    }
    for( i = 1; i <= n; i++) {
        Push( S, A[i] );
    }
}
```

（2）

```
status algo2(Stack S, int e) {
    Stack T; int d;
    InitStack(T);
    while(! StackEmpty(S)) {
        Pop(S, d);
        if( d! = e) {
            Push( T, d);
        }
    }
    while(! StackEmpty(T)) {
        Pop(T, d);
        Push(S, d);
    }
}
```

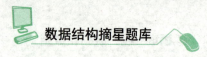

阅读如下程序,写出此程序的输出结果(其中栈的元素类型为 char)。 【暨南大学 2017 年】

```
void main( ) {
    Stack S;
    char x, y;
    InitStack(S) ;
    x = ' y' ; y = ' s' ;
    Push(S, x) ; Push(S, y) ;
    Pop(S, x) ; Push(S, ' k' ) ; Push(S, x) ;
    while( ! StackEmpty(S) ) {
        Pop(S, y) ;
        Printf(y) ;
    }
}
```

第 4 章

树与二叉树

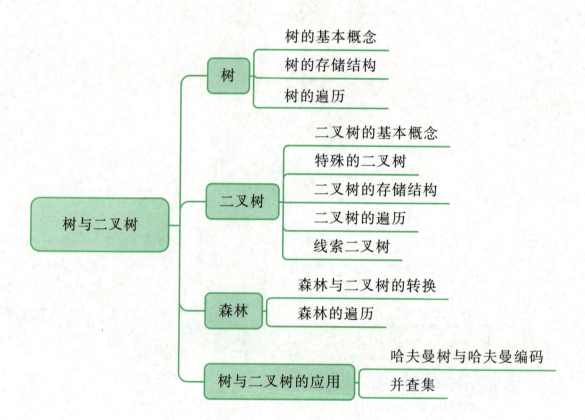

树与二叉树

- 树
  - 树的基本概念
  - 树的存储结构
  - 树的遍历
- 二叉树
  - 二叉树的基本概念
  - 特殊的二叉树
  - 二叉树的存储结构
  - 二叉树的遍历
  - 线索二叉树
- 森林
  - 森林与二叉树的转换
  - 森林的遍历
- 树与二叉树的应用
  - 哈夫曼树与哈夫曼编码
  - 并查集

§4.1　树

考点 1　树的基本概念

题组闯关

1. 一棵度为 4 的树 T 中,若有 20 个度为 4 的结点,10 个度为 3 的结点,1 个度为 2 的结点,10 个度为 1 的结点,则树 T 的叶子结点个数是(　　)。

   A.41　　　　　　　　B.82　　　　　　　　C.113　　　　　　　　D.122

2. 一棵有根树结点数为 n,其边的数量为(　　)。

   A.$n/2$　　　　　　　B.$n-1$　　　　　　　C.n　　　　　　　　D.$n+1$

3. 设一棵三叉树中有 2 个度数为 1 的结点,2 个度数为 2 的结点,2 个度数为 3 的结点,则该三叉树中有(　　)个度数为 0 的结点。

   A.5　　　　　　　　B.6　　　　　　　　C.7　　　　　　　　D.8

4. 对于一棵具有 n 个结点,度为 4 的树来说(　　)。

   A.树的高度至多是 $n-3$　　　　　　　　B.树的高度至多是 $n-4$

   C.第 i 层上至多有 $4*(i-1)$ 个结点　　　　D.至少在某一层上正好有 4 个结点

5. 度为 4、高度为 h 的树,(　　)。

   A.至少有 $h+3$ 个结点　　　　　　　　B.至多有 4^h-1 个结点

   C.至多有 $4h$ 个结点　　　　　　　　　D.至少有 $h+4$ 个结点

真题实战

1. 一棵度为 3 的树中,度为 1 的结点数为 1,度为 2 的结点数为 2,度为 3 的结点数为 3,则度为 0 的结点数为(　　)。　　　　　　　　　　　　　　　　【广东工业大学 2019 年】

   A.8　　　　　　　　B.9　　　　　　　　C.10　　　　　　　　D.11

2. 一棵具有 $n(n>1)$ 个结点的树,其高度最小和最大分别是(　　)。【北京邮电大学 2017 年】

   A.1、$\log_2 n$　　　　B.1、n　　　　　　C.2、n　　　　　　D.$\log_2 n$、n

3. 在一棵具有 k 层($k>=1$)的满三叉树中,结点总数为(　　)。【青岛科技大学 2016 年】

   A.3^k　　　　　　　B.3^k-1　　　　　　C.$(3^k-1)/3$　　　　D.$(3^k-1)/2$

4. 将有关二叉树的概念推广到三叉树,则一棵有 244 个结点的完全三叉树的高度为(　　)。

   【上海海事大学 2017 年】

   A.4　　　　　　　　B.5　　　　　　　　C.6　　　　　　　　D.7

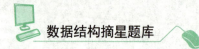

考点2　树的存储结构

题组闯关

1. 用双亲存储结构表示树,其优点之一是(　　)比较方便。

　　A.找指定结点的双亲结点　　　　　　　　B.找指定结点的孩子结点

　　C.找指定结点的兄弟结点　　　　　　　　D.判断某结点是不是叶子结点

2. 用孩子链存储结构表示树,其优点之一是(　　)比较方便。

　　A.判断两个指定结点是不是兄弟　　　　　B.找指定结点的双亲

　　C.判断指定结点在第几层　　　　　　　　D.计算指定结点的度数

3. 如果用孩子兄弟链来表示一棵具有 $n(n>1)$ 个结点的树,则在该存储结构中(　　)。

　　A.至多有 $n-1$ 个非空的右指针域　　　　B.至少有两个空的右指针域

　　C.至少有两个非空的左指针域　　　　　　D.至多有 $n-1$ 个空的右指针域

4. 如果在树的孩子兄弟链存储结构中有 6 个空的左指针域,7 个空的右指针域,5 个结点左右指针域都为空,则该树中叶子结点(　　)。

　　A.有 7 个　　　　　　　　　　　　　　B.有 6 个

　　C.有 5 个　　　　　　　　　　　　　　D.不能确定

真题实战

1. 现有一"遗传"关系:设 x 是 y 的父亲,则 x 可以把它的属性遗传给 y。表示该遗传关系最适合的数据结构为(　　)。　　　　　　　　　　　　　　　　　【暨南大学 2018 年】

　　A.向量　　　　　　　B.图　　　　　　　C.树　　　　　　　D.二叉树

2. 对于含有 n 个结点的 m 次树,采用孩子链存储结构时,其中空指针域的个数是(　　)。

　　A.0　　　　　　　B. $n(m-1)+1$　　　　C. $m(n-1)+1$　　　　D. $nm+1$

3. 在下列存储形式中,(　　)不是树的直接存储形式。　　　　　　【南京邮电大学】

　　A.双亲表示法　　　　　　　　　　　　　B.三重链表表示法

　　C.孩子兄弟表示法　　　　　　　　　　　D.多重链表表示法

考点3　树的遍历

题组闯关

1. 关于树的遍历,以下说法正确的是(　　)。

　　A.树的先根遍历等价于对其转换后的二叉树进行先根遍历

　　B.树的中根遍历等价于对其转换后的二叉树进行中根遍历

　　C.树的后根遍历等价于对其转换后的二叉树进行后根遍历

　　D.树的按层序遍历等价于对其转换后的二叉树进行层序遍历

2. 树的基本遍历策略可分为先序遍历和后序遍历。二叉树的基本遍历策略可分为先序遍历、中序遍历和后序遍历。这里,我们把由树转化得到的二叉树叫做这棵树对应的二叉树。则以下结论中正确的是(　　)。

A.树的先序遍历序列与其对应的二叉树的先序遍历序列相同

B.树的后序遍历序列与其对应的二叉树的后序遍历序列相同

C.树的先序遍历序列与其对应的二叉树的中序遍历序列相同

D.以上都不对

1. 已知某二叉树的后序遍历序列是 adceb,中序遍历序列是 aecdb,则它的前序遍历序列(　　)。

　　A.beacd　　　　　　　　B.decab　　　　　　　　C.deabc　　　　　　　　D.becda

2. 将一棵树 T1 转化为对应的二叉树 T2,则 T1 后序遍历序列是 T2 的(　　)序列。

【四川大学 2018 年】

　　A.前序遍历　　　　　　B.中序遍历　　　　　　C.后序遍历　　　　　　D.层次遍历

§4.2　二叉树

考点1　二叉树的基本概念

1. 对于有 n 个结点的二叉树,其高度为(　　)。

　　A.$n\log n$　　　　　　　　B.$\log n$　　　　　　　　C.$\lfloor \log n \rfloor +1$　　　　　　　D.不确定

2. 如果有 N 个结点用二叉树结构来存储,那么二叉树的最小深度是(　　)。

　　A.以 2 为底 $N+1$ 的对数,向下取整　　　　　B.以 2 为底 N 的对数,向上取整

　　C.以 2 为底 $2N$ 的对数,向下取整　　　　　　D.以 2 为底 $2N+1$ 的对数,向上取整

3. 高度为 4 的二叉树至多有(　　)个结点。

　　A.8　　　　　　　　B.10　　　　　　　　C.15　　　　　　　　D.16

4. 下列关于二叉树的说法中,不正确的是(　　)。

　　A.二叉树的子树有左右之分,其次序不能任意颠倒

　　B.二叉树的结点个数可以为 0

　　C.二叉树只能采用链式存储结构

　　D.二叉树可以用树的存储结构来存储

5. 以下说法中,正确的是(　　)。

　　A.度为 2 的有序树就是二叉树

　　B.对完全二叉树来说,除叶子之外的每个结点的度数都为 2

　　C.在完全二叉树中,若一个结点没有左孩子,则它必为叶结点

D.对于任意一棵非空二叉排序树,若删除某结点后又将其插入,则所得二叉排序树与删除前二叉排序树相同

6. 具有 11 个叶子结点的二叉树中有( )个度为 2 的结点。

A.10　　　　　　B.11　　　　　　C.12　　　　　　D.22

7. 若一个二叉树的结点个数为 48,则它的最小高度为( )。

A.3　　　　　　B.4　　　　　　C.5　　　　　　D.6

8. 对于一棵高度为 8 且只有度为 0 和度为 2 的结点的二叉树,它所包含的结点数至少为( )。

A.8　　　　　　B.10　　　　　　C.15　　　　　　D.16

9. 若一棵二叉树有 125 个结点,在第 7 层(根结点在第一层)至多有( )个结点。

A.32　　　　　　B.33　　　　　　C.62　　　　　　D.64

真题实战

1. 一棵包含 101 个结点的二叉树,度为 1 的结点数量为 30,则叶子结点的数量为( )。

【北京工业大学 2018 年】

A.16　　　　　　B.26　　　　　　C.36　　　　　　D.46

2. 在一棵二叉树中,度为 2 的结点有 15 个,度为 1 的结点有 2 个,则度为 0 的结点数为( )。

【广东工业大学 2017 年】

A.13　　　　　　B.15　　　　　　C.16　　　　　　D.17

3. 下列给定的关键字输入序列中,不能生成如下二叉排序树序列的是( )。

【全国统考 2020 年】

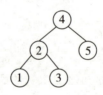

A.4,5,2,1,3　　　　　　　　　　B.4,5,1,2,3

C.4,2,5,3,1　　　　　　　　　　D.4,2,1,3,5

4. 一棵二叉树具有 10 个度为 2 的结点,5 个度为 1 的结点,则度为 0 的结点个数是( )。

【湖南师范大学 2017 年】

A.9　　　　　　B.11　　　　　　C.15　　　　　　D.不确定

考点 2　特殊的二叉树

题组闯关

1. 用一维数组来存储满二叉树,若数组下标从 0 开始,则元素下标为 $k(k>0)$ 的父结点下标是( )。

A.$2k+1$　　　　B.$2k+2$　　　　C.$\lfloor (k-1)/2 \rfloor$　　　　D.$\lceil k/2 \rceil$

2. 下面二叉树中一定是完全二叉树的是( )。

A.平衡二叉树　　　　　　B.满二叉树　　　　　　C.单枝二叉树　　　　　D.二叉排序树

3. 一棵完全二叉树共 626 个结点,则叶子结点的数目为(　　　)。

　　A.311　　　　　　　　B.312　　　　　　　　C.313　　　　　　　　D.314

4. 完全二叉树肯定是(　　　)。

　　A.平衡二叉树　　　　　B.二叉排序树　　　　　C.满二叉树　　　　　D.以上三项都不对

5. 已知一棵完全二叉树的第 5 层(设根为第 1 层)有 8 个叶结点,则完全二叉树的结点个数最少为
(　　　)。

　　A.23　　　　　　　　　B.32　　　　　　　　　C.33　　　　　　　　D.40

6. 高度为 5 的完全二叉树最少有(　　　)个结点。

　　A.10　　　　　　　　　B.14　　　　　　　　　C.16　　　　　　　　D.32

7. 若一棵完全二叉树有 668 个结点,则该二叉树中叶结点的个数是(　　　)。

　　A.156　　　　　　　　B.256　　　　　　　　C.334　　　　　　　　D.384

8. 对于一棵高度为 h 的完全二叉树,最多有(　　　)个结点。

　　A.2^{h-1}　　　　　　　B.2^h　　　　　　　C.2^{h+1}　　　　　　D.2^h-1

9. 对于一棵有 123 个叶子结点的完全二叉树,最多有(　　　)个结点。

　　A.246　　　　　　　　B.247　　　　　　　　C.248　　　　　　　　D.256

10. 若森林 F 用"孩子-兄弟"表示法,其对应的二叉树是有 16 个结点的完全二叉树,则森林 F 中树
的数目和最大树的结点个数分别是(　　　)。

　　A.2 和 8　　　　　　　B.2 和 9　　　　　　　C.4 和 8　　　　　　D.4 和 9

真题实战

1. 有 $n(n>0)$ 个分支结点的满二叉树的深度是(　　　)。

　　A.n^2-1　　　　　　B.$\log_2(n+1)+1$　　　　C.$\log_2(n+1)$　　　D.$\log_2(n-1)$

2. 满二叉树的所有中间结点都有两个孩子结点。一个有 500 个叶子结点的满二叉树有(　　　)个
中间结点。　　　　　　　　　　　　　　　　　　　　　　　　　　　【上海科技大学 2019 年】

　　A.250　　　　　　　　B.499　　　　　　　　C.500　　　　　　　　D.501

　　E.1000

3. 约定从根结点起,自上而下,自左而右,对满二叉树中的每个结点从 0 到 $n-1$ 连续编号,则编号
为 i 的结点,其双亲结点的编号为(　　　)。　　　　　　　　　　　【广东工业大学 2016 年】

　　A.$\lfloor (i-1)/2 \rfloor$　　　　B.$\lceil (i-1)/2 \rceil$　　　　C.$\lfloor i/2 \rfloor$　　　　D.$\lceil i/2 \rceil$

4. 已知一棵完全二叉树的第 6 层(设根为第 1 层)有 8 个叶结点,则完全二叉树的结点个数最多是
(　　　)。

　　A.39　　　　　　　　　B.52　　　　　　　　　C.111　　　　　　　　D.119

5. 在有 51 个结点的完全二叉树中,度为 1 的结点个数是(　　　)。

　　A.1　　　　　　　　　B.20　　　　　　　　　C.0　　　　　　　　　D.21

6. 将一棵有 100 个结点的完全二叉树从根这一层开始,每一层从左到右依次对结点进行编号,根
结点编号为 1,则编号为 49 的结点的左孩子的编号为(　　　)。

A.98   B.99   C.50   D.48

7. 已知二叉排序树如下图所示,元素之间应满足的大小关系是(　　)。 　　**【全国统考 2018 年】**

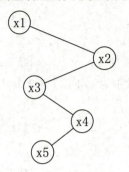

A.$x1<x2<x5$ B.$x1<x4<x5$

C.$x3<x5<x4$ D.$x4<x3<x5$

8. 已知一棵深度为 h 的平衡二叉树,其所有非叶结点的平衡因子均为 0,则该树共有结点(　　)个。

【天津理工大学 2018 年】

A.2^{h-1} B.2^{h+1} C.2^h-1 D.2^h+1

考点 3　二叉树的存储结构

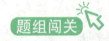

1. 下列叙述中,正确的是(　　)。

 A.用指针的方式存储一棵有 n 个结点的二叉树最少需要 $n+1$ 个指针

 B.不使用递归,也可以实现二叉树的前序、中序和后序遍历

 C.已知树的前序遍历并不能唯一确定一棵树,因为不知道树的根结点是哪一个

 D.任一棵树的平均查找时间都小于用顺序查找法查找同样结点的线性表的平均查找时间

2. 二叉树若用顺序方法存储,则下列 4 种运算中的(　　)最容易实现。

 A.先序遍历二叉树   B.判断两个指定结点是不是在同一层上

 C.层次遍历二叉树   D.根据结点的值查找其存储位置

3. 对于二叉树采用二叉链表存储,则含有 n 个结点的二叉链表中应含有(　　)个空链域。

 A.$n-1$ B.$n+1$ C.n D.$2n$

真题实战

1. 对于任意一棵高度为 5 且有 10 个结点的二叉树,若采用顺序存储结构保存,每个结点占 1 个存储单元(仅存放结点的数据信息),则存放该二叉树需要的存储单元数至少是(　　)。

【全国统考 2020 年】

A.31   B.16   C.15   D.10

2. 若使用二叉链表作为树的存储结构,在有 n 个结点的二叉链表中空的链域的个数为(　　)。

 A.$n-1$ B.$2n-1$ C.$n+1$ D.$2n+1$

3. 一棵度为 5、结点个数为 n 的树采用孩子链存储结构时,其中空指针域的个数是(　　)。

【四川大学 2017 年】

　　A.5n　　　　　　B.4n+1　　　　　　C.4n　　　　　　D.4n-1

4. 用顺序存储的方法,将完全二叉树中所有结点按层逐个从左到右的顺序存放在一维数组
　$R[1..N\backslash]$ 中,若结点 $R[i]$ 有右孩子,则其右孩子是(　　)。　　【天津理工大学 2016 年】

　　A.$R[2i-1]$　　　　　B.$R[2i+1]$　　　　　C.$R[2i]$　　　　　D.$R[2/i]$

考点 4　二叉树的遍历

题组闯关

1. 给定二叉树下图所示。设 N 代表二叉树的根,L 代表根结点的左子树,R 代表根结点的右子树。
　若遍历后的结点序列是 3,1,7,5,6,2,4,则其遍历方式是(　　)。

　　A.LRN　　　　　　B.NRL　　　　　　C.RLN　　　　　　D.RNL

2. 已知一棵二叉树,其先序序列为 EFHIGKJ,中序序列为 HFIEJKG,则该二叉树根结点的右孩子为
　(　　)。

　　A.E　　　　　　B.J　　　　　　C.G　　　　　　D.H

3. 某二叉树的前序序列和后序序列正好相反,则该二叉树一定是(　　)的二叉树。

　　A.空或只有一个结点　　　　　　　　B.高度等于其结点数

　　C.任一结点无左孩子　　　　　　　　D.任一结点无右孩子

4. 采用邻接表存储的图按深度优先搜索方法进行遍历的算法类似于二叉树的(　　)。

　　A.先序遍历　　　　B.中序遍历　　　　C.后序遍历　　　　D.层次遍历

5. 在二叉树的前序遍历和后序遍历中,所有叶子结点的先后顺序(　　)。

　　A.都不相同　　　B.完全相同　　　C.无法确定　　　D.视情况而定

6. 某二叉树的前序遍历序列是 ABCDEFG,中序遍历序列是 CBDAFGE,则其后序遍历序列是
　(　　)。

　　A.CDBGFEA　　　　B.CBDGFEA　　　　C.CDBGEFA　　　　D.CBDGEFA

7. 若二叉树的前序序列和后序序列正好相反,则该二叉树一定(　　)。

　　A.所有结点均无左孩子　　　　　　　B.只有一个叶结点

　　C.任一结点无左孩子　　　　　　　　D.空或只有一个结点

8. 下列关于二叉树的说法中,正确的是(　　)。

　　A.二叉树的递归遍历算法的时间复杂度是 $O(\log_2 n)$

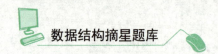

B.二叉树的中序非递归算法可以借助队列实现

C.二叉树的层次遍历算法需要借助栈实现

D.二叉树的递归遍历算法的空间复杂度最坏是 $O(n)$

9. 前序序列为 123,后序序列为 321 的二叉树共有( )个。

A.1　　　　　　B.2　　　　　　C.3　　　　　　D.4

10. 若二叉树的层次遍历序列为 ABCDE,中序序列为 DBEAC,则该二叉树的先序序列为( )。

A.ABDCE　　　　B.ABDEC　　　　C.ACBDE　　　　D.ACEBD

真题实战

1.【多选】一棵二叉树的前序遍历序列为 ABCDEFG,它的中序遍历序列可能是( )。

A.CABDEFG　　　B.ABCDEFG　　　C.DACEFBG　　　D.ADCFEGB

2. 若结点 p 与 q 在二叉树 T 的中序遍历序列中相邻,且 p 在 q 之前,则下列 p 与 q 的关系中,不可能的是( )。　　　　　　　　　　　　　　　　　　【全国统考 2022 年】

Ⅰ.q 是 p 的双亲　　　　　　　　　　　Ⅱ.q 是 p 的右孩子

Ⅲ.q 是 p 的右兄弟　　　　　　　　　　Ⅳ.q 是 p 的双亲的双亲

A.仅Ⅰ　　　　　B.仅Ⅲ　　　　　C.仅Ⅱ、Ⅲ　　　　D.仅Ⅱ、Ⅳ

3. 任何一棵二叉树的叶子结点在中序和后序序列中的相对位置( )。【广东工业大学 2019 年】

A.不发生变化　　　B.发生变化　　　C.不能确定　　　D.以上都不对

4. 已知某完全二叉树采用顺序存储结构,结点数据信息的存放顺序依次为 ABCDEFGHI,该完全二叉树的中序遍历序列为( )。　　　　　　　　　　　　　【广东工业大学 2016 年】

A.HDIBEAFCG　　B.BDHIEAFCD　　C.HDIEFGBCA　　D.HDIEBAFGC

5. 二叉树的层次遍历需要借助( )来实现。　　　　　　　　【河北大学 2019 年】

A.栈　　　　　　B.顺序表　　　　　C.单链表　　　　　D.队列

考点5　线索二叉树

题组闯关

1. 线索二叉树是一种( )结构。

A.逻辑　　　　　B.逻辑和存储　　　C.物理　　　　　D.线性

2. 线索二叉树中某结点 M 没有右孩子的充要条件是( )。

A.M->rchild = NULL　　　　　　　　　B.M->rchild = 0

C.M->rtag = 0　　　　　　　　　　　　D.M->rtag = 1

3. 下列关于线索二叉树的说法中,正确的是( )。

A.引入线索二叉树的目的是加快查找结点的前驱或后继的速度

B.线索二叉树是一种逻辑结构

C.使用线索二叉树可以方便地插入和删除

D.使用线索二叉树可以方便地找到双亲

4.一棵左子树为空的二叉树在先序线索化后,其中空的链域个数是(　　)。

A.0　　　　　　　　B.1　　　　　　　　C.2　　　　　　　　D.不确定

5.若对如图所示的二叉树进行中序线索化,则结点 D 的前驱和后继线索分别指向(　　)。

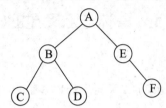

A.结点 B 和结点 A　　　　　　　　　　B.结点 C 和结点 B

C.结点 C 和结点 E　　　　　　　　　　D.结点 B 和结点 E

真题实战

1.在线索化二叉树中,结点 t 的右子树为空的充要条件是(　　)。　　【广东工业大学 2019 年】

　A.t->rchild == NULL　　　　　　　　B.t->rtag == 1

　C.t->rtag == 1&&t->rchild == NULL　　D.以上都不对

2.二叉树在线索化后,仍不能有效求解的问题是(　　)。　　【南京邮电大学 2016 年】

　A.先序线索二叉树中求先序后继　　　　B.中序线索二叉树中求中序后继

　C.中序线索二叉树中求中序前驱　　　　D.后序线索二叉树中求后序后继

3.引入二叉线索树的目的是(　　)。

　A.加快查找结点的前驱或后继的速度　　B.为了能在二叉树中方便地进行插入与删除

　C.为了能方便地找到双亲　　　　　　　D.使二叉树的遍历结果唯一

4.若 X 是后序中的叶结点,且 X 存在左兄弟结点 Y,则 X 的右线索指向的是(　　)。

　A.X 的父结点　　　　　　　　　　　　B.以 Y 为根的子树的最左下结点

　C.X 的左兄弟结点 Y　　　　　　　　　D.以 Y 为根的子树的最右下结点

5.下列符合先序线索二叉树的是(　　)。　　　　　　　　　　　【广东工业大学 2016 年】

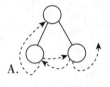

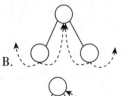

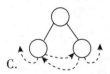

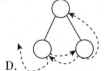

6.引入线索二叉树的目的不正确的是(　　)。

　A.为了能方便地找到结点的前驱　　　　B.为了能方便地找到结点的后继

　C.不使用递归就可进行遍历　　　　　　D.使二叉树的遍历结果唯一

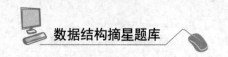

§4.3   森林

考点1   森林与二叉树的转换

1. 设 F 是一个森林，B 是由 F 变换得到的二叉树。若 F 中有 n 个非终端结点，则 B 中右指针域为空的结点有(   )个。

   A.$n-1$ B.n C.$n+1$ D.$n+2$

2. 将森林 F 转换为对应的二叉树 T，F 中叶结点的个数等于(   )。

   A.T 中叶结点的个数   B.T 中度为1的结点个数

   C.T 中左孩子指针为空的结点个数   D.T 中右孩子指针为空的结点个数

3. 设森林 F 中有 4 棵树，第1、2、3、4 棵树的结点个数分别为 n_1、n_2、n_3、n_4，当把森林 F 转换成一棵二叉树后，其根结点的右子树中有(   )个结点。

   A.n_1-1 B.$n_1+n_2+n_3$ C.$n_2+n_3+n_4$ D.n_1

4. 为便于存储和处理一般树结构形式的信息，常采用孩子兄弟表示法将其转换成二叉树(左孩子关系表示父子，右孩子关系表示兄弟)，与下图所示的树对应的二叉树是(   )。

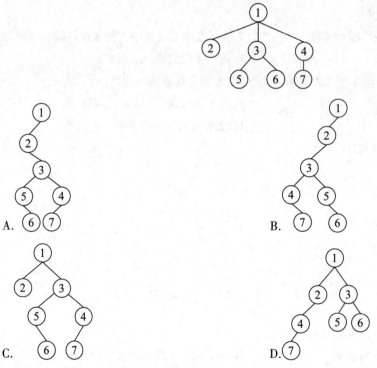

5. 设森林 F 对应的二叉树为 B，B 有 m 个结点，B 的根为 p，p 的右子树结点个数为 n，森林 F 中第一棵树的结点个数是(   )。

A.$m-n$

B.$m-n+1$

C.$n+1$

D.条件不足,无法确定

6. 若一个具有 N 个结点,K 条边的无向图是一个森林,则该森林中必有(　　)棵树。

A.K　　　　　　　　B.N　　　　　　　　C.$N-K$　　　　　　　　D.1

真题实战

1. 把一棵树转换为二叉树后,这棵二叉树的形态是(　　)。

A.唯一的

B.有多种,但根结点都没有左孩子

C.有多种

D.有多种,但根结点都没有右孩子

2. 已知森林 F 及与之对应的二叉树 T,若 F 的先序遍历序列是 a,b,c,d,e,f,中序遍历的序列是 b,a,d,f,e,c,则 T 的后序遍历序列是(　　)。　　　　　　　　　　　　　　【全国统考 2020 年】

A.b,a,d,f,e,c　　　　B.b,d,f,e,c,a　　　　C.b,f,e,d,c,a　　　　D.f,e,d,c,b,a

考点 2　森林的遍历

题组闯关

1. 关于森林的遍历,以下说法正确的是(　　)。

Ⅰ.森林的先根遍历等价于对其转换后的二叉树进行先根遍历

Ⅱ.森林的中根遍历等价于对其转换后的二叉树进行中根遍历

Ⅲ.森林的先根遍历等价于对森林中每一棵树进行先根遍历

Ⅳ.森林的中根遍历等价于对森林中每一棵树进行后根遍历

A.Ⅰ、Ⅱ、Ⅲ、Ⅳ　　　B.Ⅰ、Ⅱ　　　　　　C.Ⅲ、Ⅳ　　　　　　　D.Ⅰ、Ⅳ

真题实战

1. 有序森林先根遍历(先访问根结点,再递归访问所有子树)结果为 1,2,3,4,5,后根遍历(先访问所有子树,再访问根结点)结果为 2,1,4,5,3。两种遍历顺序中,具有相同父结点的多棵子树的访问次序按有序森林中的排序进行。则森林中第二棵树的根结点为(　　)。

A.2　　　　　　　　B.3　　　　　　　　C.4　　　　　　　　D.5

2. 对树进行先根遍历,相当于对树映射成的二叉树进行(　　)。

A.前序遍历　　　　　B.后序遍历　　　　　C.层次遍历　　　　　D.中序遍历

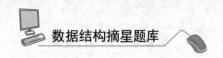

§4.4 树与二叉树的应用

考点1 哈夫曼树与哈夫曼编码

题组闯关

1. 若以{4,5,6,7,8}作为叶子结点的权值构造哈夫曼树,则其带权路径长度是( )。

   A.24   B.30   C.53   D.69

2. 由权值为 9、2、5、7 的四个叶子构造一棵哈夫曼树,该树的带权路径长度为( )。

   A.23   B.37   C.44   D.46

3. 已知一段文本有1382个字符,使用了1382个字节进行存储,这段文本全部是由 a、b、c、d、e 这 5 个字符组成,a 出现了 354 次,b 出现了 483 次,c 出现了 227 次,d 出现了 96 次,e 出现了 232 次,对这 5 个字符使用哈夫曼(Huffman)算法进行编码,则以下说法错误的是( )。

   A.使用哈夫曼算法编码后,用编码值来存储这段文本将花费最少的存储空间

   B.使用哈夫曼算法进行编码,a、b、c、d、e 这 5 个字符对应的编码值是唯一确定的

   C.使用哈夫曼算法进行编码,a、b、c、d、e 这 5 个字符对应的编码值可以有多套,但每个字符编码的位(bit)数是确定的

   D.b 这个字符的哈夫曼编码值位数应该最短,d 这个字符的哈夫曼编码值位数应该最长

4. 有 5 个字符,根据其使用频率设计对应的哈夫曼编码,( )是不可能的哈夫曼编码。

   A.000, 001, 010, 011, 1   B.0000, 0001, 001, 01, 1

   C.000, 001, 01, 10, 11   D.00, 100, 101, 110, 111

5. 对由 $n(n \geqslant 2)$ 个权值均不同的字符构成的哈夫曼树,关于该树的叙述中,错误的是( )。

   A.该树一定是一棵完全二叉树

   B.该树中一定没有度为 1 的结点

   C.树中两个权值最小的结点一定是兄弟结点

   D.树中任一非叶子结点的权值一定不小于下一层任一结点的权值

6. 下面关于哈夫曼树的说法,不正确的是( )。

   A.对应一组权值构造出的哈夫曼树一般不是唯一的

   B.哈夫曼树具有最小带权路径长度

   C.哈夫曼树中没有度为 1 的结点

   D.哈夫曼树中除了度为 1 的结点外,还有度为 2 的结点和叶结点

真题实战

1. 设某哈夫曼树中有 199 个结点,则该哈夫曼树中有( )个叶子结点。   **【四川大学 2016 年】**

   A.99   B.100   C.101   D.102

2. 在哈夫曼树中,其叶结点个数为 n,则非叶结点的个数为( )。

A.$n-1$ B.$n+1$ C.$2n-1$ D.$2n+1$

3. 下列选项给出的是从根分别到达两个叶结点路径上的权值序列,能属于同一棵哈夫曼树的是( )。

A.24, 10, 5 和 24, 10, 7 B.24, 10, 5 和 24, 12, 7

C.24, 10, 10 和 24, 14, 11 D.24, 10, 5 和 24, 14, 6

4. 下面几个编码集合中,不是前缀编码的是( )。　　　　　　　【南京邮电大学 2016 年】

A.{0, 10, 110, 1111} B.{11, 10, 001, 101, 0001}

C.{00, 010, 0110, 1000} D.{b, c, aa, ac, aba, abb, abc}

5. 对任意给定的含 n(n>2)个字符的有限集 S,用二叉树表示 S 的哈夫曼编码集和定长编码集,分别得到二叉树 T_1 和 T_2。下列叙述中,正确的是( )。　　　　【全国统考 2022 年】

A. T_1 与 T_2 的结点数相同

B. T_1 的高度大于 T_2 的高度

C.出现频次不同的字符在 T_1 中处于不同的层

D.出现频次不同的字符在 T_2 中处于相同的层

6. 若一棵度为 m 的哈夫曼有 n 个叶结点,则非叶结点的个数是( )。

A.$\lceil (n(m-1)+1)/m \rceil$ B.$\lceil (n-1)/m \rceil$

C.$\lceil (n-1)/(m-1) \rceil$ D.$\lceil n/(m-1) \rceil - 1$

7. 设给定 N 个不同权值的关键字,则其构造生成的哈夫曼树共有的结点数为( )。

A.$N-1$ B.$2N-1$ C.$2N$ D.$2N+1$

考点 2　并查集

题组闯关

1. 如图所示表示一个并查集集合 S,若执行 find(S,9),那么返回的结果应该是( )。

A.1 B.9 C.4 D.0

2. 若用树表示并查集,其中有 n 个结点,查找一个元素所属集合的算法的平均时间复杂度( )

A.$O(\log_2 n)$ B.$O(n)$

C.$O(n^2)$ D.$O(n\log_2(n))$

真题实战

1. 假设我们有一个包含 6 个元素、使用森林表示法的不相交集合(并查集)。其初始父亲数组为

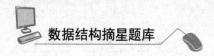

[0,1,2,3,4]，即每个元素属于一个不同的集合。当我们进行一系列按秩合并（或等价地，按高度合并）操作之后，下列哪一个可能是最终的父亲数组？　　　　　　　　　　　　【上海科技大学 2018 年】

A.[1,1,1,4,0]　　　　　B.[2,0,2,0,2]　　　　　C.[1,4,2,0,0]　　　　　D.[3,2,4,4,4]

§4.5　综合应用题

1. 对于一个包含正数、负数和零的数组 a[n]，要对其进行排序，保证负数排在正数之前，零排在中间。请设计一个算法，并分析时间复杂度。

2. 从上往下打印二叉树的每个结点，同一层的结点按照从左往右的顺序打印，其中二叉树结点的定义如下：

```
struct BinaryTreeNode{
    int value;
    BinaryTreeNode * pleft;
    BinaryTreeNode * pright;
}
```

3. 输入一棵二叉树和一个整数,打印出二叉树中结点值的和为输入整数的所有路径。路径定义为从树的根结点开始往下一直到叶结点所经过的结点。请设计一个算法实现。

4. 已知二叉树的存储结构为二叉链表,阅读下面算法:

```
typedef struct BinaryTreeNode{
    int value;
    BinaryTreeNode * pleft;
    BinaryTreeNode * pright;
};
typedef struct node{
    DataType data;
    struct node * next;
} ListNode;
typedef ListNode * LinkNode;
LinkNode Leafhead = NULL;
void Inorder(BinaryTreeNode T) {
    BinaryTreeNode s;
    if(T) {
        Inorder(T->pleft) ;
        if( (! T->pleft) &&(! T->pright) ) {
            s = (ListNode * ) malloc(sizeof(ListNode) ) ;
            s->data = T->data;
            s->next = Leafhead;
            Leafhead = s;
        }
        Inorder(T->pright) ;
    }
}
```

对于如下所示的二叉树:

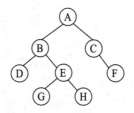

(1)画出执行上述算法后所建立的结构。

(2)说明该算法的功能。

5. 设计一个算法判断两个二叉树是否相同。

6. 下面程序段的功能是实现二叉排序树中插入一个新结点,请在下面划线处填上正确的内容。

```
typedef struct node{
    int data;
    Struct node * lchile, rchild;
} BinaryTree;

void BinTreeInsert(BinaryTree * t, int k) {
    if(! t) {
        _____ ;
        t->data = k;
        t->lchild = t->rchild = NULL;
    } else if(t->data > k)
        BinTreeInsert(t->lchild, k) ;
    else
        _____;
}
```

7. 试写一个判断给定二叉树是否为二叉排序树的算法,设此二叉树以二叉链表作为存储结构,且树中结点的关键字均不同。

8. 设计一个算法实现以链式存储结构统计二叉树中结点个数。

9. 设计一个算法计算二叉树中所有结点中数值之和,二叉树使用链式存储结构。

真题实战

1. 设计并编程实现链式存储结构上交换二叉树中所有结点左右子树的算法。

   (注:用 C/C++,Pascal 等编程语言书写)

2. 已知森林的先序次序为:A,B,C,D,E,F,G,H,I,J,K。中序次序为:B,E,F,C,D,A,G,I,K,J,H。

　(1)画出该森林;

　(2)利用孩子—兄弟法将其转化为二叉树;

　(3)将该二叉树中序线索化。 **【杭州电子科技大学 2018 年】**

3. 若任一个字符编码都不是其他字符编码的前缀,则称这种编码具有前缀特征性。现有某字符集(字符个数≥2)的不等长编码,每个字符的编码均为二进制 0,1 的序列,最长为 L 位,且具有前缀特性,请回答下列问题: **【全国统考 2020 年】**

　(1)哪种数据结构适宜保存上数据具有前缀特性的不等长编码?

　(2)基于你所设计的数据结构,简述从 0/1 串到字符串的译码过程。

　(3)简述判断某字符集的不等长编码是否具有前缀特征的过程。

4. 如果一棵非空 $k(k \geqslant 2)$ 叉树 T 中每个非叶结点都有 k 个孩子,则称 T 为正则 k 叉树。请回答下列问题并给出推导过程。 **【全国统考 2016 年】**

　(1)若 T 有 m 个非叶结点,则 T 中的叶结点有多少个?

　(2)若 T 的高度为 h(单结点的树 $h=1$),则 T 的结点数最多为多少个,最少为多少个?

第 5 章

图

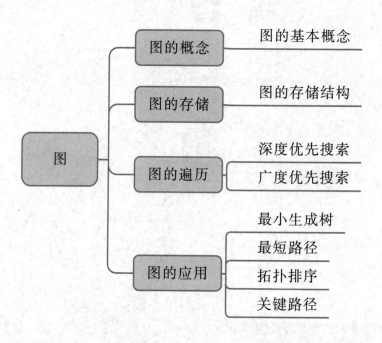

§5.1　图的概念

考点　图的基本概念

题组闯关

1. G 是一个非连通无向图,共有 28 条边,则该图至少有(　　)个顶点。
   A.6　　　　　　　　B.7　　　　　　　　C.8　　　　　　　　D.9

2. 下列有关图的定义,说法错误的是(　　)
   A.无向图的全部顶点之和不一定是边数的两倍
   B.如果一个图有 n 个顶点,并且有大于 $n-2$ 条的边数,则此图一定有环
   C.有向图的全部顶点入度与出度之和相等并且等于边数
   D.若从 u 到 v 根本不存在路径,则记该距离为无穷

3. 下列有关图的叙述,正确的是(　　)。
   A.图与树的区别在于图边数大于或等于顶点数
   B.假设有图 $G=\{V,\{E\}\}$,顶点集 V' 包含于 V,E' 包含于 E,则 V' 和 E' 构成 G 的子图
   C.无向图的连通分量指无向图的极大连通子图
   D.图的遍历就是从图的某一顶点出发访问图中其余顶点

4. 若无向图 $G=(V,E)$ 中含有 7 个顶点,要保证图 G 在任何情况下都是连通的,则需要的边数最少是(　　)。
   A.6　　　　　　　　B.15　　　　　　　　C.16　　　　　　　　D.21

5. 对于一个有 n 个顶点的图,如果是连通无向图,其边的个数至少为(　　);如果是强连通有向图,其边的个数至少为(　　)。
   A.$n-1$, n　　　　B.$n-1$, $n(n-1)$　　　　C.n, n　　　　D.n, $n-1$

6. 如果有 n 个顶点的图是一个环,则它有(　　)个生成树。
   A.n　　　　　　　　B.$n-2$　　　　　　　　C.$n-1$　　　　　　　　D.1

7. 在含有 6 个顶点和 5 条边的无向图邻接矩阵中,零元素个数为(　　)。
   A.5　　　　　　　　B.10　　　　　　　　C.31　　　　　　　　D.26

8. 下列哪一种方法可以判断出一个有向图是否有环(　　)。
   Ⅰ.深度优先搜索　　　　　　　　　　Ⅱ.拓扑排序
   Ⅲ.求最短路径　　　　　　　　　　　Ⅳ.求关键路径
   A.Ⅰ、Ⅱ　　　　B.Ⅰ、Ⅲ、Ⅳ　　　　C.Ⅰ、Ⅱ、Ⅲ　　　　D.Ⅰ、Ⅱ、Ⅲ、Ⅳ

9. 如果具有 60 个顶点的图是一个环,则它有(　　)棵生成树。
   A.3600　　　　　　　B.59　　　　　　　　C.60　　　　　　　　D.1

10. 含 n 个顶点的连通图中的任意一条简单路径,其长度不可能超过(　　)。

A.1　　　　　　　　B.$n/2$　　　　　　　C.$n-1$　　　　　　　D.n

真题实战

1. 已知无向图 G 含有 16 条边,其中度为 4 的顶点个数为 3,度为 3 的顶点个数为 4,其他顶点的度均小于 3。图 G 所含的顶点个数至少是(　　)。　　　　　　【全国统考 2017 年】

A.10　　　　　　　B.11　　　　　　　C.13　　　　　　　D.15

2. 判定图的任意两个顶点之间是否有边(或弧)相连,适用的存储结构是(　　)。

【北京工业大学 2018 年】

A.邻接矩阵　　　　　B.邻接表　　　　　C.十字链表　　　　　D.邻接多重表

3. 若邻接表中有奇数个表结点,则该图是(　　)。　　【杭州电子科技大学 2018 年】

A.连通图　　　　　　B.强连通图　　　　　C.无向图　　　　　D.有向图

4. 设用邻接矩阵 A 表示有向图 G 的存储结构,则有向图 G 中顶点 i 的入度为(　　)。

【暨南大学 2017 年】

A.第 i 行非 0 元素的个数之和

B.第 i 列非 0 元素的个数之和

C.第 i 行 0 元素的个数之和

D.第 i 列 0 元素的个数之和

5. 以下叙述中,不正确的是(　　)。　　　　　　【杭州电子科技大学 2018 年】

A.图和树的区别之一在于树的序偶对个数等于顶点数减一,而图的序偶对个数可大于顶点数

B.假设有图 $G=\{V,E\}$ 及 $G'=\{V',E'\}$,满足 $V'\subseteq V$ 且 $E'\subseteq E$,则 G' 是 G 的子图

C.无向图的连通分量指无向图中的极小连通子图

D.连通图的遍历一定能从图中某一顶点出发访遍图中全部顶点

6.在以下所示的有向图中,顶点 D 的入度和出度分别是(　　)。

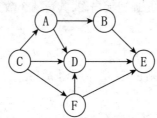

A.1　2　　　　　　　B.2　1　　　　　　　C.3　1　　　　　　　D.1　3

7.16 个顶点的无向连通图,其最少的边的数量是多少(　　)。　　【湖南师范大学 2018 年】

A.15　　　　　　　B.16　　　　　　　C.17　　　　　　　D.18

§5.2 图的存储

考点 图的存储结构

题组闯关

1. 带权连通图 $G=(V, E)$ ，其中 $V=\{v_1, v_2, v_3, v_4, v_5, v_6, v_7, v_8, v_9, v_{10}\}$ ，$E=\{(v_1, v_2)$ 5, (v_1, v_3) 6, (v_2, v_5) 3, (v_3, v_5) 6, (v_3, v_4) 3, (v_4, v_5) 3, (v_4, v_7) 1, (v_4, v_8) 4, (v_5, v_6) 4, (v_5, v_7) 2, (v_6, v_{10}) 4, (v_7, v_9) 5, (v_8, v_9) 2, (v_9, v_{10}) 2$\}$ （注：顶点偶对右边的数据为边上的权值），G 的关键路径是（   ）权值之和。

    A.19   B.20   C.21   D.22

2. 若要连通一个 m 个顶点的无向图，其边的个数至少为（   ），如果是有向图则边数至少为（   ）。

    A.$m-1$, m B.m, $m-1$ C.$m-1$, $m-1$ D.m, $m+1$

3. 对 n 个结点和 e 条边的无向图，用邻接矩阵存储它所用的内存空间为（   ）。

    A.$O(en)$ B.$O(e^2)$ C.$O(n^2)$ D.$O(en^2)$

4. 若用邻接矩阵储存有向图，矩阵中主对角线以下的元素均为零，则关于该图拓扑排序的结论是（   ）。

    A.存在，且唯一   B.存在，且不唯一

    C.存在，可能不唯一   D.无法确定是否存在

5. 在求解有向图的关键路径问题时，若该有向图用邻接矩阵表示且第 i 列值全为 ∞，则（   ）。

    A.如果关键路径存在，第 i 个顶点一定是起点

    B.如果关键路径存在，第 i 个顶点一定是终点

    C.关键路径不存在

    D.该有向图对应的无向图存在多个连通分量

6. 若用邻接矩阵表示一个有向图，则其中每一行包含的"1"的个数为（   ）。

    A.图中每个顶点的入度   B.图中每个顶点的出度

    C.图中弧的条数   D.图中连通分量的数目

7. 若图的邻接矩阵中主对角元素皆为 0，其余元素皆为 1，则可以断定该图一定（   ）。

    A.是无向图   B.是有向图   C.是完全图   D.不是带权图

8. 10 个顶点的无向图的邻接表最多有（   ）个边结点。

    A.100   B.90   C.110   D.45

9. 在含有 10 个顶点和 40 条边的无向图的邻接矩阵中，零元素的个数为（   ）。

    A.40   B.80   C.60   D.20

10. 对邻接表的叙述中，（   ）是正确的。

    A.无向图的邻接表中，第 i 个顶点的度为第 i 个链表中结点数的 2 倍

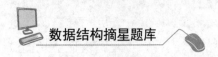

B.邻接表比邻接矩阵操作更简便

C.邻接矩阵比邻接表操作更简便

D.求有向图结点的度,必须遍历整个邻接表

11. 具有 n 个顶点、e 条边的无向图采用邻接表存储方法,该邻接表中一共有(   )个边结点。

  A.n B.$2n$ C.e D.$2e$

12. 对有向图 G 的某个顶点 v,求其所有的入边 (u,v),此操作在如下哪种描述方式下性能最好(   )。

  A.邻接矩阵   B.邻接压缩表   C.邻接链表   D.十字链表

真题实战

1. 无向图 G 中包含 $N(N>15)$ 个顶点,以邻接矩阵形式存储时共占用 N^2 个存储单元(其他辅助空间忽略不计);以邻接表形式存储时,每个表结点占用 3 个存储单元,每个头结点占用 2 个存储单元(其他辅助空间忽略不计)。若令图 G 的邻接矩阵存储所占空间小于邻接表存储所占空间,该图 G 所包含的边的数量至少是(   )。 【北京工业大学 2018 年】

  A.N^2-3N B.$(N^2-2N)/2$

  C.$(N^2-2N)/3$ D.$(N^2-2N)/6$

2. 下列关于图的存储的表述中,正确的是(   )。 【广东工业大学 2017 年】

  A.用邻接矩阵存储图时,占用的存储空间大小与图的结点个数有关,而与边数无关

  B.用邻接矩阵存储图时,占用的存储空间大小与图的边数有关,而与结点个数无关

  C.用邻接表存储图时,占用的存储空间大小与图的结点个数有关,而与边数无关

  D.用邻接表存储图时,占用的存储空间大小与图的边数有关,而与结点个数无关

3. 用邻接矩阵存储有 n 个顶点 $(0,1,\cdots,n-1)$ 和 e 条边的有向图 $(0 \leq e \leq n(n-1))$。判断结点 i 到结点 $j(0 \leq i,j \leq n-1)$ 存在边的时间复杂度是(   )。

  A.$O(1)$ B.$O(n)$ C.$O(e)$ D.$O(n+e)$

4. 对于一个有向图,若一个顶点的入度为 k_1、出度为 k_2,则对应逆邻接表中该顶点单链表中的结点数为(   )。

  A.k_2 B.k_1

  C.k_1-k_2 D.k_1+k_2

5. 在图的邻接表存储结构上,假设顶点数为 n,弧的个数为 $e(e>n)$,计算所有顶点入度的快速算法,时间复杂度为(   )。

  A.$O(n)$ B.$O(e)$ C.$O(n \times e)$ D.$O(\log(n \times e))$

6. 假设有 n 个顶点、e 条边的有向图用邻接表表示,删除与某个顶点 V 相关的所有边的算法的时间复杂度为(   )。

  A.$O(n)$ B.$O(e)$ C.$O(n+e)$ D.$O(ne)$

7. 若无向图 $G=(V,E)$ 的邻接多重表如下图所示,则 G 中顶点 b 与 d 的度分别是(   )。

【全国统考 2024 年】

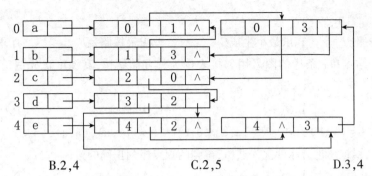

A.0,2   B.2,4   C.2,5   D.3,4

8. 若将 n 个顶点 e 条弧的有向图采用邻接表存储,则拓扑排序算法的时间复杂度是(　　)。

【全国统考 2016 年】

A.O(n)   B.O(n+e)   C.O(n2)   D.O(n×e)

9. 十字链表可用于表示(　　)。

A.索引表和稀疏矩阵   B.广义表和稀疏矩阵

C.广义表和有向图   D.稀疏矩阵和有向图

§5.3 图的遍历

考点 1 深度优先搜索

1. 如图所示,符合深度优先遍历的序列有(　　)个。

①aebfdc ②acfdeb ③aedfcb ④aefdbc ⑤aecfdb

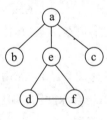

A.5   B.4   C.3   D.2

2. 已知一个有向图的邻接表存储结构如图所示。根据有向图的深度优先遍历算法,从顶点 1 出发,所得到的顶点序列是(　　)。

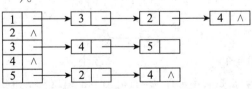

A.1、2、3、5、4   B.1、2、3、4、5   C.1、3、4、5、2   D.1、4、3、5、2

3. 当判断一个有向图是否有回路时,我们除了使用拓扑排序的方法,还可以使用下面哪一种方法

（   ）。

  A.深度优先遍历   B.求最小生成树   C.求最短路径   D.求关键路径

4. 若一个 n 个结点和 e 条边的图采用邻接表作为其存储结构,其深度优先遍历的时间复杂度为（   ）。

  A.$O(n^2)$ B.$O(e^2)$ C.$O(n+e)$ D.$O(e)$

5. 已知无向图 $G=(V,E)$,其中:$V=\{a,b,c,d,e,f\}$,$E=\{(a,b),(a,e),(a,c),(b,e),(c,f),(f,d),(e,d)\}$,对该图进行深度优先遍历,得到的顶点序列正确的是（   ）。

  A.a,b,e,c,d,f   B.a,c,f,e,b,d   C.a,e,b,c,f,d   D.a,e,d,f,c,b

真题实战

1. 设有向图 $G=(V,E)$,顶点集 $V=\{v_0,v_1,v_2,v_3\}$,边集 $E=\{<v_0,v_1>,<v_0,v_2>,<v_0,v_3>,<v_1,v_3>\}$。若从顶点 v_0 开始对图进行深度优先遍历,则可能得到的不同遍历序列个数是（   ）。

  A.2   B.3   C.4   D.5

2. 下列选项中,不是下图深度优先搜索序列的是（   ）。   【全国统考 2016 年】

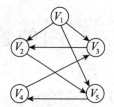

  A.V_1,V_5,V_4,V_3,V_2 B.V_1,V_3,V_2,V_5,V_4

  C.V_1,V_2,V_5,V_4,V_3 D.V_1,V_2,V_3,V_4,V_5

3. 无向图 $G=(V,E)$,$V=\{a,b,c,d,e,f\}$,$E=\{(a,b),(a,e),(a,c),(b,e),(c,f),(f,d),(e,d)\}$ 对该图进行深度优先遍历,得到的顶点序列正确的是（   ）。

  A.a,b,e,c,d,f   B.a,c,f,e,b,d   C.a,e,b,c,f,d   D.a,e,d,f,c,b

4. 在用邻接矩阵表示图时,当图中有 n 个顶点,e 条边时,对图进行深度优先搜索遍历的算法的时间复杂度为（   ）。

  A.$O(n^2)$ B.$O(e^2)$ C.$O(n\times e)$ D.$O(n+e)$

5. 设图如下所示,在下面的 5 个序列中,符合深度优先遍历的序列有（   ）。

  aebdfc   acfdeb   aedfcb   aefdcb   aefdbc

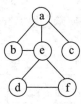

  A.5 个   B.4 个   C.3 个   D.2 个

6. 无向图 $G(V,E)$,其中 $V=\{a,b,c,d,e,f\}$,$E=\{(a,b),(a,e),(a,c),(b,e),(c,f),(f,d),(e,d)\}$。对该图进行深度优先遍历,下面不能得到的序列是（   ）。   【杭州电子科技大学 2016 年】

  A.acfdeb   B.aebdfc   C.aedfcb   D.abecdf

考点 2 广度优先搜索

题组闯关

1. 【多选题】下列关于 BFS 算法说法正确的是(　　)。

   A.当各边权值相等时,广度优先算法可以解决单源路径最短问题

   B.当各边权值不相等时,广度优先算法可以解决单源路径最短问题

   C.广度优先算法类似于树中的后序遍历算法

   D.实现图的广度优先算法时,使用的数据结构是队列

2. 【多选题】用邻接表储存的图的深度优先遍历算法类似于树的(　　),而其广度优先算法类似于树的(　　)。

   A.中序遍历　　　　　　B.先序遍历　　　　　　C.后序遍历　　　　　　D.层次遍历

3. 图的遍历算法 BFS 中用到辅助队列,每个顶点最多进队(　　)次。

   A.1　　　　　　　　　B.2　　　　　　　　　C.3　　　　　　　　　D.不确定

4. 下面(　　)算法可用于求无向图的所有连通分量。

   A.广度优先遍历　　　B.拓扑排序　　　　　C.求最短路径　　　　　D.求关键路径

5. 对如图所示的无向图,从顶点 1 开始进行广度优先遍历,可得到顶点访问序列是(　　)。

一个无向图

   A.1 3 2 4 5 6 7　　　　B.1 2 4 3 5 6 7　　　　C.1 2 3 4 5 7 6　　　　D.2 5 1 4 7 3 6

真题实战

1. 如图所示,若从顶点 V_1 出发按广度优先搜索法进行遍历,可能得到的一种顶点序列是(　　)。

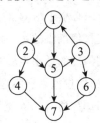

   A.$V_1, V_2, V_5, V_3, V_6, V_7, V_4$　　　　　　　　B.$V_1, V_5, V_2, V_4, V_3, V_7, V_6$

   C.$V_1, V_2, V_5, V_4, V_3, V_7, V_6$　　　　　　　　D.$V_1, V_5, V_2, V_3, V_7, V_6, V_4$

2. 当各边上的权值(　　)时,BFS 算法可用来解决单源最短路径问题。　　　　【四川大学 2018 年】

   A.均相等　　　　　　　　　　　　　　B.均不相等

   C.较小　　　　　　　　　　　　　　　D.以上都不对

3. 以下关于广度优先遍历算法的叙述中正确的是(　　)。　　　　【四川大学 2016 年】

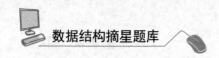

A.广度优先遍历算法不适合有向图

B.对任何有向图调用一次广度优先遍历算法便可访问所有的顶点

C.对一个强连通图调用一次广度优先遍历算法便可访问所有的顶点

D.对任何非强连通图都需要多次调用广度优先遍历算法才可访问所有的顶点

4. 设某无向图 $G=\{V, E\}$，其中 $V=\{a, b, c, d, e, f\}$，$E=\{(a, b), (a, c), (a, e), (b, e), (e, d), (e, f), (d, f)\}$，则对该图进行广度优先遍历得到的遍历序列正确的是(   )。

A.a b c e d f   B.a b e d f c   C.a c f d e b   D.a e d b f c

§5.4　图的应用

考点1　最小生成树

1. 用 Prim 算法和 Kruskal 算法分别构造最小生成树,所得到的最小生成树(   )。

A.相同   B.不相同

C.可能相同也可能不同   D.无法比较

2. 在一棵无向加权连通图中,若有权值相同的边,则该图的最小生成树(   )。

A.只有一棵   B.有一棵或多棵

C.一定有多棵   D.可能不存在

3. 带权连通图 $G=(V, E)$，其中 $V=\{v_1, v_2, v_3, v_4, v_5\}$，$E=\{(v_1, v_2)7, (v_1, v_3)6, (v_1, v_4)9, (v_2, v_3)8, (v_2, v_4)4, (v_2, v_5)4, (v_3, v_4)6, (v_4, v_5)2\}$（注:顶点偶对右下角的数据为边上的权值）,$G$ 的最小生成树的权值之和为(   )。

A.16   B.17   C.18   D.19

4. 下列说法正确的是(   )。

A.图 G 的一棵最小代价生成树的代价未必小于图 G 的其他任何一棵生成树的代价

B.一个图的最小生成树可能不唯一,但权值最小的边一定会出现在所有的解中

C.若连通图上各边的权值均不相同,则该图的最小生成树是唯一的

D.一个带权的无向连通图的最小生成树的权值之和不是唯一的

5. 对于含有 n 个顶点和 e 条边的无向连通图,利用 Prim 算法和 Kruskal 算法产生最小生成树,其时间复杂度为(   )。

A.$O(n^2)$ 和 $O(n \times e)$ B.$O(n \times e)$ 和 $O(n \times \log_2 n)$

C.$O(n \times e)$ 和 $O(e \log_2 e)$ D.$O(n^2)$ 和 $O(e \log_2 e)$

6. 对该无向图从顶点 A 开始求最小生成树,用 Prim 算法产生的边和用 Kruskal 算法产生的边顺序相同的个数为(   )。

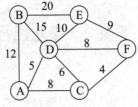

A.1　　　　　　　B.2　　　　　　　C.3　　　　　　　D.0

7. 在图采用邻接表存储时,求最小生成树的 Prim 算法的时间复杂度为(　　)。

A.$O(n)$　　　　　　　B.$O(n+e)$　　　　　　　C.$O(n^2)$　　　　　　　D.$O(n^3)$

真题实战

1. 求下面带权图的最小(代价)生成树时,可能是克鲁斯卡(Kruskal)算法第 2 次选中但不是普里姆 (Prim)算法(从 V_4 开始)第 2 次选中的边是(　　)。

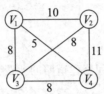

A.(V_1, V_3)　　　　　B.(V_1, V_4)　　　　　C.(V_2, V_3)　　　　　D.(V_3, V_4)

2. 在一个带权图 G 中权值最小的边一定包含在 G 的(　　)。

A.深度优先生成树中　　　　　　　　　　B.某棵最小生成树中

C.广度优先生成树中　　　　　　　　　　D.任一最小生成树中

3. 对某个带权连通图构造最小生成树,以下说法正确的是(　　)。　　　　　【四川大学 2016 年】

Ⅰ. 该图的所有最小生成树的总代价一定是唯一的

Ⅱ. 该图所有权值最小的边一定都会出现在所有的最小生成树中

Ⅲ. 用普里姆(Prim)算法从不同顶点开始构造的所有最小生成树一定相同

Ⅳ. 使用普里姆算法和克鲁斯卡尔(Kruskal)算法得到的最小生成树总不相同

A.仅 Ⅰ　　　　　　　　　　　　　　　B.仅 Ⅱ

C.仅 Ⅰ、Ⅲ　　　　　　　　　　　　　D.仅 Ⅱ、Ⅳ

4. 若有一带权无向图,图的结点数为 n,边数为 e(假设边已经按照其权值从小到大顺序排列存储),则利用 Kruskal 算法对该图构造一棵最小生成树的时间复杂度为(　　)。

A.$O(n^2)$　　　　　　　　　　　　　B.$O(n\log_2(n))$

C.$O(e^2)$　　　　　　　　　　　　　D.$O(e\log_2(e))$

5. 已知无向连通图 G 中各边的权值均为 1,下列算法中,一定能够求出图 G 中从某顶点到其余各顶点最短路径的是(　　)。　　　　　【全国统考 2023 年】

Ⅰ.普里姆(Prim)算法

Ⅱ.克鲁斯卡尔(Kruskal)算法

Ⅲ.图的广度优先搜索算法

A.仅 Ⅰ　　　　　　　　B.仅 Ⅲ　　　　　　　　C.Ⅰ、Ⅱ　　　　　　　　D.Ⅰ、Ⅱ、Ⅲ

考点2 最短路径

题组闯关

1. 在下列算法中,求图中一个结点到其他结点的最短路径算法是( )。

    A.Dijkstra 算法   B.KMP 算法

    C.Kruskal 算法   D.DFS 算法

2. 求单源最短路径的 Dijkstra 算法,对于稠密图,采用( )保存候选最短路径耗费,性能最好。

    A.无序线性表   B.有序线性表

    C.最小堆   D.二叉搜索树

3. 求最短路径的 Floyd 算法的时间复杂度为( )。

    A.$O(n)$ B.$O(n+e)$ C.$O(n^2)$ D.$O(n^3)$

真题实战

1. 已知 7 个城市(分别编号为 0~6)之间修建道路的耗费分别为:0-1:22,0-2:9,0-3:10,1-3:15, 1-4:7,1-6:12,2-3:4,2-5:3,3-5:5,3-6:23,4-6:20,5-6:32,要修建路网让每两个城市之间都 可以互通(直达或经过其他城市),最小的耗费是( )。

    A.50   B.55   C.35   D.38

2. 已知带权图 G 如图所示,若采用迪杰斯特拉算法求源点 a 到其他顶点的最短路径,则得到的第 一条最短路径的目标顶点是( )。

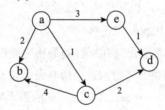

    A.顶点 b   B.顶点 c   C.顶点 d   D.顶点 e

3. 迪杰斯特拉(Dijkstra)算法的基本思想是( )。

    A.按路径长度递减的次序产生最短路径   B.按路径长度递增的次序产生最短路径

    C.按广度优先遍历的次序产生最短路径   D.按深度优先遍历的次序产生最短路径

4. 求解单源点最短路径的 Dijkstra 算法和所有顶点对最短路径的 Floyd-Warshall 算法分别使用了设 计算法的( )和( )技术。   【四川大学 2016 年】

    A.贪心、动态规则   B.动态规则、贪心

    C.贪心、贪心   D.动态规划、动态规划

5. 使用 Dijkstra 算法求下图中顶点 1 到其余各顶点的最短路径,将当前找到的从顶点 1 到顶点 2、 3、4、5 的最短路径长度保存在数组 dist 中,求出第二条最短路径后,dist 中的内容更新为( )。

                                                      【全国统考 2021 年】

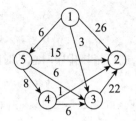

A.26,3,14,6   B.25,3,14,6   C.21,3,14,6   D.15,3,14,6

6. 下面说法错误的是(   )。   【河南大学 2016 年】

　　Ⅰ.求从指定源点到其余各顶点的 Dijkstra 最短路径算法中弧上权不能为负的原因是在实际应用中无意义;

　　Ⅱ.利用 Dijkstra 求每一对不同结点之间的最短路径的算法时间是 $O(n^3)$;(图用邻接矩阵表示)

　　Ⅲ. Floyd 求每对不同结点对的算法中允许弧上的权为负,但不能有权和为负的回路。

　　A.Ⅰ、Ⅱ、Ⅲ   B.Ⅰ   C.Ⅰ、Ⅲ   D.Ⅱ、Ⅲ

7. 对于以下说法,错误的是(   )。

　　A.Dijkstra 算法用于求解图中两点间最短路径,其时间复杂度 $O(n^2)$

　　B.Floyd-Warshall 算法用于求解图中所有点对之间最短路径,其时间复杂度为 $O(n^3)$

　　C.找出 n 个数字的中位数至少需要 $O(n\log n)$ 的时间

　　D.基于比较的排序问题的时间复杂度下界是 $O(n\log n)$

考点3　拓扑排序

题组闯关

1. 下列关于图的拓扑排序的描述正确的是(   )。

　　Ⅰ.任何无环的有向图,其顶点都可以排在一个拓扑序列中。

　　Ⅱ.若 n 个顶点的有向图有唯一的拓扑序列,则其边数必为 $n-1$。

　　Ⅲ.在一个有向图的拓扑序列中,若顶点 a 在顶点 b 之前,则图中必有一条边<a,b>。

　　A.仅Ⅰ   B.仅Ⅰ、Ⅲ   C.仅Ⅱ、Ⅲ   D.Ⅰ、Ⅱ和Ⅲ

2. 若一个有向图具有拓扑排序序列,那么它的邻接矩阵必定是(   )。

　　A.对称矩阵   B.稀疏矩阵   C.三角矩阵   D.一般矩阵

3. 对如图 D.4 所示的图进行拓扑排序,可以得到不同的拓扑序列个数是(   )。

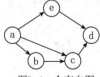

图D.4一个有向图

　　A.4   B.3   C.2   D.1

4. 已知带权图 G = (V,E),其中 V = {$v_1, v_2, v_3, v_4, v_5, v_6$},E = {<$v_1, v_2$>,<$v_1, v_4$>,<$v_2, v_6$>,<$v_3, v_1$>,<$v_3, v_4$>,<$v_4, v_5$>,<$v_5, v_2$>,<$v_5, v_6$>},G 的拓扑序列是(   )。

A.v_3,v_1,v_4,v_5,v_2,v_6 　　　　　　　　　　　　B.v_3,v_4,v_1,v_5,v_2,v_6

C.v_1,v_3,v_4,v_5,v_2,v_6 　　　　　　　　　　　　D.v_1,v_4,v_3,v_5,v_2,v_6

5. 设某有向图中有 n 个顶点, e 条边,进行拓扑排序时总的时间复杂度为( )。

　　A.$O(n\log e)$ 　　　　B.$O(n+e)$ 　　　　　　C.$O(e\times n)$ 　　　　　　D.$O(e\log n)$

6. 设有向无环图 G 中的有向边集合 E = {<1,2>,<2,3>,<3,4>,<1,4>},则下列属于该有向图 G 的一种拓扑排序序列的是( )。

　　A.1,2,3,4 　　　　　　B.2,3,4,1 　　　　　　　C.1,4,2,3 　　　　　　　D.1,2,4,3

真题实战

1. 已知有向图 G = (V,E),其中 V = {$V_1,V_2,V_3,V_4,V_5,V_6,V_7$}, E = {<$V_1,V_2$>,<$V_1,V_3$>,<$V_1,V_4$>, <$V_2,V_5$>,<$V_3,V_5$>,<$V_3,V_6$>,<$V_4,V_6$>,<$V_5,V_7$>,<$V_6,V_7$>},G 的拓扑序列是( )。

【天津理工大学 2018 年】

A.$V_1,V_3,V_2,V_6,V_4,V_5,V_7$ 　　　　　　　B.$V_1,V_3,V_4,V_6,V_2,V_5,V_7$

C.$V_1,V_3,V_4,V_5,V_2,V_6,V_7$ 　　　　　　　D.$V_1,V_2,V_5,V_3,V_4,V_6,V_7$

2. 在有向图 G 的拓扑序列中,若顶点 V_i 在顶点 V_j 之前,则下列情况不可能出现的是( )。

【山东师范大学 2017 年】

　　A.G 中有弧<V_i,V_j> 　　　　　　　　　B.G 中有一条从 V_i 到 V_j 的路径

　　C.G 中没有弧<V_i,V_j> 　　　　　　　　D.G 中有一条从 V_j 到 V_i 的路径

3. 设有向无环图 G = {V,E} 中,顶点集合 V = {1,2,3,4};有向边集合 E = {<1,4>,<2,3>,<3,4>,<3,1>},则下列属于该有向图 G 的一种拓扑排序序列的是( )。【内蒙古科技大学 2022 年】

　　A.1,2,3,4 　　　　　　B.2,3,4,1 　　　　　　　C.1,4,2,3 　　　　　　　D.2,3,1,4

4. 以下哪种方法最适合用来判断一个有向图中是否含有回路?( )

　　A.深度优先遍历 　　　B.拓扑排序 　　　　　　C.Dijkstra 算法 　　　　　D.Kruskal 算法

5. 设有向无环图 G 中的有向边集合 E = {<1,2>,<2,3>,<3,4>,<1,3>},则下列属于该有向图 G 的一种拓扑排序序列的是( )。　　　　　　　　　　　　　　　【河北大学 2016 年】

　　A.1,2,3,4 　　　　　　B.2,3,4,1 　　　　　　　C.1,4,2,3 　　　　　　　D.1,2,4,3

6. 若将 n 个顶点 e 条弧的有向图采用邻接表存储,则拓扑排序算法的时间复杂度是( )。

【全国统考 2016 年】

　　A.$O(n)$ 　　　　　　B.$O(n+e)$ 　　　　　C.$O(n^2)$ 　　　　　　　D.$O(n\times e)$

7. 给定如下有向图,该图的拓扑有序序列的个数是( )。　　　　　　【全国统考 2021】

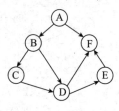

　　A.1 　　　　　　　　　B.2 　　　　　　　　　C.3 　　　　　　　　　D.4

考点 4 关键路径

题组闯关

1. 在求解有向图的关键路径问题时,若该有向图用邻接矩阵表示且第 i 列值全为∞,则(　　)。

　A.如果关键路径存在,第 i 个顶点一定是起点

　B.如果关键路径存在,第 i 个顶点一定是终点

　C.关键路径不存在

　D.该有向图对应的无向图存在多个连通分量

2. 带权连通图 G = (V,E),其中 V = $\{v_1, v_2, v_3, v_4, v_5, v_6, v_7, v_8, v_9, v_{10}\}$,E = $\{(v_1, v_2)5, (v_1, v_3)6,$
$(v_2, v_5)3, (v_3, v_5)6, (v_3, v_4)3, (v_4, v_5)3, (v_4, v_7)1, (v_4, v_8)4, (v_5, v_6)4, (v_5, v_7)2, (v_6, v_{10})4,$
$(v_7, v_9)5, (v_8, v_9)2, (v_9, v_{10})2\}$(注:顶点偶对右边的数据为边上的权值),G 的关键路径的是
(　　)权值之和。

　A.19　　　　　　　　B.20　　　　　　　　C.21　　　　　　　　D.22

真题实战

1. 下列 AOE 网表示一项包含 8 个活动的工程。通过同时加快若干活动的进度可以缩短整个工程
的工期。下列选项中,加快其进度就可以缩短工程工期的是(　　)。

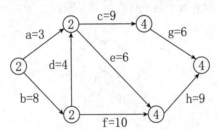

　A.c 和 e　　　　　　　B.d 和 e　　　　　　　C.f 和 d　　　　　　　D.f 和 h

2. 以下关于关键路径的叙述正确的是(　　)。　　　　　　　　　　　　　　【北京化工大学 2016 年】

　A.有向无环 AOV 网上起点到终点的最短路径是关键路径

　B.关键路径是有向无环 AOE 网上起点到终点的最短路径

　C.有向无环 AOV 网上起点到终点的最长路径是关键路径

　D.关键路径是有向无环 AOE 网上起点到终点的最长路径

3. 关键路径是 AOV 网中(　　)。　　　　　　　　　　　　　　　　　　【太原科技大学 2018 年】

　A.从始点到终点的最短路径

　B.从始点到终点的最长路径

　C.从始点到终点边数最多的路径

　D.从始点到终点边数最少的路径

4. 计算关键路径的主要步骤包括:①计算各条弧的 e 和 l;②计算各顶点的 e;③计算各顶点的 l;
④计算各顶点的入度;计算顺序为(　　)。　　　　　　　　　　　　　　　　　【北京化工大学】

　A.①④②③　　　　　　B.④②③①　　　　　　C.④③②①　　　　　　D.③②①④

§5.5　综合应用题

1. 使用 Dijkstra 算法求下图中从顶点 1 到其他各顶点的最短路径。

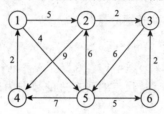

2. 画出下图使用普利姆算法构造最小生成树的解题过程。

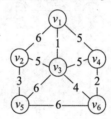

3. 画出下图的拓扑排序过程。

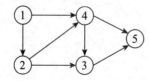

4. 画出下图使用克鲁斯卡尔算法构造最小生成树的解题过程。

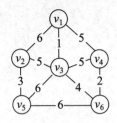

5. 请用十字链表表示下图存储结构。

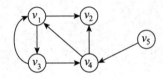

6. 下面是图的广度优先遍历算法,请在空缺处填入正确的语句。假定队列的运算已知:InitQueue
   (q),EnQueue(q, v),DelQueue(q),Empty(q)分别是队列的初始化、入队、出队、判断队列是否为空
   的运算,图的存储结构用邻接表。

```
void BFS( vexnode Adjlist[ n] , int  v) {
    InitQueue(q) ;
    visit(v) ;
    visited[ v] = 1;
    EnQueue(q, v) ;
    while( ! Empty(q) ) {
        v = DelQueue(q) ;
        p = Adjlist[v] .firstarc;
        while( p! = NULL) {
            w = p–>adjvex;
            if(visited[ w] = = 0) {
```

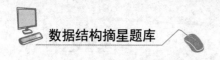
```
            visit( w );
                (1)     ;
                (2)     ;
                (3)     ;
            }
        }
    }
```

7. 某有向图的邻接表存储如图所示：

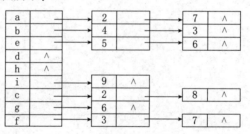

（1）画出其有向图。

（2）写出图的所有强连通分量。

（3）写出顶点 a 到顶点 i 的全部简单路径。

真题实战

1. 带权图(权值非负,表示边连接的两顶点间的距离)的最短路径问题是找出从初始顶点到目标顶点之间的一条最短路径。假定从初始顶点到目标顶点之间存在路径,现有一种解决该问题的方法:

(1)设最短路径初始时仅包含初始顶点,令当前顶点 u 为初始顶点。

(2)选择离 u 最近且尚未在最短路径中的一个顶点 v,加入最短路径中,修改当前顶点 $u=v$。

(3)重复步骤(2),直到 u 是目标顶点时为止。

请问上述方法能否求得最短路径? 若该方法可行,请证明之;否则,请举例说明。

2. 已知有 6 个顶点(顶点编号为 0~5)的有向带权图 G,其邻接矩阵 A 为上三角矩阵,按行为主序(行优先)保存在如下的一维数组中。

4	6	∞	∞	∞	5	∞	∞	∞	4	3	∞	∞	3	3

要求:

(1)写出图 G 的邻接矩阵 A。

(2)画出有向带权图 G。

(3)求图 G 的关键路径,并计算该关键路径的长度。

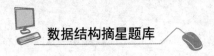

3. 已知含有 5 个顶点的图 G 如下图所示。

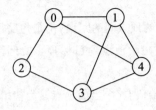

请回答下列问题:

(1)写出图 G 的邻接矩阵 A(行、列下标从 0 开始)。

(2)求 A^2,矩阵 A^2 中位于 0 行 3 列元素值的含义是什么。

(3)若已知具有 $n(n \geqslant 2)$ 个顶点的图的邻接矩阵为 B,则 $B^m(2 \leqslant m \leqslant n)$ 中非零元素的含义是什么?

4. 已知有向图采用邻接矩阵存储表示,试用深度优先搜索的策略基于图的邻接表存储写一算法,判断有向图是否存在回路。

【杭州电子科技大学 2018 年】

5. 已知无向连通图 G 由顶点集 V 和边集 E 组成($|E|>0$),当 G 中度为奇数的顶点个数为不大于 2 的偶数时,G 存在包含所有边且长度为 $|E|$ 的路径(称为 EL 路径),设图 G 采用邻接矩阵存储,类型定义如下:

```
typedef struct{                              //图的定义
    int numVertices, numEdges;               //图中实际的顶点权和边数
    char VerticesList[ MAXV ];               //顶点表 MAXV 为已定义常量
    int Edge[ MAXV] [ MAXV ];                //邻接矩阵
}; MGraph;
```

请设计算法:int IsExistEL(MGraph G),判断 G 是否存在 EL 路径,若存在,则返回 1,否则,返回 0,要求: 【全国统考 2021 年】

(1)给出算法的基本设计思想。

(2)根据设计思想采用 C 或者 C++语言描述算法,关键之处给出注释。

(3)说明你所设计算法的时间复杂度和空间复杂度。

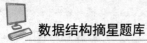

6. 试用 Dijkstra 算法求下图中从顶点 V1 到其他各顶点间的最短路径,写出执行算法过程中各步的状态。(使用邻接矩阵表示,要求使用表描述算法中每一步顶点与状态的变化情况,即求解过程)

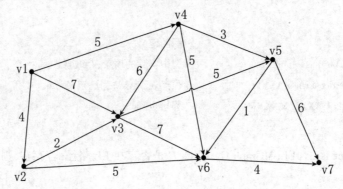

第 6 章

查找

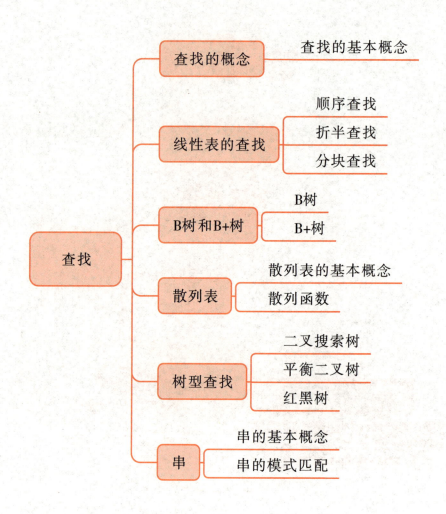

§6.1 查找的概念

考点　查找的基本概念

 **题组闯关**

对于索引文件,稠密索引中的每个索引项对应被索引表中的(　　)。

A.所有记录　　　　　B.n 条以下记录　　　　　C.一条记录　　　　　D.多条记录

真题实战

1. 在对查找表的查找过程中,若被查找的数据元素不存在,则把该数据元素插入到集合中,这种方式主要适合于(　　)。　　　　　　　　　　　　　　【内蒙古科技大学 2017 年】

A.静态查找表　　　　　　　　　　　B.动态查找表

C.静态查找表与动态查找表　　　　　　D.两种表都不适合

2. 就平均查找速度而言,下列几种查找速度从慢至快的关系是(　　)。【华中农业大学 2018 年】

A.顺序　折半　哈希　分块　　　　　　B.分块　折半　哈希　顺序

C.顺序　分块　折半　哈希　　　　　　D.顺序　哈希　分块　折半

§6.2 线性表的查找

考点 1　顺序查找

题组闯关

1. 下列关于顺序查找的叙述中,正确的是(　　)。

A.顺序查找适合于存储结构为顺序存储结构或链式存储结构的线性表

B.顺序查找适合于存储结构为散列存储结构的线性表

C.顺序查找适合于存储结构为压缩存储结构的线性表

D.顺序查找适合于存储结构为索引存储结构的线性表

2. 由 n 个数据元素组成的有序单链表,若查找每个元素的概率相同,采用顺序查找法,则该表中任一元素查找成功的平均查找长度为(　　)。

A.$n/2$　　　　　　B.$(n+1)/2$　　　　　　C.$(n-1)/2$　　　　　　D.$n+1$

3. 对长度为 3 的顺序表进行查找,若查找表中元素的概率依次为 $1/2,1/6,1/3$,则查找任一元素的平均查找长度为(　　)。

A.$5/3$　　　　　　B.$5/6$　　　　　　C.2　　　　　　D.$11/6$

4.顺序查找不论在顺序线性表中,还是在链式线性表中的时间复杂度为(　　)。

 A.$O(n)$ B.$O(n^2)$ C.$O(n^{1/2})$ D.$O(\log_2 n)$

真题实战

1.假设顺序表中包含 5 个数据元素{a,b,c,d,e},它们的查找概率分别为{0.3,0.35,0.2,0.1,0.05},顺序查找时为了使查找成功的平均查找长度最小,则表中数据元素的存放顺序是(　　)。

【北京工业大学 2018 年】

 A.{e,d,c,b,a} B.{b,a,c,d,e} C.{b,a,d,c,e} D.{a,d,e,c,b}

2.当对一个长度为 60 的线性表进行索引顺序查找(分块查找)时,若共分成了 10 个子表,则每个子表有6个表项。假定对索引表和数据子表都采用顺序查找,则查找每一个表项的平均查找长度为(　　)。

 A.7   B.8   C.9   D.10

3.已知一个有序表为{12,18,24,35,47,50,62,83,90,115,134},当二分查找值为 90 的元素时,(　　)次比较后查找成功;当二分查找值为 47 的元素时,(　　)次比较后查找成功。

【昆明理工大学 2016 年】

 A.1,4   B.2,4   C.3,2   D.4,2

4.在顺序结构线性表中,顺序查找一个指定元素的平均时间复杂度是(　　)。

【北京化工大学 2016 年】

 A.$O(1)$ B.$O(\log(n))$ C.$O(n)$ D.$O(n^2)$

5.一个有序表有 255 个对象采用顺序搜索法查表,平均搜索长度为(　　)。

【华中农业大学 2017 年】

 A.128   B.127   C.126   D.255

考点 2　折半查找

题组闯关

1.已知一个长度为 13 的有序顺序表 L,若采用折半查找法查找一个 L 中不存在的元素,则关键字的比较次数最多为(　　)。

 A.4   B.5   C.6   D.7

2.已知一个有序表 $A[12,20,24,35,42,54,60,88,90,116,142]$,采用二分查找法查找值为 24 的元素时,查找成功的比较次数为(　　)。

 A.1   B.2   C.4   D.6

3.具有 11 个关键字的有序表中,对每个关键字的查找概率相同,采用折半查找查找成功的平均查找长度为(　　),查找失败的平均查找长度为(　　)。

 A.33/11   B.33/12   C.44/11   D.44/12

4.若有 18 个元素的有序表存放在一维数组 $A[19]$ 中,第一个元素放 $A[1]$ 中,现进行二分查找,则查找$A[3]$的比较序列的下标依次为(　　)。

　　A.1,2,3　　　　　　　　B.9,5,3　　　　　　　　C.9,5,2,3　　　　　　　　D.9,4,2,3

5. 一个长度为32的有序表,若采用二分查找一个不存在的元素,则比较次数最多是(　　)。

　　A.4　　　　　　　　B.5　　　　　　　　C.6　　　　　　　　D.7

6. 使用二分搜索算法在1000个有序元素表中搜索一个特定元素,在最坏情况下,搜索总共需要比较的次数为(　　)。

　　A.10　　　　　　　　B.11　　　　　　　　C.500　　　　　　　　D.1000

7. 在顺序表(3,6,8,10,12,15,16,18,21,25,30)中,用二分法查找关键码值11,所需的关键码比较次数为(　　)。

　　A.2　　　　　　　　B.3　　　　　　　　C.4　　　　　　　　D.5

8. 广告系统为了做地理位置定向,将IPV4分割为627672个区间,并标识了地理位置信息,区间之间无重叠,用二分查找将IP地址映射到地理位置信息,在最坏的情况下,需要查找(　　)次。

　　A.17　　　　　　　　B.18　　　　　　　　C.19　　　　　　　　D.20

9. 已知有序序列 b c d e f g q r s t,则在二分查找关键字 b 的过程中,先后进行比较的关键字依次是(　　)。

　　A.f d b　　　　　　　　B.f c b　　　　　　　　C.g c b　　　　　　　　D.g d b

10. 顺序查找一个具有 n 个元素的线性表,其时间复杂度为(　　),二分查找一个具有 n 个元素的线性表,其时间复杂度为(　　)。

　　A.$O(n)$,$O(\log_2(n))$　　　　　　　　B.$O(\log_2(n))$,$O(\log_2(n))$

　　C.$O(n^2)$,$O(n)$　　　　　　　　D.$O(n\log_2(n))$,$O(\log_2(n))$

真题实战

1. 查找有序表中的某一指定元素时,折半查找比顺序查找的比较次数(　　)。

【北京邮电大学 2017 年】

　　A.一定少　　　　　　　　B.一定多

　　C.相同　　　　　　　　D.不确定

2. 下列选项中,不能构成折半查找中关键字比较序列的是(　　)。

　　A.500,200,450,180　　　　　　　　B.500,450,200,180

　　C.180,500,200,450　　　　　　　　D.180,200,500,450

3. 假设有 n 个待查找关键字,有关折半查找算法的不正确描述是(　　)。

　　A.最坏搜索效率为 $O(n)$　　　　　　　　B.平均搜索效率为 $O(\log(n))$

　　C.搜索效率为 $O(\log(n))$　　　　　　　　D.数据有序且顺序存储

4. 下列数据结构中,不适合直接使用折半查找的是(　　)。

【全国统考 2024 年】

　　Ⅰ.有序链表　　　　　　　　Ⅱ.无序数组

　　Ⅲ.有序静态链表　　　　　　　　Ⅳ.无序静态链表

　　A.仅Ⅰ、Ⅲ　　　　　　B.仅Ⅱ、Ⅳ　　　　　　C.仅Ⅱ、Ⅲ、Ⅳ　　　　　　D.Ⅰ、Ⅱ、Ⅲ、Ⅳ

5. 对序列(2,4,6,8,10,12,14,16,18,20)进行折半查找元素14,需要依次比较(   )。

【电子科技大学 2016 年】

    A.10,18,14   B.10,16,14   C.10,18,12,14   D.10,16,12,14

6. 用折半查找进行查找元素的速度比用顺序法(   )。   【内蒙古科技大学 2020 年】

    A.必然快   B.必然慢   C.相等   D.不能确定

7. 设一组记录的关键字序列为(5,13,19,21,37,56,64,75,80,88,92),则利用二分法查找关键字 21 需要比较的次数为(   )。   【广西师范大学 2017 年】

    A.1   B.4   C.2   D.3

考点3　分块查找

题组闯关

1. 下列关于分块查找的说法中,正确的是(   )。

    A.数据分为若干块,每块内数据必须有序,索引块间也必须有序

    B.数据分为若干块,每块(除最后一块外)中数据个数必须相同

    C.数据分为若干块,每块内数据必须有序,由每块内最大(或最小)的数据组成索引块

    D.数据分为若干块,每块内数据不必有序,但块间必须有序,每块内最大(或最小)的数据组成索引块

2. 对于有 1600 个记录的索引顺序表(分块表)进行查找,最理想的块长为(   )。

    A.40   B.400   C.100   D.$\lceil \log_2 1600 \rceil$

3. 为提高查找效率,对长度为 16129 的有序顺序表建立索引顺序结构,在最好情况下查找到表中已有元素最多需要执行(   )次关键字比较。

    A.14   B.16   C.31   D.32

4. 长度为 225 的表,采用分块查找法进行查找,每块的最佳长度为(   )合适。

    A.13   B.14   C.15   D16

5. 设顺序线性表的长度为 30,分成 5 块,每块 6 个元素,如果采用分块查找,则其平均查找长度为(   )。

    A.6   B.11   C.5   D.6.5

真题实战

1. 当对一个长度为 60 的线性表进行索引顺序查找(分块查找)时,若共分成了 10 个子表,每个子表有 6 个表项。假定对索引表和数据子表都采用顺序查找,则查找每一个表项的平均查找长度为(   )。

    A.7   B.8   C.9   D.10

2. 当采用分快查找时,数据的组织方式为(   )。

    A.数据分成若干块,每块内数据有序

B.数据分成若干块,每块内数据不必有序,但块间必须有序,每块内最大(或最小)的数据组成索引块

C.数据分成若干块,每块内数据有序,每块内最大(或最小)的数据组成索引块

D.数据分成若干块,每块(除最后一块外)中数据个数需相同

§6.3 B 树和 B+树

考点 1 B 树

题组闯关

1. 下列关于 m 阶 B 树的说法中,正确的是(   )。

   A.根结点至多有 $m-1$ 棵子树

   B.根结点中的数据都是有序的

   C.非叶结点至少有 $m/2$(m 为偶数)或 $(m+1)/2$(m 为奇数)棵子树

   D.每个结点至少有两棵非空子树

2. 具有 n 个叶结点的 m 阶 B 树,应有(   )个关键字。

   A.$n+1$ B.$n-1$ C.$m+1$ D.mn

3. 在一棵高度为 2 的 4 阶 B 树中,所含关键字的个数最少是(   )。

   A.3   B.6   B.8   D.16

4. 高度为 2 的 9 阶 B 树,最少包含多少个关键字(   )。

   A.7   B.9   C.11   D.13

真题实战

1. 在一棵具有 20 个关键字的 3 阶 B 树中,含关键字的结点个数至少是(   )。

   【北京邮电大学 2016 年】

   A.10   B.11   C.12   D.13

2. 在非空 m 阶 B 树上,除根结点以外的所有其他非终端结点(   )。

   A.至少含有 $\lceil m/2 \rceil$ 棵子树   B.至多含有 $\lceil m/2 \rceil$ 棵子树

   C.至少含有 $\lfloor m/2 \rfloor$ 棵子树   D.至多含有 $\lfloor m/2 \rfloor$ 棵子树

3. 依次将关键字 5,6,9,13,8,2,12,15 插入初始为空的 4 阶 B 树后,根结点中包含的关键字是(   )。

   【全国统考 2020 年】

   A.8   B.6,9   C.8,13   D.9,12

4. 在一棵高度为 3 的 3 阶 B 树中,根为第一层,若第二层中有 4 个关键字,则该树的结点个数最多是(   )。

   【全国统考 2021 年】

   A.11   B.10   C.9   D.8

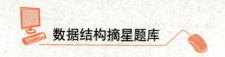

考点2　B+树

**题组闯关**

1. 如图所示是一棵(　　)。

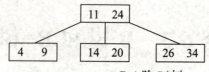

  A.4 阶 B 树　　　　　　　　　　　　　　　B.4 阶 B⁺树

  C.3 阶 B 树　　　　　　　　　　　　　　　D.3 阶 B⁺树

2. 下列关于 B 树和 B⁺树的说法中,正确的是(　　)。

  A.B 树和 B⁺树都能有效地支持顺序查找

  B.B 树和 B⁺树都能有效地支持随机查找

  C.B 树和 B⁺树的叶结点中都包含关键字

  D.B 树只支持随机查找,而 B⁺树只支持顺序查找

真题实战

1. 下列应用中,适合使用 B+树的是(　　)。　　　　　　【全国统考 2017 年】

  A.编译器中的词法分析　　　　　　　　　B.关系数据库系统中的索引

  C.网络中的路由表快速查找　　　　　　　D.操作系统的磁盘空闲块管理

§6.4　散列表

考点1　散列表的基本概念

题组闯关

1. 下列哪种情况下最适用散列查找(　　)。

  A.查找表为有序的链表

  B.查找表为顺序存储结构

  C.地址集合比关键字集合大得多

  D.关键字集合与地址集合之间存在对应关系

2. 下列关于散列表的说法中,正确的是(　　)。

  A.散列查找中不需要任何关键字的比较

  B.散列表在查找成功时平均查找长度与表长有关

  C.若在散列表中删除一个元素,不能简单地直接将该元素删除

  D.若散列表的装填因子 $\alpha<1$,则一定可避免碰撞的产生

3. 下列关于散列冲突的说法中,正确的是(　　　)。

　　A.在开址法中由于散列表"溢出"容易引起"堆积"问题

　　B.采用链地址法处理冲突容易引起聚集现象

　　C.采用再散列法处理冲突时不易产生聚集现象

　　D.采用线性探测法处理冲突时,所有同义词在散列表中一定相邻

4. 将 100 个元素散列到 100000 个单元的散列表中,则(　　　)产生冲突。

　　A.一定会　　　　　　B.一定不会　　　　　　C.仍可能会　　　　　　D.不确定

5. 一组记录的关键字为{17, 12, 34, 25, 5, 54, 10, 28, 1},用链地址法构造散列表,散列函数为$H(key)$ $=key$ MOD 10,散列地址为 5 的链中有(　　　)个记录。

　　A.2　　　　　　　　B.3　　　　　　　　C.4　　　　　　　　D.5

6. 下列所述方法中,不可以提高散列表的查询效率的是(　　　)。

　　A.增大装填(载)因子

　　B.设计冲突(碰撞)少的散列函数

　　C.处理冲突(碰撞)时避免产生聚集(堆积)现象

　　D.减少装填(载)因子

7. 解决哈希冲突的链地址算法中,关于插入新数据项的时间表述正确的是(　　　)。

　　A.和哈希表中项数成正比

　　B.和数组已占用单元的百分比成正比

　　C.随装载因子线性增长

　　D.和链表数目成正比

8. 下面关于哈希(Hash)查找的说法正确的是(　　　)。

　　A.哈希函数构造得越复杂越好,因为这样随机性好,冲突小

　　B.除留余数法是所有哈希函数中最好的

　　C.不存在特别好与坏的哈希函数,要视情况而定

　　D.若需在哈希表中删去一个元素,不管用任何方法解决冲突都只要简单地将该元素删去即可

9. 为提高散列(Hash)表的查找效率,可以采取的正确措施是(　　　)。

　　Ⅰ. 增大装填(载)因子

　　Ⅱ. 设计冲突(碰撞)少的散列函数

　　Ⅲ. 处理冲突(碰撞)时避免产生聚集(堆积)现象

　　A.仅Ⅰ　　　　　　　B.仅Ⅱ　　　　　　　C.仅Ⅰ、Ⅱ　　　　　　D.仅Ⅱ、Ⅲ

真题实战

1. 用哈希(散列)方法处理冲突(碰撞)时可能出现堆积(聚集)现象,下列选项中,会受堆积现象直接影响的是(　　　)。

　　A.存储效率　　　　　　　　　　　　　B.数列函数

　　C.装填(装载)因子　　　　　　　　　　D.平均查找长度

2. 将 10 个元素散列到 100000 个单元的哈希表中,则(　　)产生冲突。

【内蒙古科技大学 2021 年】

　　A.一定会　　　　　　　B.一定不会　　　　　　C.仍可能会　　　　　　D.以上答案均不正确

3. 设哈希地址空间为 0~m−1,k 为记录的关键字,哈希函数采用除留余数法,即 Hash(k)=k%p,为了减少发生冲突的频率,一般取 p 为(　　)。

　　A.m

　　B.小于或等于 m 的最大质数

　　C.大于 m 的最小质数

　　D.小于等于 m 的最大合数

考点 2　散列函数

题组闯关

1. 设某散列表的长度为 100,散列函数 $H(k)=k \% P$,则 P 通常情况下最好选择(　　)。

　　A.99　　　　　　　　B.97　　　　　　　　C.91　　　　　　　　D.93

2. 设散列表中有 m 个存储单元,散列函数 $H(\text{key})=\text{key} \% p$,则 p 最好选择(　　)。

　　A.小于等于 m 的最大奇数　　　　　　B.小于等于 m 的最大素数

　　C.小于等于 m 的最大偶数　　　　　　D.小于等于 m 的最大合数

3. 设 $H(x)$ 是一哈希函数,有 k 个不同的关键字 $(x_1, x_2, ..., x_k)$ 满足 $H(x_1)=H(x_2)=...=H(x_k)$,若用线性探测法将这 k 个关键字存入哈希表中,至少要线性探测(　　)次。

　　A.$k-1$

　　B.k

　　C.$k+1$

　　D.$k(k-1)/2$

4. 已知一个关键字集合为 (19,01,23,14,55,68,11,82,36),采用的散列函数为 $H(\text{Key})=\text{Key mod } 11$,依次将元素散列到表长为 11 的哈希表中存储。若采用二次线性探测的开放定址法解决冲突,则关键字 68 的存储地址为(　　)。

　　A.4　　　　　　　　B.5　　　　　　　　C.6　　　　　　　　D.7

5. 利用线性探测法处理冲突的哈希表中,若将哈希表存储空间看作循环的,则两个同义词在哈希表中(　　)。

　　A.位置可能相邻　　　　　　　　B.位置一定相邻

　　C.位置一定不相邻　　　　　　　D.以上说法均不对

6. 在采用链地址法处理冲突所构成的散列表上查找某一关键字,则在查找成功的情况下,所探测的这些位置上的键值(　　)。

　　A.一定都是同义词　　　　　　　B.不一定都是同义词

　　C.都相同　　　　　　　　　　　D.一定都不是同义词

7. 假定关键字 K=2789465,允许存储地址为三位十进制数,现得到的散列地址为 149,则所采用的构建哈希函数的方法是(　　)。

　　A.除留余数法,模为 23　　　　　　B.平方取中法

　　C.移位叠加　　　　　　　　　　　D.间界叠加

8. 设哈希表长 m = 14,哈希函数 H(key) = key MOD 11。表中已有 4 个结点 addr(15) = 4,addr(38) = 5,addr(61) = 6,addr(84) = 7,其余地址为空,如用二次探查再散列法处理冲突,则关键字为 49 的结点的地址是(　　)。

　A.8　　　　　　　　B.3　　　　　　　　C.5　　　　　　　　D.9

9. 存储 10 个元素到一个哈希表,这 10 个元素的 key 是{5,28,19,15,20,12,33,17,10,18}。哈希表总共有 9 个 slots,哈希函数是 h(k) = k mod 9,并用链表解决冲突。哈希表中最长的链表长度是(　　)。

　A.1　　　　　　　　B.2　　　　　　　　C.3　　　　　　　　D.4

10. 设哈希函数 H(key) = key MOD 11,采用线性探测再散列的方法解决冲突。对关键字序列{13,28,72,5,16,8,7,11,29}在地址空间为 0-12 的散列区中建哈希表,等概率情况下查找成功时的平均查找长度是(　　)。

　A.12　　　　　　　B.4/3　　　　　　　C.7/3　　　　　　　D.1

真题实战

1. 设哈希表长 M = 14,哈希函数 H(KEY) = KEY mod 7。表中已有 4 个结点:ADDR(15) = 1,ADDR(38) = 3,ADDR(61) = 5,ADDR(84) = 0,其余地址为空。如用二次探测再用哈希法解决冲突,关键字为 68 的结点的地址是(　　)。

　A.8　　　　　　　　B.3　　　　　　　　C.5　　　　　　　　D.6

2. 对于线性表(7,34,55,25,64,46,20,10)进行散列存储时,若选用 H(K) = K % 9 作为散列函数,则散列地址为 1 的元素有(　　)个。　　　　　　　　　【暨南大学 2017 年】

　A.1　　　　　　　　B.2　　　　　　　　C.3　　　　　　　　D.4

3. 设哈希表长为 13,哈希函数是 H(key) = key % 13,表中已有关键字 18,39,75,93 共 4 个,现要将关键字为 70 的结点加到表中,用伪随机探测再散列法解决冲突,使用的伪随机序列为 5,8,3,9,7,1,6,4,2,11,13,21,则放入的位置是(　　)。　　　　　　　　　【四川大学 2018 年】

　A.8　　　　　　　　B.11　　　　　　　C.7　　　　　　　　D.5

4. 现有长度为 11 且初始为空的散列表 HT,散列函数是 H(key) = key % 7,采用线性探查(线性探测再散列)法解决冲突。将关键字序列 87,40,30,6,11,22,98,20 依次插入到 HT 后,HT 查找失败的平均查找长度是(　　)。　　　　　　　　　【全国统考 2019 年】

　A.4　　　　　　　　B.5.25　　　　　　C.6　　　　　　　　D.6.29

5. 哈希表构建时采用线性探测法处理冲突,在某关键字查找成功的情况下,所探测的多个位置上的关键字(　　)。　　　　　　　　　【北京工业大学 2018 年】

　A.不一定都是同义词　　　　　　　　B.一定是同义词

　C.一定都不是同义词　　　　　　　　D.必然有序

6. 设哈希表长为 12,哈希函数为 H(key) = key % 11,表中已有数据关键字为 26、16、50、68 共 4 个。现要将关键字为 38 的结点加到列表中,用线性探测再散列解决冲突,则放入的位置是(　　)。

　　　　　　　　　【南京大学 2017 年】

　A.3　　　　　　　　B.5　　　　　　　　C.7　　　　　　　　D.9

7. 哈希表的地址区间是 0 到 16,哈希函数为 H(K) = K mod 17,采用线性探测法处理冲突,并将关键字序列 26,25,72,38,8,18,59 依次存储到哈希表中。则元素 59 存放在哈希表中的地址是 (　　)。　　　　　　　　　　　　　　　　　　　　　　　　　　**【北京邮电大学 2018 年】**

　　A.8　　　　　　　　B.9　　　　　　　　C.10　　　　　　　　D.11

8. 设有一组记录的关键字为 {19,14,23,1,68,20,84,27,55,11,10,79},采用哈希函数 H(key) = key MOD 13 构造哈希表,用链地址法处理冲突,则哈希地址为 1 的链表中有 (　　) 个记录。

【内蒙古科技大学 2020 年】

　　A.3　　　　　　　　B.4　　　　　　　　C.5　　　　　　　　D.6

9. 设哈希表长为 15,哈希函数是 H(key) = key % 13,表中已有数据的关键字为 15,22,50,13,20,36,28,现要将关键字为 48 的结点加到表中,用二次探测再散列法解决冲突,则放入的位置是 (　　)。　　　　　　　　　　　　　　　　　　　　　　　　**【杭州电子科技大学 2018 年】**

　　A.8　　　　　　　　B.3　　　　　　　　C.5　　　　　　　　D.9

10. 设哈希表长为 13,哈希函数是 H(key) = key % 13,表中已有关键字 18,39,75,93 共四个,现要将关键字为 70 的结点加到表中,用伪随机探测再散列法解决冲突,使用的伪随机序列为 5,8,3,9,7,1,6,4,2,11,13,21 则放入的位置是 (　　)。　　　　**【四川大学 2018 年】**

　　A.8　　　　　　　　B.11　　　　　　　　C.7　　　　　　　　D.5

11. 在长度为 13 的哈希表中已填有关键字分别为 19,44,72 的记录,哈希函数为 H(key) = KMOD13,现在第四个记录,其关键字为 31,若采用二次探测再散列,应该填入序号为 (　　) 的位置(哈希表开始位置序号为 0)。

　　A.4　　　　　　　　B.5　　　　　　　　C.6　　　　　　　　D.8

12. 现有长度为 5、初始为空的散列表 HT,散列表函数 H(k) = (k+4)%5,用线性探查再散列法解决冲突。若将关键字序列 2022,12,25 依次插入 HT 中,然后删除关键字 25,则 HT 中查找失败的平均查找长度为 (　　)。　　　　　　　　　　　　　　　　　　　**【全国统考 2023 年】**

　　A.1　　　　　　　　B.1.6　　　　　　　　C.1.8　　　　　　　　D.2.2

§6.5　树型查找

考点 1　二叉搜索树

题组闯关

1. 二叉查找树的查找效率与二叉树的树型有关,在 (　　) 时其查找效率最低。

　　A.结点太多　　　　　　　　　　　　　　B.完全二叉树

　　C.是单枝树　　　　　　　　　　　　　　D.结点太复杂

2. 查找效率最高的二叉排序树是 (　　)。

　　A.所有结点的左子树都为空的二叉排序树

B.所有结点的右子树都为空的二叉排序树

C.平衡二叉树

D.没有左子树的二叉排序树

3. 在二叉排序树中,凡是新插入的结点,都是没有(　　)的。

　　A.孩子 　　　　　　　　　　　　　　B.关键字

　　C.平衡因子 　　　　　　　　　　　　D.赋值

4. 如图所示的二叉树是(　　)。

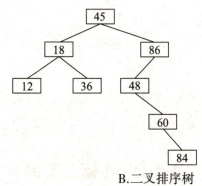

　　A.二叉判定树 　　　　　　　　　　　B.二叉排序树

　　C.二叉平衡树 　　　　　　　　　　　D.堆

5. 如图所示的一棵二叉排序树其在查找不成功时的平均查找长度是(　　)。

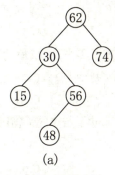

(a)

一颗二叉排序树

　　A.21/7 　　　　　　　B.28/7 　　　　　　　C.15/6 　　　　　　　D.21/6

🔊 真题实战

1. 在关键字随机分布的情况下,用二叉排序树方法进行查找,下列方法中与其平均查找长度数量级相当的是(　　)。　　【北京邮电大学 2016 年】

　　A.顺序查找 　　　　　　　　　　　　B.折半查找

　　C.分块查找 　　　　　　　　　　　　D.均不正确

2. 二叉排序中,按(　　)遍历二叉排序得到的序列是一个有序序列。　　【四川大学 2017 年】

　　A.先序 　　　　　　　B.中序 　　　　　　　C.后序 　　　　　　　D.层次

3. 在一棵以升序排列的二叉排序树上,以下叙述正确的是(　　)。

　　A.权值最小的结点层数最小 　　　　　　B.权值最大的结点一定为叶结点

C.权值最大的结点层数最大　　　　　　　D.从根结点到叶结点的路径不一定有序

4. 含 n 个关键字的二叉排序树的平均查找长度主要取决于(　　)。

　　A.关键字的个数　　　　　　　　　　　B.树的形态

　　C.关键字的取值范围　　　　　　　　　D.关键字的数据类型

5. 一棵二叉搜索树如图所示,$k1$、$k2$、$k3$ 分别是对应结点保存的关键字,子树 T 的任一结点中保存的关键字 x 满足的是(　　)。　　【全国统考 2024 年】

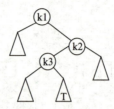

　　A.$x<k1$　　　　　　　　　　　　　　B.$x>k2$

　　C.$k1<x<k3$　　　　　　　　　　　　D.$k3<x<k2$

考点2　平衡二叉树

1. 高度为 7 的 AVL 树的结点数最少为(　　)。

　　A.29　　　　　　　　B.31　　　　　　　　C.33　　　　　　　　D.35

2. 在平衡二叉树中插入一个结点后造成了不平衡,设最低的不平衡结点为 A,并已知 A 的左孩子的平衡因子为-1,右孩子的平衡因子为 0,则应做(　　)型调整以使其平衡。

　　A.LL　　　　　　　　B.LR　　　　　　　　C.RL　　　　　　　　D.RR

3. 若某平衡二叉树的高度为 4,其所有非叶子结点的平衡因子均为-1,则该棵平衡二叉树的结点总数是(　　)。

　　A.4　　　　　　　　B.5　　　　　　　　C.6　　　　　　　　D.7

真题实战

1. 下列二叉树中,不满足二叉平衡树的定义的是(　　)。

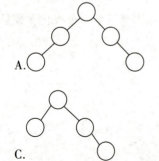

A.　　　　　　　　　　　　　　　　　　B.

C.　　　　　　　　　　　　　　　　　　D.

2. 已知平衡二叉排序树(简称平衡二叉树)如图所示,若插入关键字 3 后得到一棵新的平衡二叉树,则在新平衡二叉树中,关键字 4 所在结点的左右孩子结点保存的关键字分别是(　　)。

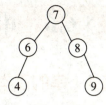

A.3,6　　　　　　　B.6,7　　　　　　　C.3,7　　　　　　　D.6,3

3. 给定平衡二叉树如下图所示,放入关键字 23 后,根中的关键字是(　　)。 **【全国统考 2021 年】**

A.16　　　　　　　B.20　　　　　　　C.23　　　　　　　D.25

4. 平衡二叉树的平均查找长度是(　　)。 **【暨南大学 2017 年】**

A.$O(n^2)$　　　　　　B.$O(n\log_2(n))$　　　　C.$O(n)$　　　　　D.$O(\log_2(n))$

5. 在下列所示的平衡二叉树中插入关键字 48 后得到一棵新平衡二叉树,在新平衡二叉树中,关键字 37 所在结点的左、右子结点保存的关键字分别是(　　)。 **【四川大学 2016 年】**

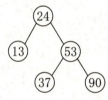

A.13,48　　　　　　B.24,48　　　　　　C.24,53　　　　　　D.24,90

考点3　红黑树

题组闯关

1. 下列关于红黑树的叙述中,错误的是(　　)。

A.每个结点或者是黑色,或者是红色

B.根结点必须是红色

C.每个叶子结点(NIL)是黑色

D.从一个结点到该结点的子孙结点的所有路径上包含相同数目的黑结点

2. 红黑树在处理过程中红黑结点会产生冲突,请问在下列操作时解决的冲突中,正确的是(　　)。

A.插入操作时,解决红黑冲突　　　　　　　B.删除操作时,解决红黑冲突

C.插入操作时,解决红红冲突　　　　　　　D.删除操作时,解决黑黑冲突

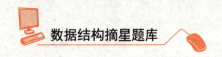

§6.6　串

考点1　串的基本概念

题组闯关

1. 对于含有 n 个互不相同字符的串,则真子串(不包括串自身但含空串)的个数是(　　)。

　A.n 　　　　　　B.n^2 　　　　　　C.$n(n+1)/2$ 　　　　　D.$n(n-1)/2$

2. 串"ababaaababaa"的 next 数组为(　　)。

　A.012345678999 　　　　　　　　B.012121111212

　C.011234223456 　　　　　　　　D.012301232234

3. 在下列关于"串"的陈述中,不正确的说明是(　　)。

　A.串可以用顺序存储

　B.串是由字母和数字构成

　C.串可以用链式存储(分块存储)

　D.在 C 语言中,串的最后隐含一个字符'\0'

4. 串的模式匹配是指(　　)。

　A.判断两个串是否相等

　B.对两个串进行大小比较

　C.找某字符在主串中第一次出现的位置

　D.找某子串在主串中第一次出现的第一个字符位置

5. 串的长度是指(　　)。

　A.串中所含不同字母的个数 　　　　　　B.串中所含字符的个数

　C.串中所含不同字符的个数 　　　　　　D.串中所含非空格字符的个数

6. 若串 s = "abcdefgh",其子串(含空串和自身)的个数是(　　)。

　A.8 　　　　　　B.37 　　　　　　C.36 　　　　　　D.9

真题实战

1. 若串 S = "database",其非空子串数目为(　　)。

　A.37 　　　　　　B.36 　　　　　　C.35 　　　　　　D.34

2. 下面关于串的叙述中,哪一个是不正确的(　　)。

　A.串是字符的有限序列

　B.空串是由空格构成的串

　C.模式匹配是串的一种重要运算

　D.串既可以采用顺序存储,也可以采用链式存储

考点 2　串的模式匹配

题组闯关

现有字符串 s 为'aabaabaabaac',模式串 t 为'aabaac',那么采用 KMP 算法,在第(　　)趟匹配时串 t 在串 s 中匹配成功。

A.3　　　　　　　　B.4　　　　　　　　C.6　　　　　　　　D.7

真题实战

1. 已知字符串 s 为"abaabaabacacaabaabcc",模式串 t 为"abaabc"。采用 KMP 算法进行匹配,第一次出现"失配"($s[i] \neq t[j]$)时,$i=j=5$,则下次开始匹配时,i 和 j 的值分别是(　　)。

A.$i=1,j=0$　　　　　　　　　　　　B.$i=5,j=0$

C.$i=5,j=2$　　　　　　　　　　　　D.$i=6,j=2$

2. 设有两个串 p 和 q,求 q 在 p 中首次出现的位置的运算称作(　　)。

A.连接　　　　　　B.模式匹配　　　　　　C.求子串　　　　　　D.求串长

3. 已知字符串"pqppqpqp",它的 nextval 数组值是(　　)。　　　　**【北京邮电大学 2018 年】**

A.01021040　　　　B.01021243　　　　C.01122240　　　　D.01122343

4. KMP 算法使用修正后的 next 数组进行模式匹配,模式串 S＝"aabaab",当主串中某字符与 S 中某字符失配时,S 将向右滑动的最长距离是(　　)。　　　　**【全国统考 2024 年】**

A.5　　　　　　　　B.4　　　　　　　　C.3　　　　　　　　D.2

§6.7　综合应用题

题组闯关

1. 已知 11 个元素的有序表{7, 10, 13, 16, 19, 29, 32, 33, 37, 41, 43}。

(1)请使用二分查找法查找出值为 11 的元素并画出判定树;

(2)计算查找成功和查找失败的平均查找长度。

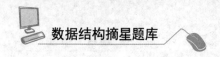

2. 给定一组关键字{15, 26, 50, 52, 64, 69, 72}, 请给出创建一棵 3 阶 B 树的过程。

3. 使用散列函数 $H(\text{key})\%11$, 把一个整数值转换成散列表下表, 现要把数据{2, 14, 13, 35, 39, 34, 28, 23}依次插入散列表中。

(1)使用线性探测法来构造散列表；

(2)使用链地址法构造散列表。

请根据情况分别确定查找成功和查找失败的平均查找长度。

4. 已知顺序表中有 m 个记录, 表中记录不依关键字有序。编写算法, 为该顺序表建立一个有序的索引表, 索引表中每一项应该含有记录关键字和记录在顺序表中的序号, 要求算法的时间复杂度最好的情况下能达到 $O(m)$。

真题实战 👆

1. 现有 n(n>100000)个数保存在一维数组 M 中,需要在 M 中查找最小的 10 个数。请回答下列问题。　　　　　　　　　　　　　　　　　　　　　　　　　【全国统考 2022 年】

(1)设计一个完成上述查找任务的算法,要求平均情况下的比较次数尽可能少,简述其算法思想(不要程序实现)。

(2)说明你所设计的算法平均情况下的时间复杂度和空间复杂度。

2. 设包含 4 个数据元素的集合 S = { "do" , "for" , "repeat" , "while" },各元素的查找概率依次为: p_1 = 0.35, p_2 = 0.15, p_3 = 0.15, p_4 = 0.35。将 S 保存在一个长度为 4 的顺序表中,采用折半查找法,查找成功时的平均查找长度为 2.2。请回答:

(1)若采用顺序存储结构保存 S,且要求平均查找长度更短,则元素应如何排列,应使用何种查找方法,查找成功时的平均查找长度是多少?

(2)若采用链式存储结构保存 S,且要求平均查找长度更短,则元素应如何排列,应使用何种查找方法,查找成功时的平均查找长度是多少?

3. 已知一组关键字为{26, 36, 41, 38, 44, 15, 68, 12, 6, 51, 25},假设装填因子 a = 0.75。

(1)使用线性探测再散列的方法来构造该散列表。

(2)写出关键字 68 的查找过程。

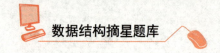

4. 设二叉排序树中关键字由 1 至 1000 的整数组成,现要查找关键字为 363 的结点,下面的关键字序列哪个不可能是在二叉树中查到的序列?说明原因。 【暨南大学 2017 年】

(1) 51, 250, 501, 390, 320, 340, 382, 363。

(2) 24, 877, 125, 342, 501, 623, 421, 363。

5. 将关键字序列 20, 3, 11, 18, 9, 14, 7 依次存储到初始为空、长度为 11 的散列表 HT 中,散列函数 $H(key) = (key \times 3) \% 11$。$H(key)$ 计算出的初始散列地址为 H_0,发生冲突时探查地址序列是 H_1, H_2, H_3, $\cdots$,其中,$H_k = (H_0 + k^2) \% 11$,$k = 1, 2, 3, \cdots$。请回答下列问题。 【全国统考 2024 年】

(1) 画出所构造的 HT,并计算 HT 的装填因子。

(2) 给出在 HT 中查找关键字 14 的关键字比较序列。

(3) 在 HT 中查找关键字 8,确认查找失败时的散列地址是多少?

第 7 章

排序

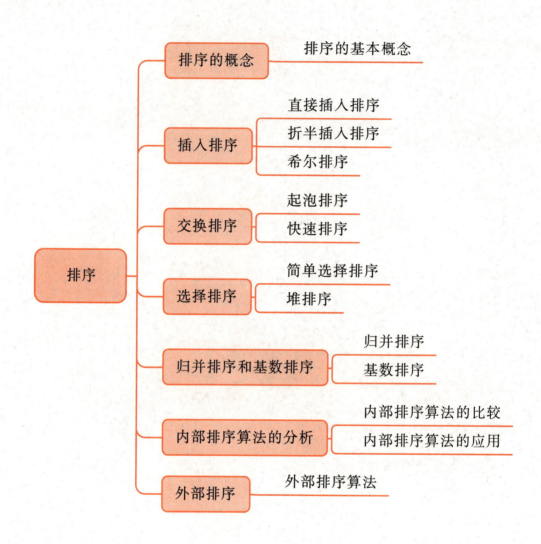

排序

- 排序的概念 —— 排序的基本概念
- 插入排序
  - 直接插入排序
  - 折半插入排序
  - 希尔排序
- 交换排序
  - 起泡排序
  - 快速排序
- 选择排序
  - 简单选择排序
  - 堆排序
- 归并排序和基数排序
  - 归并排序
  - 基数排序
- 内部排序算法的分析
  - 内部排序算法的比较
  - 内部排序算法的应用
- 外部排序 —— 外部排序算法

§7.1　排序的概念

考点　排序的基本概念

题组闯关

1. 下列关于排序的叙述中,正确的是(　　)。

　　A.稳定的排序算法优于不稳定的排序算法

　　B.排序算法都是在顺序表上实现的,在链表上无法实现排序算法

　　C.拓扑排序属于内部排序

　　D.对同一线性表使用不同的排序方法进行排序,得到的排序结果可能不同

2. 对任意的 6 个元素进行基于比较的排序,至少要进行(　　)次关键字之间的两两比较。

　　A.9　　　　　　　　　B.10　　　　　　　　　C.16　　　　　　　　　D.64

3. 数据序列{9, 11, 14, 5, 7, 23, 3, 4}只能是(　　)的两趟排序后的结果。

　　A.简单选择排序　　　　　　　　　　　B.冒泡排序

　　C.简单插入排序　　　　　　　　　　　D.堆排序

4. 对于数据序列{3, 2, 5, 10, 9, 11, 7, 21},只能是下列算法中(　　)的两趟排序的结果。

　　A.快速排序　　　　　　　　　　　　　B.冒泡排序

　　C.选择排序　　　　　　　　　　　　　D.插入排序

真题实战

1. 排序算法的稳定性是指(　　)。

　　A.经过排序之后,能使值相同的数据保持原顺序中的相对位置不变

　　B.经过排序之后,能使值相同的数据保持原顺序中的绝对位置不变

　　C.算法的排序性能与被排序元素的数量关系不大

　　D.算法的排序性能与被排序元素的数量关系密切

2. 第 i 趟处理是将 A[i+1],……,A[n]中关键字最小者与 A[i](i=1,2,……n−1)进行交换的排序算法为(　　)。

　　A.快速排序　　　　　　　　　　　　　B.选择排序

　　C.冒泡排序　　　　　　　　　　　　　D.插入排序

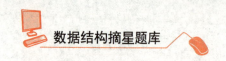

§7.2 插入排序

考点 1 直接插入排序

题组闯关

1. 对任意 6 个不同的数据元素进行直接插入排序,最多需要进行的比较次数是(　　)。

　　A.10　　　　　　　　　B.15　　　　　　　　　C.18　　　　　　　　　D.36

2. 对有 n 个记录的表做直接插入排序,在最好的情况下需比较(　　)次关键字。

　　A.$n-1$　　　　　　　B.$n/2$　　　　　　　C.$n+1$　　　　　　　D.$n(n-1)/2$

真题实战

1. 在直接插入排序过程中,对序列 $\{15, 9, 7, 8, 20, -1, 4\}$ 进行一趟直接插入后,得到的序列是(　　)。

　　A.7, 8, 9, 15, 20, -1, 4　　　　　　　B.-1, 4, 7, 8, 9, 15, 20

　　C.9, 15, 7, 8, 20, -1, 4　　　　　　　D.9, 15, 7, 8, -1, 20, 4

2. 直接插入排序在最好情况下的时间复杂度为(　　)。　　【上海海事大学 2018 年】

　　A.$O(\log n)$　　　　　　　　　　　　　B.$O(n)$

　　C.$O(n \times \log n)$　　　　　　　　　　D.$O(n \times n)$

3. 对于大部分元素已经有序的数组进行排序时,直接插入排序比简单选择排序效率更高,原因是(　　)。　　【全国统考 2020 年】

Ⅰ. 直接插入排序过程中元素之间的比较次数更少

Ⅱ. 直接插入排序过程中所需要的辅助空间更少

Ⅲ. 直接插入排序过程中移动次数更少

　　A.Ⅰ正确　　　　　　　　　　　　　　　B.Ⅲ正确

　　C.Ⅰ、Ⅱ正确　　　　　　　　　　　　　D.Ⅰ、Ⅱ、Ⅲ正确

考点 2 折半插入排序

题组闯关

下列关于插入排序的叙述中,正确的是(　　)。

A.直接插入排序算法是稳定的,而折半插入排序是不稳定的

B.采用折半插入排序可以减少元素的移动次数

C.采用折半插入排序可以减少比较的总趟数

D.采用折半插入排序可能减少元素之间的比较次数

考点3　希尔排序

题组闯关

1. 对序列{16, 10, 8, 9, 21, 0, 5}用希尔排序方法排序,经一趟后序列变为{16, 0, 5, 9, 21, 10, 8},则该次排序采用的增量为(　　)。

A.2　　　　　　　　B.3　　　　　　　　C.4　　　　　　　　D.5

2. 对序列{99, 37, -8, 1, 48, 24, 2, 9, 11, 8}采用希尔排序,则下列序列中(　　)是增量为4的一趟排序结果。

A.{11, 8, -8, 1, 48, 24, 2, 9, 99, 37}　　　B.{-8, 1, 37, 99, 2, 9, 24, 48, 8, 11}

C.{37, 99, -8, 1, 24, 48, 2, 9, 8, 11}　　　D.以上都不对

真题实战

希尔排序的组内排序采用的是(　　)。

A.直接插入排序　　　　　　　　　　　B.折半插入排序

C.快速排序　　　　　　　　　　　　　D.归并排序

§7.3　交换排序

考点1　冒泡排序

题组闯关

1. 对序列{11, 15, 27, 30, 42, 52}使用冒泡排序法进行从小到大的排序,需进行(　　)次比较。

A.5　　　　　　　　B.10　　　　　　　　C.15　　　　　　　　D.20

2. 对数据序列{9, 10, 11, 5, 6, 7, 21, 1, 3}采用冒泡排序(从后向前次序进行,要求升序),需要进行的趟数至少为(　　)。

A.4　　　　　　　　B.5　　　　　　　　C.6　　　　　　　　D.8

3. 冒泡排序在最坏情况下的比较次数是(　　)。

A.$n(n+1)/2$　　　　B.$n\log_2 n$　　　　C.$n(n-1)/2$　　　　D.$n/2$

考点2　快速排序

题组闯关

1. 下列关于快速排序的说法中,正确的是(　　)。

A.快速排序算法在要排序的数据已基本有序的情况下效率最高

B.快速排序是一个稳定的排序算法

C.快速排序的空间复杂度平均为 $O(n)$

D.快速排序算法的性能关键在于划分操作的好坏

2. 对数据序列{45,78,55,37,39,83}进行快速排序,以第一个元素为基准,从小到大排序,第一趟的排序结果为(   )。

A.37,39,45,55,78,83

B.39,37,45,78,55,83

C.39,37,45,55,78,83

D.以上都不对

3. 下列序列中,不可能是快速排序第二趟的排序结果的是(   )。

A.3,4,6,5,7,8,10

B.3,8,6,7,5,4,10

C.4,3,6,5,8,7,10

D.5,3,4,6,8,7,10

真题实战

1. 下列选项中,不可能是快速排序第二趟排序结果的是(   )。

A.2,3,5,4,6,7,9

B.2,7,5,6,4,3,9

C.3,2,5,4,7,6,9

D.4,2,3,5,7,6,9

2. 下列序列中,(   )是执行第一趟快速排序后所得的序列。

A.[68, 11, 18, 69][23, 93, 73]

B.[68, 11, 69, 23][18, 93, 73]

C.[93, 73][68, 11, 69, 23, 18]

D.[73, 11, 69, 23, 18][93, 68]

3. 若一组记录的排序码为(46,79,56,38,40,84)则利用快速排序的方法,以第一个记录为基准得到的一次划分结果为(   )。

A.38, 40, 46, 56, 79, 84

B.40, 38, 46, 79, 56, 84

C.40, 38, 46, 56, 79, 84

D.40, 38, 46, 84, 56, 79

4. 一组记录的关键字为(55,82,63,42,47,90),采用快速排序方法进行升序排序,则以第一个记录为枢轴得到的一次划分结果为(   )。 【天津理工大学 2017 年】

A.(42,47,55,63,82,90)

B.(47,42,55,82,63,90)

C.(47,42,55,90,63,82)

D.(47,42,55,63,82,90)

5. 使用快速排序算法对含 $n(n \geqslant 3)$ 个元素的数组 M 进行排序,若第一趟排序将 M 中除枢轴外的 $n-1$ 个元素划分为均不为空的 P 和 Q 两块,则下列叙述中,正确的是(   )。 【全国统考2024 年】

A.P 与 Q 块间有序

B.P 与 Q 均块内有序

C.P 和 Q 的元素个数大致相等

D.P 中和 Q 中均不存在相等的元素

6. 使用快速排序算法对数据进行升序排序,若经过一次划分后得到的数据序列是 68,11,70,23,80,77,48,81,93,88,则该次划分的枢轴是(   )。 【全国统考2023 年】

A.11

B.70

C.80

D.81

§7.4 选择排序

考点1 简单选择排序

题组闯关

1. 下列关于简单选择排序的说法中,正确的是(   )。

  A.简单选择排序算法是稳定的排序算法

  B.简单选择排序算法在最好情况下时间复杂度为 $O(n\log n)$

  C.在初始序列基本有序的情况下,简单选择排序算法的性能达到最好情况

  D.简单排序算法的空间复杂度为 $O(1)$

2. 简单选择排序算法的移动次数平均为(   )。

  A.$O(n)$ B.$O(\log n)$ C.$O(n\log n)$ D.$O(n^2)$

3. 下列排序方法中,在最坏情况下,数据的交换效率最好的排序方法是(   )方法。

  A.插入排序   B.快速排序   C.希尔排序   D.选择排序

4. 设线性表中每个元素有两个数据项 K1 和 K2,现对线性表按下列规则进行排序:先看数据项 K1, K1 值小的在前,大的在后;在 K1 值相同的情况下,再看数据项 K2,K2 值小的在前,大的在后。 满足这种要求的排序方法是(   )。

  A.先按 K1 值进行直接插入排序,再按 K2 值进行简单选择排序

  B.先按 K2 值进行直接插入排序,再按 K1 值进行简单选择排序

  C.先按 K1 值进行简单选择排序,再按 K2 值进行直接插入排序

  D.先按 K2 值进行简单选择排序,再按 K1 值进行直接插入排序

5. 下列的排序方法中,排序的比较次数与序列的初始排列状态无关的是(   )。

  A.选择排序   B.插入排序   C.气泡排序   D.快速排序

真题实战

1. 直接选择排序的时间复杂度为(   )。(n 为元素的个数)   【安徽工业大学 2019 年】

  A.$O(n)$ B.$O(\log_2 n)$ C.$n\log_2 n$ D.$O(n^2)$

2. 第 i 趟排序时,顺序扫描待排序记录序列,从中选出当前最小(或最大)元素,并与第 i 个元素交换位置。这是哪种排序方法的基本思想?(   )   【华中农业大学 2017 年】

  A.堆排序   B.冒泡排序   C.快速排序   D.简单选择排序

3. 对于9个数的简单选择排序,最坏情况下需要比较的次数为(   )次。   【河北大学 2019 年】

  A.9   B.36   C.45   D.55

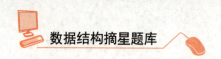
考点 2　堆排序

题组闯关

1. 下列关于堆排序的说法中,正确的是(　　)。

　A.堆排序是一种稳定的排序算法

　B.对堆排序的排序树进行中序遍历,可以得到有序序列

　C.堆排序的空间复杂度与排序树结点个数有关

　D.堆排序算法在最好和最坏情况下的时间复杂度均为 $O(n\log n)$

2. 对数据序列{14, 8, 6, 7, 19, 0, 6, 3}使用堆排序的筛选方法建立的初始小根堆为(　　)。

　A.0, 3, 7, 8, 19, 6, 14, 6　　　　　　　　　　B.0, 6, 14, 6, 3, 7, 19, 8

　C.0, 3, 6, 7, 19, 14, 6, 8　　　　　　　　　　D.以上均不对

3. 对含有 n 个关键字的小根堆中,关键字最大的记录有可能存储在(　　)。

　A.$n/2$　　　　　　B.$n/2+2$　　　　　　C.1　　　　　　D.$n/2-1$

4. 向具有 n 个结点的堆中插入一个新元素的时间复杂度为(　　)。

　A.$O(1)$　　　　　　B.$O(n)$　　　　　　C.$O(\log n)$　　　　　　D.$O(n\log n)$

5. 已知关键字序列{4, 7, 11, 18, 27, 19, 14, 21}是小根堆,插入关键字 2,调整好后得到的小根堆是(　　)。

　A.2, 4, 11, 7, 27, 19, 14, 21, 18　　　　　　B.2, 4, 11, 18, 19, 14, 21, 7, 27

　C.2, 7, 11, 4, 19, 14, 21, 27, 18　　　　　　D.2, 11, 4, 7, 27, 19, 14, 21, 18

6. 对于关键字序列{22, 16, 71, 59, 24, 7, 67, 70, 51}进行堆排序,输出一个最小关键字码后的剩余堆是(　　)。

　A.{16, 22, 71, 59, 24, 67, 70, 51}　　　　　　B.{16, 22, 24, 51, 59, 70, 71, 67}

　C.{16, 22, 24, 51, 59, 70, 67, 71}　　　　　　D.{16, 24, 22, 51, 59, 71, 67, 70}

7. 已知小根堆 7, 14, 9, 20, 33, 15, 11,删除关键字 7 之后需要重新建堆,在此过程中,关键字的比较次数为(　　)。

　A.2　　　　　　B.3　　　　　　C.4　　　　　　D.5

真题实战

1. 已知小根堆为 8, 15, 10, 21, 34, 16, 12,删除关键字 8 之后需重建堆,在此过程中,关键字之间的比较次数是(　　)。

　A.1　　　　　　B.2　　　　　　C.3　　　　　　D.4

2. 若一组待排记录的关键字为(46, 79, 38, 40, 84),利用堆排序建立的初始堆为(　　)。

【北京邮电大学 2016 年】

　A.(38, 40, 46, 79, 84)　　　　　　B.(84, 79, 46, 40, 38)

　C.(84, 79, 38, 46, 40)　　　　　　D.(38, 40, 84, 79, 46)

3. 下列序列中满足大顶堆条件的是(　　)。

【北京工业大学 2018 年】

A.49,37,40,28,41,16,25,18　　　　　B.34,23,45,6,24,7,15,12

C.52,37,49,28,16,42,39,19　　　　　D.55,43,45,48,52,29,77,12

4. 下列关于大根堆(至少含 2 个元素)的叙述中正确的是(　　)。　　　**【全国统考 2020 年】**

Ⅰ. 可以将堆看成一颗完全二叉树

Ⅱ. 可采用顺序存储方式保存堆

Ⅲ. 可以将堆看成一颗二叉排序树

Ⅳ. 堆中的次大值一定在根的下一层

A.Ⅰ、Ⅱ、Ⅲ正确　　　　　　　　　B.Ⅱ、Ⅲ、Ⅳ正确

C.Ⅰ、Ⅱ、Ⅳ正确　　　　　　　　　D.Ⅰ、Ⅲ、Ⅳ正确

5. 将关键字6,9,1,5,8,4,7 依次插入初始为空的大根堆 H 中,得到的 H 是(　　)。

【全国统考 2021 年】

A.9,8,7,6,5,4,1　　　　　　　　　B.9,8,7,5,6,1,4

C.9,8,7,5,6,4,1　　　　　　　　　D.9,6,7,5,8,4,1

6. 已知关键字序列28,22,20,19,8,12,15,5 是大根堆(最大堆),对该堆进行两次删除操作后,得到的新堆是(　　)。　　　**【全国统考 2024 年】**

A.20,19,15,12,8,5　　　　　　　　B.20,19,15,5,8,12

C.20,19,12,15,8,5　　　　　　　　D.20,19,8,12,15,5

7. 下列序列中符合小顶堆定义的是(　　)。

A.21,34,78,82,50,65　　　　　　　B.21,34,65,82,50,78

C.21,34,82,78,50,65　　　　　　　D.21,34,78,82,50,65

§7.5　归并排序和基数排序

考点 1　归并排序

题组闯关

1. 下列关于归并排序算法的说法中,正确的是(　　)。

A.归并排序是一种不稳定的排序方法

B.若采用归并排序,每一趟排序一定可以选出一个元素放在其最终位置上

C.归并排序的空间复杂度为 $O(1)$

D.归并排序的思想是基于分治的

2. 若对 8 个元素只进行 3 趟多路归并排序,则选取的归并路数为(　　)。

A.1　　　　　　B.2　　　　　　C.3　　　　　　D.4

3. 2-路归并排序过程中,每一趟 Merge() 的时间复杂度为(　　)。

A.$O(1)$　　　　B.$O(n)$　　　　C.$O(\log n)$　　　　D.$O(n\log n)$

4. 存在一个含有 2000 个记录的文件,每个磁盘块可容纳 250 个记录,若对该文件采用 2-路归并排序,需要做(   )趟归并排序。

A.2　　　　　　　　B.3　　　　　　　　C.4　　　　　　　　D.5

5. 将两个长度为 len1 和 len2 的升序链表,合并为一个长度为 len1+len2 的降序列表,采用归并排序,在最坏的情况下,比较操作的次数与(   )最接近。

A.len1+len2　　　　　　　　　　　B.len1 * len2

C.min(len1,len2)　　　　　　　　　D.max(len1,len2)

6. 有 n 个初始归并段,采用 k 路归并时,所需的归并遍数是(   )。

A.$\log_n k$　　　　　B.$\log_k n$　　　　　C.$\log_2 n$　　　　　D.$\log_2 k$

真题实战

1. 对 m 个初始归并段,采用 k-路归并时,所需的归并趟数为(   )。

A.$\log_2 k$　　　　　B.$\log_2 m$　　　　　C.$\log_k m$　　　　　D.$\lceil \log_k m \rceil$

2. 使用二路归并排序对含 n 个元素的数组 M 进行排序时,二路归并操作的功能是(   )。

【全国统考 2022 年】

A.将两个有序表合并为一个新的有序表

B.将 M 划分为两部分,两部分的元素个数大致相等

C.将 M 划分为 n 个部分,每个部分中仅含有一个元素

D.将 M 划分为两部分,一部分元素的值均小于另一部分元素的值

考点 2　基数排序

题组闯关

1. 对数据序列{06,47,14,56,95,18,43}进行基数排序,一趟排序的结果是(   )。

A.06, 47, 14, 56, 95, 18, 43　　　　　　　B.06, 14, 18, 43, 47, 56, 95

C.43, 14, 95, 06, 56, 47, 18　　　　　　　D.06, 14, 47, 56, 18, 43, 95

2. 在用桶(基数)排序算法对待排数据按"十六进制数"进行排序时,需要桶的个数是(   )。

A.8　　　　　　　　B.10　　　　　　　　C.16　　　　　　　　D.20

3. 设一组初始记录关键字序列为(345,253,674,924,627),则用基数排序需要进行(   )趟的分配和回收才能使得初始关键字序列变成有序序列。

A.3　　　　　　　　B.4　　　　　　　　C.5　　　　　　　　D.8

真题实战

1. 对{05,46,13,55,94,17,42}进行基数排序,一趟排序的结果是(   )。

A.05, 46, 13, 55, 94, 17, 42　　　　　　　B.05, 13, 17, 42, 46, 55, 94

C.42, 13, 94, 05, 55, 46, 17　　　　　　　D.05, 13, 46, 55, 17, 42, 94

2. 设数组 S[ ] = {93,946,372,9,146,151,301,485,236,327,43,892},采用最低位优先(LSD)基数排序将 S 排列成升序序列,第一趟分配收集后,元素 372 之前,之后相邻的元素是素是( )。

【全国统考 2021 年】

A.43,892　　　　　B.236,301　　　　　C.301,892　　　　　D.485,301

3. 如果一台计算机具有多核的 CPU,可以同时执行相互独立的任务。归并排序的各个归并段的归并也可并行执行,因此称归并排序是可并行执行的。那么以下的排序方法不可以并行执行的有( )。

Ⅰ.基数排序　　　　Ⅱ.快速排序　　　　Ⅲ.冒泡排序　　　　Ⅳ.堆排序

A.Ⅰ、Ⅲ　　　　　B.Ⅰ、Ⅱ　　　　　C.Ⅰ、Ⅲ、Ⅳ　　　　D.Ⅱ、Ⅳ

§7.6　内部排序算法的分析

考点 1　内部排序算法的比较

题组闯关

1. 通过相邻元素比较-交换进行排序的算法,如插入排序、起泡排序等,其时间复杂性最好只能达到( )。

A.$O(n)$　　　　　B.$O(n\log n)$　　　　C.$O(n^2)$　　　　D.$O(n^3)$

2. 在最好的情况下,时间复杂度可以达到线性时间的是( )。

①冒泡排序　　　　②堆排序　　　　　③快速排序

④归并排序　　　　⑤直接插入排序

A.①　　　　　　　B.①⑤　　　　　　C.④⑤　　　　　　D.②③

3. 下述几种排序方法中,要求辅助空间最大的方法是( )。

A.希尔排序　　　　B.快速排序　　　　C.堆排序　　　　　D.二路归并排序

4. 下列排序算法中,其中( )是稳定的。

A.堆排序,起泡排序　　　　　　　　　B.快速排序,堆排序

C.简单选择排序,归并排序　　　　　　D.归并排序,起泡排序

真题实战

1. 在下面的排序方法中,关键字比较的次数与记录的初始排序次序无关的是( )。

A.选择排序　　　　B.冒泡排序　　　　C.快速排序　　　　D.插入排序

2. 下列四种排序中,( )的空间复杂度最大。

【河北大学 2016 年】

A.插入排序　　　　B.冒泡排序　　　　C.堆排序　　　　　D.归并排序

3. 平均时间复杂度为 $O(n\log n)$,且需要辅助存储空间为 $O(\log n)$ 的排序方法是( )。

【华中农业大学 2017 年】

A.冒泡排序 　　　　　　　　　　　　B.直接插入排序

C.快速排序 　　　　　　　　　　　　D.归并排序

4. 以下稳定的排序方法是(　　　)。　　　　　　　　　　　　　　【河北大学 2018 年】

A.直接插入排序和快速排序 　　　　　B.折半插入排序和起泡排序

C.简单选择排序和二路归并排序 　　　D.树形选择排序和 shell 排序

5. 下列排序算法中,不稳定的是(　　　)。　　　　　　　　　　　【全国统考 2023 年】

Ⅰ.希尔排序 　　　　Ⅱ.归并排序 　　　　Ⅲ.快速排序 　　　　Ⅳ.堆排序

Ⅴ.基数排序

A. Ⅰ、Ⅱ 　　　　B. Ⅱ、Ⅴ 　　　　C. Ⅰ、Ⅲ、Ⅳ 　　　　D. Ⅲ、Ⅳ、Ⅴ

考点2　内部排序算法的应用

题组闯关

1. 若表 R 在排序前已按关键字正序排列,则(　　　)方法的比较次数最少。

A.直接插入排序 　　　　　　　　　　B.快速排序

C.归并排序 　　　　　　　　　　　　D.简单选择排序

2. 一趟排序结束后不一定能够选出一个元素放在其最终位置上的是(　　　)。

A.堆排序 　　　　B.冒泡排序 　　　　C.快速排序 　　　　D.希尔排序

3. 设有 5000 个待排序的记录关键字,如果需要用最快的方法选出其中最小的 10 个记录关键字,则用下列(　　　)方法可以达到此目的。

A.快速排序 　　　　B.堆排序 　　　　C.归并排序 　　　　D.插入排序

4. 数据序列(2,1,4,9,8,10,6,20)只能是下列排序算法中(　　　)的两趟排序后的结果。

A.快速排序 　　　　B.冒泡排序 　　　　C.选择排序 　　　　D.插入排序

真题实战

1. 对下列四种排序方法,在排序中关键字比较次数同记录初始排列无关的是(　　　)。

A.直接插入排序 　　　　　　　　　　B.二分法插入排序

C.快速排序 　　　　　　　　　　　　D.冒泡排序

2. 用某种排序方法对线性表(25,84,21,47,15,27,68,35,20)进行排序时,元素序列的变化情况如下:

(1)25,84,21,47,15,27,68,35,20

(2)20,15,21,25,47,27,68,35,84

(3)15,20,21,25,35,27,47,68,84

(4)15,20,21,25,27,35,47,68,84 则所采用的排序方法是(　　　)。　　　【安徽工业大学 2020 年】

A.选择排序 　　　　B.希尔排序 　　　　C.归并排序 　　　　D.快速排序

3. 对一组数据(7,17,21,93,10,16)进行排序,若前三趟排序结果如下,则采用的排序方法是(　　　)

【华中农业大学 2018 年】

第一趟:7,17,21,10,16,93

第二趟:7,17,10,16,21,93

第三趟:7,10,16,17,21,93

A.冒泡排序　　　　　　B.希尔排序　　　　　　C.归并排序　　　　　　D.基数排序

4. 一个序列中有 4096 个元素,若只想得到其中前 10 个最小元素,则最好采用(　　)。

【天津理工大学 2016 年】

A.希尔排序　　　　　　B.快速排序　　　　　　C.直接选择排序　　　　　　D.堆排序

§7.7　外部排序

考点　外部排序算法

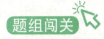

1. 外排序是指(　　)。

   A.在外存上进行的排序方法

   B.不需要使用内存的排序方法

   C.数据很大,需要人工干预的排序方法

   D.排序前后数据在外存,排序时数据调入内存的排序方法

2. 采用败者树进行 k 路平衡归并的外排序算法,其总的归并效率与 k (　　)。

   A.有关　　　　　　B.无关

真题实战

1. 在外排序中,利用败者树对初始为升序的归并段进行多路归并,败者树中记录"冠军"的结点保存的是(　　)。

   【全国统考 2024 年】

   A.最大关键字

   B.小关键字

   C.最大关键字所在的归并段号

   D.最小关键字所在的归并段号

2. 外部排序的时间主要取决于(　　)。

   A.产生归并段的时间　　　　　　　　　　B.读写外存的时间

   C.内部归并所需时间　　　　　　　　　　D.都不是

3. 如果想在 4092 个数据中只需要选择其中最小的 5 个,采用(　　)方法最好。

   A.起泡排序　　　　　　B.堆排序　　　　　　C.锦标赛排序　　　　　　D.快速排序

4. 设外存上有 120 个初始归并段,进行 12 路归并时,为实现最佳归并,需要补充的虚段个数是(　　)。

   【全国统考 2019 年】

A.1   B.2   C.3   D.4

5. 对 10TB 的数据文件进行排序,应使用的方法是(   )。   **【全国统考 2016 年】**

    A.希尔排序   B.堆排序   C.快速排序   D.归并排序

§7.8   综合应用题

题组闯关

1. 借助快速排序的算法思想,在一组无序的记录中查找关键字等于 key 的记录。设此组记录存放于数组 $r[1\cdots n]$ 中。若查找成功,则输出该记录在 r 数组中的位置及其值。请编写出算法,并简要说明算法原理。

2. 如下是带头结点的非空双向循环链表操作算法,写出其功能计算法思想,并在空缺处填入适当语句。

```
void unknow(DuLinkList L) {
    p = L->next;
    q = p->next;
    r = q-next;
    while( q! =L) {
        while( ( p! =L) &&( p->data>q->data) )    p=p->prior;
        ( q->prior) ->next =r;
            (1)        ;
        q->next =p->next;
        q->prior =p;
            (2)        ;
            (3)        ;
```

```
    q=r;
    p=q->prior;
        _____(4)_____;
    }
}
```

真题实战 👆⦚

1. 一个长度为 $L(L \geqslant 1)$ 的升序序列 S，处在第 $L/2$（向上取整）个位置的数称为 S 的中位数。例如，若序列 $S_1 = (11, 13, 15, 17, 19)$，则 S_1 的中位数是 15，两个序列的中位数是含它们所有元素的升序序列的中位数。例如，若 $S_2 = (2, 4, 6, 8, 20)$，则 S_1 和 S_2 的中位数是 11。现在有两个等长升序序列 A 和 B，试设计一个在时间和空间两方面都尽可能高效的算法，找出两个序列 A 和 B 的中位数。要求：

(1) 给出算法的基本设计思想。

(2) 根据设计思想，采用 C、C++或 Java 语言描述算法，关键之处给出注释。

(3) 说明你所设计算法的时间复杂度和空间复杂度。

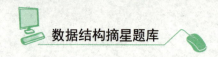

2. 设有 6 个有序表 A、B、C、D、E、F,分别含有 10、35、40、50、60 和 200 个数据元素,各表中元素按升序排列。要求通过 5 次两两合并,将 6 个表最终合并成 1 个升序表,并在最坏情况下比较的总次数达到最小。请回答下列问题。

(1)给出完整的合并过程,并求出最坏情况下比较的总次数。

(2)根据你的合并过程,描述 $n(n \geq 2)$ 个不等长升序表的合并策略,并说明理由。

3. 编写直接插入排序。
```
void insertSort( RedType R[ ], int n)
```

4. 若要对一个序列进行排序,且需要对其进行 $O(1)$ 次插入操作,以及 $O(n)$ 次查找最大值的操作。现有堆和二叉排序树两种数据结构,分别从平均情况和最坏情况下分析各数据结构的时间复杂度。【苏州大学 2018 年】

(1)若考虑平均情况,则应采用哪种数据结构,时间复杂度分别为多少,并进行分析。

(2)若考虑最坏情况,则应采用哪种数据结构,时间复杂度分别为多少,并进行分析。

5.已知某排序算法：

```
void cmpCountSort( int a[ ] , int b[ ] ,  int[ n])
{    int i, j,  * count;
     count = ( int  * ) malloc( sizeof( int)  * n) ;
                                   //C++语言: count = new int[ n] ;
       for( i = 0; i<n; i++)    count[ i] = 0;
       for( i = 0; i<n−1; i++)
              for( j = i+1; j<n; j++)
                      if( a[ i] < a[ j]) count[ j] ++;
                      else    count[ i] ++;
       for( i = 0; i<n; i++)    b[ count[ i] ] = a[ i] ;
       free( count) ;                    //C++语言: delete count;
 }
```

请回答下列问题。   【全国统考 2021 年】

(1)若有 int a[ ] = {25,−10,25,10,11,19}, b[6] ; , 则调用 cmpCountSort(a,b,6) 后数组 b 中的内容是什么？

(2)若 a 中含有 n 个元素, 则算法执行过程中, 元素之间的比较次数是多少？

(3)该算法是稳定的吗？ 若是, 则阐述理由; 否则, 修改为稳定排序算法。

6. 对含有 $n(n>0)$ 个记录的文件进行外部排序,采用置换–选择排序生成初始归并段时需要使用一个工作,工作区中能保存 m 个记录,请回答下列问题: 【全国统考 2023 年】

(1)若文件中含有 19 个记录,其关键字依次是 51,94,37,92,14,63,15,99,48,56,23,60,31,17, 43,8,90,166,100,当 $m=4$ 时,可生成几个初始归并段? 各是什么?

(2)对任意的 $m(n>>m>0)$,生成的第一个初始归并段的长度最大值和最小值分别是多少?

答案解析

第 1 章　绪　论

§1.1　数据结构

考点　数据结构基础概念

1. 【参考答案】C

【解析】数据结构是带有结构特性的数据元素的集合,它研究的是数据的逻辑结构和数据的物理结构以及它们之间的相互关系,并对这种结构定义相适应的运算设计出相应的算法,即不仅要存储各数据元素的值,还要存储数据元素之间的关系。

2. 【参考答案】B

【解析】数据结构是相互之间存在一种或多种特定关系的数据元素的集合,选 B。

3. 【参考答案】C

【解析】数据结构按存储结构分为顺序结构和链式结构,按逻辑结构分为线性结构和非线性结构。

4. 【参考答案】C

【解析】本题是概念题。数据结构包含三个方面的内容:逻辑结构、存储结构和数据的运算。

5. 【参考答案】B

【解析】数据项:一个数据可以由若干个数据项组成。数据项是数据不可分割的最小单位。

6. 【参考答案】A

【解析】数据的逻辑结构只抽象地反映数据元素之间的逻辑关系,而不管它在计算机中的存储表示形式。

7. 【参考答案】A

【解析】一个数据结构应包含两方面的信息:一是表示数据元素的信息,二是表示各数据元素之间的前后关系。其中数据元素之间的前后关系是指数据元素的逻辑关系,而与它们在计算机中的存储位置无关。

8. 【参考答案】B

【解析】数据的存储结构有顺序存储、链式存储、索引存储和散列存储。栈是一种抽象数据类型,可采用顺序存储或链式存储,是一种逻辑结构。循环队列是用顺序表表示的队列,是一种数据结构。散列表和单链表表示一种数据结构,既描述逻辑结构,又描述存储结构。

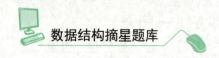

9. 【参考答案】C

【解析】线性结构的定义:如果一个非空的数据结构满足下列两个条件:(1)有且只有一个根结点;(2)每一个结点最多有一个前驱,也最多有一个后继。那就可以说这个数据结构是线性结构。

线性表:线性表中数据元素之间的关系是一对一的关系,即除了第一个和最后一个数据元素之外,其他数据元素都是首尾相接的(注意,这句话只适用于大部分线性表,而不是全部。比如,循环链表逻辑层次上也是一种线性表,它在存储层次上属于链式存储,但是把最后一个数据元素的尾指针指向了首位结点。

队列:就和排队一样,晚来的站后面,所以前面最多一个,后面最多一个。

二叉树:分为根结点、左子树、右子树,所以后继可能有两个。

栈:栈是一种特殊的线性结构,里面的方法也是上面最多一个,下面最多一个。

综上所述,根据线性结构和二叉树的定义可以知道:二叉树不是线性结构。

10. 【参考答案】D

【解析】数组属于线性结构,A、B、C 也都属于线性结构,而 D 项的树属于非线性结构。

11. 【参考答案】A

【解析】树具有以下的特点:(1)每个结点有零个或多个子结点;(2)没有父结点的结点称为根结点;(3)每一个非根结点有且只有一个父结点;(4)除了根结点外,每个子结点可以分为多个不相交的子树。

查找表分为:(1)静态查找表。①以顺序表或线性链表表示静态查找表,则查找可用顺序查找来实现;②以有序表(排好顺序的顺序表)表示静态查找表,则查找可用折半查找(二分查找)来实现。(2)动态查找表。(3)哈希表。每种查找表有不同的特点。

图:图(Graph)是由顶点的有穷非空集合和顶点之间边的集合组成的,通常表示为:$G(V, E)$,其中,G 表示一个图,V 是图 G 中顶点的集合,E 是图 G 中边的集合。

线性结构有:顺序表、单链表、栈、队列、串、广义数组、循环链表和双向链表。非线性结构有:树、二叉树、图、Set、Map、字典、散列表。

12. 【参考答案】C

【解析】选项 C 错误的原因是链式存储结构的地址不一定是连续的,所以不能通过计算直接确定第 i 个结点的存储地址。

13. 【参考答案】A

【解析】链式存储结构不需要所有结点占用一片连续的存储区域,结点之间用指针相链接。顺序存储才是需要所有结点都有一片连续的存储区域的。但是无论是顺序存储还是链式存储,每个结点都要占用一片连续的存储区域。

14. 【参考答案】B

【解析】顺序存储结构是存储结构类型中的一种,该结构是把逻辑上相邻的结点存储在物理位置上相邻的存储单元中,结点之间的逻辑关系由存储单元的邻接关系来体现;同时所有的结点元素存放在一块连续的存储区域中。

15. 【参考答案】A

【解析】散列存储方式又称 hash 存储。散列存储方式是根据结点的关键字直接计算出该结点的存储地址的一种存储方式。

16.【参考答案】D

【解析】若结点的存储地址与其关键字存在某种映射关系,即函数关系,则称这种存储结构为散列存储结构。

17.【参考答案】C

【解析】数据的存储结构有:顺序存储、链式存储、索引存储、散列存储。单链表是链式存储,散列表是散列存储。

18.【参考答案】D

【解析】本题考查数据结构中常用的物理存储方法——链式存储方法。在链式存储中,结点间的逻辑关系由附加的指针表示。而数据的逻辑关系包括线性和非线性,线性指数据间存在一对一的关系,非线性指数据间存在一对多的关系,所以本题选 D。

真题实战

1.【参考答案】A

【解析】相同的逻辑结构可以用不同的存储结构实现。一般来说,在不同的存储结构下基本操作的实现是不同的,例如线性表可以顺序存储,也可以链式存储,在顺序存储和链接存储结构下插入操作的实现截然不同。

2.【参考答案】B

【解析】所谓数据的逻辑结构,是指反映数据元素之间逻辑关系的数据结构;所谓数据的存储结构,是指数据的逻辑结构在计算机存储空间中的存放形式,与数据元素本身的形式、内容、相对位置、个数有关,逻辑结构与物理存储无关,所以答案选 B。

3.【参考答案】D

【解析】栈和队列是受限的线性表,也是线性关系。

4.【参考答案】D

【解析】数据元素是数据的基本单位,在计算机程序中通常作为一个整体进行处理。一个数据元素可以由若干个数据项组成。数据项是数据的不可分割的最小单位。数据元素也称结点、定点、元素、记录。

5.【参考答案】B

【解析】D 是数据元素的有限集,S 是 D 上关系的有限集。

6.【参考答案】C

【解析】逻辑结构指数据元素之间的抽象关系(如顺序、层次等),与具体存储方式无关。

有序表:强调数据元素按特定顺序(如升序、降序)排列的逻辑关系,属于线性结构的逻辑描述。

其他选项均为物理结构(存储结构):A.顺序表:通过连续内存单元存储数据,元素位置表示逻辑关系(物理结构)。B.哈希表:通过哈希函数计算存储位置,依赖具体存储机制(物理结构)。D.单链表:通过指针链接非连续存储的结点,实现逻辑关系(物理结构)。

注意:逻辑结构是用户视角的数据关系模型(如有序表的有序性);物理结构是机器视角的存

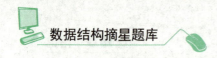

储方案(如顺序表的连续内存)。

掌握要点:分析名称是否体现存储机制(如"顺序""链""哈希"),或仅描述逻辑规则(如"有序""树状")。

7. 【参考答案】B

【解析】顺序表按照下标查找速度快,但是按照关键词查找需要依次访问所以速度慢,插入和删除元素需要移动元素所以速度慢。链接表查找需要从头到尾依次查找速度比较慢,但是插入和删除元素时,只需要改变指针的指向不需要移动元素,所以速度比较快。散列表是根据关键字而直接进行访问的数据结构,散列表建立了关键字和存储地址指间的一种直接映射关系,查找、插入和删除速度快。

8. 【参考答案】B

【解析】(1)顺序存储方式。顺序存储方式就是在一块连续的存储区域一个接着一个地存放数据。顺序存储方式把逻辑上相邻的结点存储在物理位置相邻的存储单元里,结点间的逻辑关系由存储单元的邻接关系来体现。顺序存储方式也称为顺序存储结构,一般采用数组或结构数组来描述。

(2)链接存储方式。链接存储方式比较灵活,不要求逻辑上相邻的结点在物理位置上相邻,结点间的逻辑关系由附加的引用字段来表示。一个结点的引用字段往往指向下一个结点的存放位置。链接存储方式也称为链式存储结构。

(3)索引存储方式。索引存储方式是采用附加的索引表的方式来存储结点信息的一种存储方式。索引表由若干索引项组成。索引存储方式中索引项的一般形式为(关键字、地址)。其中,关键字是能够唯一标识一个结点的数据项。索引存储方式还可以细分为:①稠密索引:这种方式中每个结点在索引表中都有一个索引项,其中索引项的地址指示结点所在的存储位置。②稀疏索引:这种方式中一组结点在索引表中只对应一个索引项。其中,索引项的地址指示一组结点的起始存储位置。

(4)散列存储方式。散列存储方式是根据结点的关键字直接计算出该结点的存储地址的一种存储方式。

在实际应用中,往往需要根据具体的数据结构来决定采用哪种存储方式。同一逻辑结构采用不同的存储方法可以得到不同的存储结构。而且这4种基本存储方法,既可以单独使用,也可以组合起来对数据结构进行存储描述。

§1.2　算法

考点1　算法的基本概念

1. 【参考答案】B

【解析】算法是对特定问题求解步骤的一种描述,所以 A 是错的;算法的可行性,即算法中描述的操作都是可以通过已经实现的基本运算执行有限次来实现的,所以 C 是错的。

2. **【参考答案】** A

【解析】 算法原则上能够精确地运行,而且人们用笔和纸做有限次运算后即可完成。算法的有穷性是指算法程序的运行时间是有限的,因此本题答案为 A。

3. **【参考答案】** A

【解析】 算法是对特定问题求解步骤的一种描述,它是指令的有限序列,其中每一条指令表示一个或多个操作,一个算法具有下列 5 个重要特性:

(1)有穷性。一个算法必须总是在执行有穷步之后结束,且每一步都可在有穷时间内完成。

(2)确定性。算法中每一条指令必须有确切的含义,读者理解时不会产生二义性。

(3)可行性。一个算法是可行的,即算法中描述的操作都是可以通过已经实现的基本运算执行有限次来实现的。

(4)输入。一个算法有零个或者多个的输入,这些输入取自某个特定的对象的集合。

(5)输出。一个算法有一个或多个的输出,这些输出是同输入有着某种特定关系的量。

4. **【参考答案】** C

【解析】 ①若算法执行时所需要的辅助空间相对于输入数据量而言是一个常数,则称这个算法为原地工作,辅助空间为 $O(1)$。不是指不需要任何额外的空间。④同一个算法,实现语言的级别越低,执行效率越高。原命题说反了。故①和④错误,本题选 C。

真题实战

1. **【参考答案】** D

【解析】 一个算法应该具有以下 5 个重要的特征:

(1)有穷性。算法的有穷性是指算法必须能在执行有限个步骤之后终止。

(2)确切性。算法的每一个步骤必须有确切的定义;故 D 选项说法错误。

(3)输入项。一个算法有 0 个或多个输入,以刻画运算对象的初始情况,所谓 0 个输入是指算法本身定出了初始条件。

(4)输出项。一个算法有一个或多个输出,以反映对输入数据加工后的结果。没有输出的算法是毫无意义的。

(5)可行性。算法中执行的任何计算步骤都是可以被分解为基本的可执行的操作步,即每个计算步都可以在有限时间内完成(也称为有效性)。

2. **【参考答案】** C

【解析】 本题考察算法的五大特性。即有穷性,确定性,可行性,输入,输出。

3. **【参考答案】** D

【解析】 本题考查算法的定义。算法是对特定问题求解步骤的一种描述,所以选择 D。

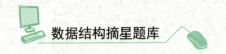

考点2　算法效率的度量

题组闯关

1. **【参考答案】**D

　　【解析】此问题考查以比较为基础的排序算法的时间复杂度分析,利用二叉树可以证明对任何以关键字比较为基础的排序算法,最坏情况的计算时间下界都为 $O(n\log_2(n))$,如归并排序算法。

2. **【参考答案】**C

　　【解析】外循环执行 n 次,内循环执行了 $\log_3(n)$ 次,所以答案是 $O(n\log_3(n))$。

3. **【参考答案】**D

　　【解析】i<=n 时,i=i*3,那么循环的次数为 i 一直乘 3 到 n 的次数,即为 $\log_3 n$。所以时间复杂度为 $O(\log_3 n)$。

4. **【参考答案】**B

　　【解析】这个算法实质上是在求 n 的阶乘,也就是说运算过程是: $n\times(n-1)\cdots2\times1$,中间经过了 n 次运算,也就是说时间复杂度是 $O(n)$。

5. **【参考答案】**C

　　【解析】该程序为嵌套循环,外层循环的时间复杂度 $T(n1)=O(m)$,内层循环的时间复杂度 $T(n2)=O(n)$,则此程序的时间复杂度 $T(n)=m\times n$,即为 $O(m\times n)$。

6. **【参考答案】**D

　　【解析】该题考查冒泡排序的复杂度。

　　对时间复杂度进行分析。其外层循环执行 $N-1$ 次。内层循环最多的时候执行 N 次,最少的时候执行 1 次,平均执行 $(N+1)/2$ 次。

　　所以循环体内的比较交换约执行 $(N-1)(N+1)/2=(N^2-1)/2$。按照计算复杂度的原则,去掉常数,去掉最高项系数,其复杂度为 $O(N^2)$。

7. **【参考答案】**D

　　【解析】程序执行的效率与数据的存储结构、数据的逻辑结构、程序的控制结构、所处理的数据量等有关。除 $O(1)$ 外,时间复杂度随问题的规模增大而增大;语句频度越高,高到多出一个量级,复杂度就变了;不同的策略,复杂度有可能是不同的。

8. **【参考答案】**C

　　【解析】计算程序的时间复杂度时,对于一个多层循环,假设循环体的时间复杂度为 $O(n)$,各层循环的循环次数分别是 $a,b,c\cdots$,则这个循环的时间复杂度为 $O(n\times a\times b\times c\cdots)$。分析的时候应该由里向外分析这些循环。而对于顺序执行的语句或者算法,总的时间复杂度等于其中最大的时间复杂度。结合上述信息可以看出题目给出的两个循环是顺序执行的。其中第二个循环的时间复杂度更高,为 $m\times n\times t$,所以答案为 C。

9. **【参考答案】**C

　　【解析】每次 n 减小 1,一共需要进行 n 次。因此时间复杂度为 $O(2^n)$,速度慢是因为其系数在指数变大。

10. 【参考答案】A

【解析】BFPRT 算法解决的问题十分经典,即从某 n 个元素的序列中选出第 k 大(第 k 小)的元素,通过巧妙的分析,BFPRT 可以保证在最坏情况下仍为线性时间复杂度。该算法的思想与快速排序思想相似。当然,目的是使得算法在最坏情况下,依然能达到 $O(n)$ 的时间复杂度。

11. 【参考答案】C

【解析】在这里渐进空间复杂度比较为:$O(1)<O(n)<O(n\log_2 n)<O(n^{1.5})<O(n^2)$。又由于算法的空间花费为一个表达式,所以选择表达式中空间复杂度大的项作为整个算法的空间复杂度。根据上述对复杂度大小的比较,得出此算法的空间复杂度为 $O(n^2)$。

真题实战

1. 【参考答案】D

【解析】此程序的时间复杂度即为程序中循环次数的时间耗费。由程序为嵌套循环,外层循环的时间复杂度 $T(n1)=O(n)$,内层循环的时间复杂度 $T(n2)=O(n)$(内层循环语句最多执行 n 次,最少执行 1 次,平均执行 $\frac{n+1}{2}$ 次),则此程序的时间复杂度 $T(n)=n\times n$,即为 $O(n^2)$。

2. 【参考答案】D

【解析】本题考查基本概念,时间复杂度为算法的耗时与数据增长量之间的关系。其中的 n 代表输入数据的量。$O(1)$ 为最低复杂度,常量值也就是耗时与输入数据大小无关,无论输入数据增大多少倍,耗时都不变,所以选择 D。

3. 【参考答案】B

【解析】令 $n=2^m$,n 是 2 的整数倍,$m=\log_2 n$。sum++的语句频度 $1+2+4\cdots+2^m=1+\frac{2(1-2^m)}{1-2}=1$ $+2\times 2^m-2=2\times 2^m-1=2n-1$。因此,时间复杂度为 $O(n)$。

4. 【参考答案】A

【解析】简单模拟一下每次循环里面 s 的值:

第一次执行完 $s=s+j, s=1$;

第二次 $s=3=1+2$;

第三次 $s=6=1+2+3$;

第四次 $s=10=1+2+3+4$;

第 k 次 $s=1+2+3+4+\ldots+k=k\times(k+1)/2$;

那么当 $k\times(k+1)/2\geq n$ 的时候停止,

也就是 $k=(\sqrt{(8\times n+1)}-1)/2$。

关于 n 的表达式是根号的,所以复杂度是 $\sqrt{n}$。

5. 【参考答案】B

【解析】若算法执行时所需的辅助空间相对于数据量来说是个常数,则空间复杂度为 $O(1)$,称为原地工作。算法原地工作的含义是指不需要任何额外的辅助,算法所需要的辅助空间不随着问题的规模而变化,是一个确定的值,即与问题规模 n 无关。

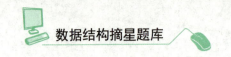

第2章 线性表

§2.1 线性表的基本概念

考点1 线性表的定义

1. 【参考答案】A

【解析】链式存储设计时,各个不同结点的存储空间可以不连续,但结点内的存储单元地址必须连续。

2. 【参考答案】B

【解析】线性表的定义:线性表是具有相同数据类型的 $n(n \geqslant 0)$ 个数据元素的有限序列。选项A中实数不是有限序列,且不是相同数据类型。选项C中所有整数不是有限序列。选项D中图的邻接表存储方法是一种顺序分配和链式分配相结合的存储结构。

3. 【参考答案】D

【解析】选项中只有顺序表可以随机存取,时间复杂度为 $O(1)$。其他都需要从头结点依次寻找,时间复杂度为 $O(n)$。

4. 【参考答案】A

【解析】存取指定序号,顺序表可以随机存取,所需的时间比链表少,可以在 $O(1)$ 的时间复杂度内完成。题目的插入、删除是在最后,所以顺序表和链表都行。所以综合来看,答案选择顺序表。

5. 【参考答案】B

【解析】顺序储存插入和删除的时间复杂度是 $O(n)$,链式存储的插入和删除的平均时间复杂度是 $O(1)$,所以链式存储能够进行较快速的插入和删除。同时,链式存储的前后结点之间有明确的逻辑关系。散列存储查找的时间复杂度较低,但插入和删除的时间复杂度仍然高于链式存储。

6. 【参考答案】D

【解析】带尾指针的单循环链表,就是单独有一个指针指向最后一个元素,这样最后一个元素和第一个元素的遍历时间复杂度都是 $O(1)$。

B选项中查找到最后一个元素需要时间 $O(n)$,比D慢。

7. 【参考答案】B

【解析】数据元素是数据的基本单位,它是由若干数据项组成的。

8.　【参考答案】B

　　【解析】线性表采用顺序存储,便于进行查找操作,不便于进行插入和删除操作。

　　[归纳总结]关于顺序表和链表的比较,请看下表:

具体要求	顺序表	链表
基于空间	适合线性表长度变化不大,易于事先确定其大小时采用	适合当线性表长度变化大,难以估计其存储规模时采用
基于时间	顺序表是一种随机存取的存储结构,当线性表的操作主要是查找时,宜采用顺序表	链表是一种顺序存取的存储结构。链表中对任何位置进行插入和删除都只要修改指针,所以,以这类操作为主的线性表宜采用链表作为存储结构。若插入和删除主要发生在表的首尾两端,则宜采用尾指针表示的单循环链表

　　【参考答案】B

　　【解析】线性表在顺序存储时可以随机存取,与 i 无关。链式存储时不能随机存取,查找时间与 i 成正比。

考点 2　线性表的基本操作

1.　【参考答案】B

　　【解析】在 i 位置插入一个元素,i 和 i 后面的元素都要后移,i 前面共有 $i-1$ 个元素,除了这 $i-1$ 个元素,其余所有元素都要后移,$n-(i-1)=n-i+1$

1.　【参考答案】A

　　【解析】对于 A 选项:

　　顺序表:由于顺序表使用连续的内存空间,所以可以直接通过下标 i 访问第 i 个元素,时间复杂度为 $O(1)$。

　　链表:在链表中,为了找到第 i 个元素,需要从头结点开始遍历,时间复杂度为 $O(i)$。

2.　【参考答案】B

　　【解析】具体来说,第 i 个位置上的元素需要后移,以及它后面的所有元素(即第 $i+1,i+2,\cdots,n$ 个元素)都需要后移。所以,总共需要后移的元素个数是 $n-i+1$。这是因为从第 i 个位置到第 n 个位置共有 $n-i+1$ 个元素(包括第 i 个位置上的元素)。

　　　　　　　．

§2.2 线性表的顺序存储

考点 顺序表

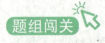

1. 【参考答案】D

【解析】假设以行存储和以列存储的首地址都是1,由于行和列的下标都是从1开始的,所以 $a[3,5]$ 以行主序存储的地址表达式为 $(i-1)\times10+j$,算出 $a[3,5]$ 的地址为 $(3-1)\times10+5=25$。如果是以列主序存储,那么其地址表达式为 $i+(j-1)\times8$。将 A、B、C 选项分别代入表达式,得到的地址分别为:

        A: $7+2\times8=23$;

        B: $8+2\times8=24$;

        C: $3+3\times8=27$。

所以 A、B、C 都不对,选 D。如果存在正确选项的话应该是 $a[1,4]$ // $1+(4-1)\times8=25$。

2. 【参考答案】C

【解析】第一个元素删除时,其后面的 $n-1$ 个元素都要前移;第二个元素删除时,其后面的 $n-2$ 个元素需要移动。以此类推,所以总的移动次数为: $n-1+n-2+\dots+1+0=n(n-1)/2$,所以平均移动元素个数为: $n(n-1)/2n=(n-1)/2$。

3. 【参考答案】B

【解析】若是平均要移动的个数为 $n/2$,插入末尾,移动 0 个元素,插入表首移 n 个元素。

1. 【参考答案】D

【解析】总共需要的存储空间单元数为 $15\times10\times10\times5=7500$。

2. 【参考答案】C

【解析】1. 假定无第 0 行第 0 列的情况下;2. 以行序为主序顺序存储

A[i][j] 的首地址 = 数组的在内存中的基地址(1000)+i * 列数(5) * 每个元素占单元数+j * 每个元素占单元数

假定无第 0 行第 0 列的情况下,第 3 行第 4 列应该为第二行第三列。代入得:

A[3][4] 首地址 = $1000+2*5*2+3*2=1026$

3. 【参考答案】D

【解析】此题考查数组矩阵的存储,注意题目并没有提及具体的存储形式,即按行还是按列。所以,按行存储时,该元素前面有 5 整行另加 3 个元素: $(5\times10+3)\times3+1000=1159$;按列存储时,该元素前面有 3 整列另加 5 个元素: $(3\times8+5)\times3+1000=1087$。

4. 【参考答案】A

【解析】在第 i 个位置插入元素时,该位置以及之后的所有元素都要往后移,一共 $n-i+1$ 个元素。

5. 【参考答案】C

【解析】对长度为 n 的顺序线性表进行删除元素的操作,删除第 1 个元素移动元素的个数为 $n-1$。如果删除每一个元素的概率相同,则概率为 $1/n$,所以删除一个元素移动 $(n-1)/2$ 个元素。

6. 【参考答案】C

【解析】随机存取是相对应于顺序存取而存在的概念。对于链表来说,它要读取它的第 n 个数据,那么只能从表头开始一个一个按顺序读取到第 n 个,因此称为顺序存取。对于顺序表来说,它要读取它的第 n 个数据,可以直接读出来,因此称为随机存取。

7. 【参考答案】A

【解析】顺序存储利用物理的邻接关系表示数据元素之间的逻辑关系,因此没有必要设置指针域,所以其存储密度比链式存储大;B 和 C:插入运算和删除运算都需大量移动数据元素,并不方便;D 选项并不是顺序存储结构的优点。所以答案为 A。

8. 【参考答案】B

【解析】根据题干的"使查找成功时的平均查找长度达到最小",所以将经常需要查找(查找概率大)的数据放在顺序表中较前的位置。所以 b 的查找概率 0.3 最大,应放在顺序表最前位置。d 的查找概率 0.1 为最小,放在最后位置。

§2.3　线性表的链式存储

考点 1　单链表

1. 【参考答案】D

【解析】链表不能随机存取。

2. 【参考答案】C

【解析】存储密度=单链表数据项所占空间/结点所占空间。单链表结点所占空间包括数据项所占空间和存放后继结点地址的链域,所以,存储密度小于 1。

3. 【参考答案】B

【解析】A、C、D 选项查找要修改指针的结点的时间复杂度为 $O(1)$,与链表的长度无关。B 查找的时间复杂度为 $O(n)$,与链表的长度有关。

4. 【参考答案】D

【解析】在单链表中删除 *p 结点之后的一个结点,仅需修改 *p 结点的指针域即可。

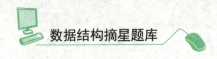

5. 【参考答案】D

【解析】本题主要考查删除单链表结点时指针的变化情况。删除结点时,首先记录所删结点的位置,即 q＝p->next,然后找 p 的新的后继,最后用 free 删除 q 指向的结点,完成删除。

6. 【参考答案】C

【解析】由于将长度为 n 的单链表链接在长度为 m 的单链表之后的操作,需要把长度为 m 的单链表遍历一遍,找到最后的一个结点,所以时间复杂度为 $O(m)$。

7. 【参考答案】B

【解析】本题主要考查单链表插入结点时的时间复杂度。无论单链表是否有序,都只能顺序去找插入位置,所以有序单链表再插入结点仍保持有序的时间复杂度为 $O(n)$。另外延伸一下,若不是对链表进行插入,而是对顺序表(线性表的顺序存储表示)进行插入,则可以按照折半查找去寻找插入位置,此时时间复杂度为 $O(\log_2(n))$。

 真题实战

1. 【参考答案】B

【解析】归并排序的基本思想是:归并排序是多次将两个或两个以上的有序表合并成一个新的有序表。最简单的归并是直接将两个有序的子表合并成一个有序的表,比较次数为 n。

2. 【参考答案】D

【解析】链队列中删除元素一般仅修改队头指针,但只有一个元素时,出队后队空,此时还要修改队尾指针。

3. 【参考答案】C

【解析】在一个单链表中插入一个元素,首先要生成一个指针 s 指向的结点,选项 C 中的第一条语句让插入位置之后的元素成为其后继结点,后一条语句使 s 成为 p 的后继结点,同时断开之前 s 的后继结点与 p 的联系。

4. 【参考答案】A

【解析】该题考查的是无头结点链表的头插法。首先,将 t 结点的下一个结点指向 h,然后将 t 改为新的头结点 h,头插法完成。选 A。

5. 【参考答案】C

【解析】由于单链表只能进行单向顺序查找,以从第一个结点开始查找为例,查找第 m 个结点需要比较的结点数 $f(m)=m$,查找成功的最好情况是第一次就查找成功,只用比较 1 个结点,最坏情况则是最后才查找成功,需要比较 n 个结点。

所以一共有 n 种情况,平均下来需要比较的结点为 $[1+2+3+\dots+(n-1)+n]/n=(n+1)/2$。

6. 【参考答案】B

【解析】B 选项正确;A、C、D 选项中,都出现了 p->next,在 p 前方插入元素时,p 的后继元素根本不会参与。所以 A、C、D 选项错误。

7. 【参考答案】B

【解析】本题考查单链表结构及指针的使用。删除 p 所指结点的后续结点,即把 p 所指结点的

后续的后续结点的地址(p→next→next)赋值给 p 结点的 next 域。

8. **【参考答案】D**

【解析】本题考查单循环链表的删除。q＝h->next；h->next＝q->next,q 指针指向待删除的第一个结点,头结点指向第二个结点,此时若尾指针 p 和 q 指针指向同一个位置的话,则我们需要修改尾指针 p,将其指向头结点(空单循环链表),否则,不需要修改,故 C 错。A 选项中,h->next＝h->next 修改了头结点的后继,q 指针指向的不是待删除的第一个结点,故 A 错。B 选项中,假设这个链表中只剩下最后一个结点(即尾指针 p 指向的结点),q＝h->next q 指针指向带删除的第一个结点(最后一个结点),则删除后,还需要修改 p 指针,故 B 错。故本题答案为 D。

9. **【参考答案】A**

【解析】访问后继结点只要一次间接寻址 p＝p->next,该步骤没有循环,时间复杂度是 $O(1)$。

10. **【参考答案】D**

【解析】最坏情况下的时间复杂度,即比较次数最多,为 $n+m-1$。选择的时候应该选择最大的那个数,所以答案是 D,为 $O(\max(m,n))$。

11. **【参考答案】D**

【解析】本题考查链表的基本操作。

语句 q＝p->next:指针 q 指向 p 的下一个结点;

语句 p->next＝q->next:p 的 next 域指向 q 的下一个结点,即将 q 所指结点从链表中取出;

语句 q->next＝L->next:q 的 next 域指向第一个结点(头结点的后一个结点);

语句 L->next＝q:头指针指向 q 所指结点。

因此,这段代码的功能是将 q 结点移动到表头。故本题选 D。

考点 2　双链表

1. **【参考答案】A**

【解析】删除 p 指向的结点,需要让 p 的后继结点的 prior 指向 p 的前驱结点,p 的前驱结点的 next 指针指向 p 的后继结点。

2. **【参考答案】A**

【解析】本题主要考查如何在双向链表中删除一个结点,与单链表上的插入和删除操作不同的是,在双向链表中插入和删除必须同时修改两个方向上的指针。

3. **【参考答案】B**

【解析】在 *p 结点之后插入一个结点 *s,相当于在 p 结点和 p->next 之间插入结点。双链表插入算法的注意事项:插入新结点的核心步骤为修改四个指针,要保证在插入的过程中不能断开链表原来的链,否则链表就断链了。

4. **【参考答案】A**

【解析】双链表的每一个结点均有两个指针,分别指向自己的前驱和后继,所以双链表的插入、

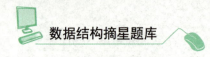
删除操作的复杂度仅为 $O(1)$。

5. 【参考答案】A

【解析】①②和④之间相对位置不可颠倒。

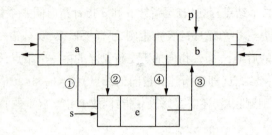

记住四个字:过河拆桥。

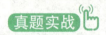

1. 【参考答案】B

【解析】先修改待插入结点的前驱和后继,再修改原来两个结点中后一个结点的前驱以及前一个结点的后继,可以简单地记为前驱,后继,前驱,后继的修改顺序。

2. 【参考答案】C

【解析】对于经常增删的操作,一律不考虑顺序表,排除 A。用头指针表示的单循环链表,要执行尾部删除或者插入结点时,都要遍历到尾部结点进行,删除和插入的时间复杂度都是 $O(N)$,用尾指针标识的单循环链表在最后一个结点插入时的时间复杂度为 $O(1)$,在删除最后一个结点的操作,仍要从头部遍历到要删除的结点,故时间复杂度为 $O(N)$,所以用尾指针标识的单循环链表较优,而对于双向链表,每个节点除了包含指向下一个节点的指针外,还包含一个指向前一个节点的指针。虽然双向链表允许从任一节点开始向前或向后遍历,但在删除最后一个节点或在最后一个节点后插入节点的场景下,双向链表并没有明显优势,并且由于每个节点需要维护两个指针,所以双向链表的内存开销更大。

3. 【参考答案】D

【解析】p 结点的前驱结点指向的后继结点指向 q;q 的后继结点指向 p;q 的前驱结点指向 p 的前驱结点;p 的前驱结点更新为 q。

4. 【参考答案】C

【解析】在双向链表中,每个结点两个指针域,一个指向前驱结点,另一个指向后继结点。

考点3　循环链表

1. 【参考答案】A

【解析】A 选项,我们知道(非循环的)单链表只能找到它之后的结点,而循环链表因为是循环的,即使不是双向的,也能通过绕一圈的方式找到它前面的结点。所以 A 正确。

B 选项,对于(非循环的)链表而言,头结点可以不存在,但是存在头结点作用会更好,而对于循环链表,必须要有头结点,不然的话,循环链表最大的作用——循环就没有作用了,所以 B 不正确。

C 选项,在进行结点删除操作后,原则上链表都是断开的,关键是靠删除算法来保证其不断开,与是否循环没有关系。所以 C 不正确。

D 选项,在单向循环链表中,已知某个结点的位置很难得到它的直接前驱结点,D 不正确。

2. 【参考答案】C

【解析】带头结点的单循环链表判空条件为 head->next==head,此为记忆性基础知识。

1. 【参考答案】D

【解析】在指针 p 所指结点之后插入指针 s 所指结点,需要先修改指针 s,将 s 的 lLink 域指向 p,将 s 的 rLink 域指向 p 的下一个结点,p 的下一个结点的 lLink 域指向 s,p 的 rLink 域指向 s。

2. 【参考答案】B

【解析】由于规定了插入运算是在表尾插入一个新元素,删除运算是指删除表头第一个元素。如果使用单向链表,且仅有头指针的单向循环链表,每次插入结点都要遍历整个链表,找到链尾,才能进行插入。如果采用顺序存储,每次删除表头元素时,都要移动 $n-1$ 个元素。如果使用仅有尾指针的单向循环链表,插入新元素时,仅需移动尾指针就可以了,删除结点时,只需一步操作就可以定位到头结点,就可以进行删除,因为头结点是尾指针的下一个结点。

3. 【参考答案】A

【解析】由于非循环双链表只带队首指针,可在执行入队操作时需要修改队尾结点的指针域,而查找队尾结点需要 $O(n)$ 的时间。B、C、D 项均可在 $O(1)$ 的时间内找到队首和队尾。

考点 4　静态链表

1. 【参考答案】C

【解析】静态链表是使用一维数组实现的链式存储结构,需要分配较大空间,插入和删除需要修改指针,不需要移动元素。

2. 【参考答案】C

【解析】本题主要考查线性表的静态链表的特点。

考点 5　线性表存储方式的比较

1. 【参考答案】B

【解析】最适合用做链式队列的链表是带队首指针和队尾指针的非循环单链表,因此答案选

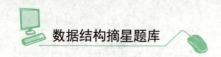

B。链式队列通常使用链表来实现,由于队列只能在队首和队尾进行操作,因此需要维护队首指针和队尾指针。

对于循环链表来说,由于没有明显的队尾结点,因此在使用循环链表实现队列时,需要在结点数据结构中添加一个标记来表示当前结点是否为队尾结点。但是这种方式会增加数据结构的复杂度,因此不太适合作为链式队列的实现方式。

对于只带队首指针的链表来说,需要在进行队尾操作时遍历整个链表,找到最后一个结点,并修改其指针域,这样的时间复杂度为 $O(n)$,不太适合作为链式队列的实现方式。

因此,最适合用做链式队列的链表是带队首指针和队尾指针的非循环单链表。在这种链表中,队首指针指向队列的头部,队尾指针指向队列的尾部,队列的元素通过指针连接起来,可以实现常数时间复杂度的入队和出队操作。

2.【参考答案】D

【解析】本题显然应在选项 B 和选项 D 中选择正确答案,考虑到需要在最后一个元素之后插入和删除第一个元素,所以最好可以直接得到链表尾指针。如果只有头指针,必须遍历所有链表才能得到尾指针。

3.【参考答案】C

【解析】选项 C 错误的原因是链式存储结构的地址不一定是连续的,所以不能通过计算直接确定第 i 个结点的存储地址。

真题实战

1.【参考答案】A

【解析】顺序存储方法即把线性表的结点按逻辑次序依次存放在一组地址连续的存储单元里的方法。

2.【参考答案】D

【解析】线性表采用顺序存储时,地址必须是连续的。线性表的链式存储结构是用一组任意的存储单元依次存储线性表中的各元素,这组存储单元可以是连续的,也可以是不连续的,因此选 D。

3.【参考答案】A

【解析】随机访问任一结点是顺序表的特点,链表只能从表头顺序存取元素,因此选 A。

链表的插入和删除操作,只需要修改相关结点的指针域即可,不需要移动元素,因此选项 B 是链表的特点。

链式存储的结点空间只在需要的时候申请分配,只要内存有空间就可以分配,因此不必事先估计存储空间,并且所需空间与其长度成正比,故选项 C 和 D 为链表的特点。

§2.4 综合应用题

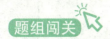

1. 【参考答案与解析】

```
bool IsIncrease(LinkList * head) {
    if(head==NULL||head->next==NULL) {
        return true;
    } else{
        for(p=head, q=head->next; q! =NULL; p=q, q=q->next) {
            if(p->data>q->data)
                return false;
        }
        return true;
    }
}
```

2. 【参考答案与解析】

```
void quick_move(int a[], int start, int end) {
    int tmp;
    while(start<end) {
        while(end>=0&&a[end]%2==0) {
            end--;
        }
        while(start<end&&a[start]%2! =0) {
            start++;
        }
        if(start<end) {
            tmp=a[start];
            a[start]=a[end];
            a[end]=tmp;
        }
    }
}
```

3. 【参考答案与解析】

最直接的想法是首先遍历一次链表得到链表的长度 n,倒数第 k 个结点就是正数第 $n-k+1$ 个结点,然后再遍历链表到第 $n-k+1$ 个结点即可。想法没有问题,只是不符合题目的"最优"要求,"最优"是要求使时间、空间复杂度最小。最佳的方案是只遍历一次链表。思路是声明两个指针 p1 和 p2,首先让 p1 移动 $k-1$ 步,然后 p1、p2 同时移动,直到 p1->next 为空,p2 所指向的结点就是倒数第 k 个结点。

```
ListNode * FindKthToTail(ListNode * head, int k) {
    ListNode * p1, p2 = head;
    for(int i = 0; i<k-1; i++) {
        p1 = p1->next;
    }
    while(p1->next) {
        p1 = p1->next;
        p2 = p2->next;
    }
    return p2;
}
```

4. 【参考答案与解析】

```
typedef struct node{
    int data;
    struct node * next;
}LinkList;

void DelSameNum(LinkList * head) {
    for(p = head; p! = NULL; p = p->next) {
        s = p;
        for(q = p->next; q! = NULL;    ) {
            if(q->data == p->data) {
                s->next = q->next;
                free(q);
                q = s->next;
            }else{
                s = q;
                q = q->next;
            }
        }
    }
}
```

5. 【参考答案与解析】

```
void Linklist_Select_Sort(LinkList *l) {
    for(p=l; p->next->next! =NULL; p=p->next) {
        q=p->next;
        x=q->data;
        for(r=q, r->next! =NULL; r=r->next) {   //在 q 后面寻找元素值最小的结点
            if(r->next->data<x) {
                x=r->next->data;
                s=r;
            }
            if(s! =q) {                          //找到了值比 q->data 更小的最小结点
                s->next;
                p->next=s->next;
                s->next=q;
                t=q->next;
                q->next=p->next->next;
                p->next->next=t;
            }
        }
    }
}
```

6. 【参考答案与解析】

算法思想：对单链表 La 和 Lb 进行扫描，将表 La 和 Lb 当前结点中较小者，插入 Lc 表表头。
单链表的类型定义为：

```
struct Lnode{
    datatype data;
    struct Lnode *next;
}

void merge_dowum(Linklist &La, Linklist &Lb, Linklist &Lc) {
    pa=La->next;
    pb=Lb->next;
    pc=La;
    Lc->next==NULL;
    while(pa || pb) {
        if(! pa) {                      //只要存在一个非空表,用 pc 指向待摘取元素
            pc=pa;
```

```
                pa=pa->next;
            }
            else if(! pb){
                pc=pb;

                pb=pb->next;
            }
            else if(pa->data<=pb->data){
                pc=pa;

                pa=pa->next;
            }
            else{
                pc=pb;

                pb=pb->next;
            }
            else{
                pc=pb;

                pb=pb->next;
            }
            pc->next=Lc->next;    //将 pc 指向的结点插在 Lc 的头结点之后
            Lc->next=pc;
        }
    }
```

7. 【参考答案与解析】

代码中存在错误。

(1)为删除 La 的第 i 个元素起的 len 个元素,需要保存第 i 个元素结点前驱结点的指针。

(2)k 在 3 个循环中的作用是类似的,都是用于累计本次循环中已扫描过的元素结点的个数,所以进入第二个循环之前,k 要重新赋值,即 $k=1$。

(3)为将子表插在表 Lb 的第 $j(j \geqslant 1)$ 个元素之前,需要修改 Lb 的第 $j-1$ 个元素结点的指针,故第三个循环的循环条件为 $k<j-1$。

(4)将子表插入到表 Lb 中,修改指针的顺序有误。

```
void insertsub(LNode * La, LNode * Lb, int i, int j, int len){
    pre=La;                    // pre 指向 La 的头结点
    p=La->next;                // p 指向 La 头结点后的第一个元素
    k=1;

                               // 遍历到 La 的第 i-1 个元素,pre 指向第 i-1 个元素,
                               //    p 指向 La 第 i 个元素
```

```
while( k<i) {
    pre = p;
    p = p->next;
    k = k+1;
}
s = p;                          // s 指向 La 的第 i 个元素
k = 1;
while(k<len) {
    s = s->next;
    k = k+1;
}
pre->next = s->next;            // 删除从 La 的第 i 个元素起的后 len 个
q = Lb;                         // q 指向 Lb 的头结点
k = 0;
while(k<j-1) {                  // 令 q 指向 Lb 的第 j-1 个元素
    q = q->next;
    k = k+1;
}
s->next = q->next;             // 将 La 的第 i+len-1 个元素插入 Lb 的第 j 个元素之前
q->next = p;
}
```

8. 【参考答案与解析】

　　while 循环中的 q->next 表明在原表中 p 指向的结点是 q 指向结点的前趋。在对 q->next 赋值之前需要先保存。在处理完当前结点（q 指向的结点）后，所有用于扫描的指针均需要后移。题目中要求在该算法中用 L 返回倒置后链表的头指针。

　　（1）r=q->next　　　　　　（2）q=r　　　　　　（3）L=p

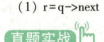 真题实战

1. 【参考答案与解析】

　　（1）顺序遍历两个链表到尾结点时，并不能保证两个链表同时到达尾结点。这是因为两个链表的长度不同。假设一个链表比另一个链表长 k 个结点，我们先在长链表上遍历 k 个结点，之后同步遍历两个链表，这样就能够保证它们同时到达最后一个结点。由于两个链表从第一个公共结点到链表的尾结点都是重合的，所以它们肯定同时到达第一个公共结点。于是得到算法思路：

　　①分别求出 str1 和 str2 所指的两个链表的长度 m 和 n。

　　②将两个链表以表尾对齐：令指针 p、q 分别指向 str1 和 str2 的头结点，若 $m \geq n$，则使 p 指向链表中的第 $m-n+1$ 个结点；若 $m<n$，则使 q 指向链表中的第 $n-m+1$ 个结点，即使指针 p 和 q 所指的结点到表尾的长度相等。

　　③反复将指针 p 和 q 同步向后移动，并判断它们是否指向同一结点。若 p 和 q 指向同一结点，

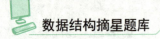

则该点即为所求的共同后缀的起始位置。

（2）

```
LinkNode  * Find_1st_Common( LinkList str1, LinkList str2) {
    int len1 = Length( str1) , len2 = Length( str2) ;
    LinkNode  * p, * q;
    for(p = str1; len1>len2; len1--) {          // 使 p 指向的链表与 q 指向的
                                                //    链表等长
        p = p->next;
    }
    for(q = str2; len1<len2; len2--) {          // 使 q 指向的链表与 p 指向的
                                                //    链表等长
        q = q->next;
    }
    while(p->next! =NULL&&p->next! =q->next) {   // 查找共同后缀起始点
        p = p->next;                            // 两个指针同步向后移动
        q = q->next;
    }
    return p->next;                             // 返回共同后缀的起始点
}
```

（3）时间复杂度为：$O($ len1+len2$)$ ，其中 len1、len2 分别为两个链表的长度。

2. 【参考答案与解析】

（1）算法的策略是从前向后扫描数组元素，标记出一个可能成为主元素的元素 Num。然后重新计数，确认 Num 是否是主元素。

算法可分为以下两步：

①选取候选的主元素：依次扫描所给数组中的每个整数，将第一个遇到的整数 Num 保存到 c 中，记录 Num 的出现次数为 1；若遇到的下一个整数仍等于 Num，则计数加 1，否则计数减 1；当计数减到 0 时，将遇到的下一个整数保存到 c 中，计数重新记为 1，开始新一轮计数，即从当前位置开始重复上述过程，直到扫描完全部数组元素。

②判断 c 中元素是否是真正的主元素：再次扫描该数组，统计 c 中元素出现的次数，若大于 $n/2$，则为主元素；否则，序列中不存在主元素。

（2）算法实现：

```
int Majority(int A[  ], int n) {
    int i, c, count = 1;          // c 用来保存候选主元素, count 用来计数
    c = A[0];                     // 设置 A[0] 为候选主元素
    for(i = 1; i<n; i++) {        // 查找候选主元素
```

```
        if( A[i] ==c) {
            count++;                      // 对 A 中的候选主元素计数
        } else{
            if(count>0) {                 // 处理不是候选主元素的情况
                count--;
            } else{                       // 更换候选主元素,重新计数
                c = A[ i] ;
                count = 1;
            }
        }
    }
    if(count>0) {
        for(i = count = 0; i<n; i++) {    // 统计候选主元素的实际出现次数
            if(A[i] ==c) {
                count++;
            }
        }
    }
    if(count>n/2) {                       // 确认候选主元素
        return c;
    } else{                               // 不存在主元素
        return-1;
    }
}
```

(3)时间复杂度为 $O(n)$,空间复杂度为 $O(1)$ 。

3. 【参考答案与解析】

(1)算法的核心思想是用空间换时间。使用辅助数组记录链表中已出现的数值,从而只需对链表进行一趟扫描。因为|data|≤n,故辅助数组 q 的大小为 $n+1$,各元素的初值均为 0。依次扫描链表中的各结点,同时检查 $q[$ |data|$]$ 的值,如果为 0,则保留该结点,并令 $q[$ |data|$]$ = 1;否则,将该结点从链表中删除。

(2)

```
typedef struct node{
    int data;
    struct node * link;
} NODE;
typedef NODE * PNODE;
```

（3）

```
void func(PNODE h, int n) {
    PNODE p = h, r;
    int * q, m;
    q = (int *) malloc( sizeof( int) * ( n+1));      // 申请 n+1 个位置的辅助空间
    for(int i = 0; i < n+1; i++)                      // 数组元素初值置 0
        * (q+i) = 0;
    while(p->link! = NULL) {
        m = p->link->data>0? p->link->data: -p->link->data;
        if( * ( q+m) == 0) {                          // 判断该结点的 data 是否已出现过
            * ( q+m) = 1;                             // 首次出现
            p = p->link;                              // 保留
        } else {                                      // 重复出现
            r = p->link;                              // 删除
            p->link = r->link;
            free(r);
        }
    }
    free(q);
}
```

（4）时间复杂度为 $O(m)$,空间复杂度为 $O(n)$ 。

4. 【参考答案与解析】

（1）算法的基本设计思想。

由题意知,将最小的 $n/2$ 个元素放在 A_1 中,其余的元素放在 A_2 中,分组结果即可满足题目要求。仿照快速排序的思想,基于枢轴将 n 个整数划分为两个子集。根据划分后枢轴所处的位置 i 分别处理：

①若 $i=n/2$,则分组完成,算法结束。

②若 $i<n/2$,则枢轴及之前的所有元素均属于 A_1 ,继续对 i 之后的元素进行划分。

③若 $i>n/2$,则枢轴及之后的所有元素均属于 A_2 ,继续对 i 之前的元素进行划分。

基于该设计思想实现的算法,无须对全部元素进行全排序,其平均时间复杂度是 $O(n)$,空间复杂度是 $O(1)$ 。

（2）算法实现。

```
int setPartition(int a[ ], int n) {
    int pivotkey, low = 0, low0 = 0, high = n-1, high0 = n-1, flag = 1, k = n/2, i;
    int s1 = 0, s2 = 0;
    while(flag) {
        piovtkey = a[low];                            // 选择枢轴
        while(low<high) {                             // 基于枢轴对数据进行划分
```

```
        while(low<high && a[high] >= pivotkey)  --high;
        if(low! = high) a[low] = a[high];
        while(low<high && a[low] <= pivotkey) ++low;
        if(low! = high) a[high] = a[low];
    }                                        // end of while(low<high)
    a[low] = pivotkey;
    if(low == k-1)                            // 如果枢轴是第 n/2 小元素, 划分成功
        flag = 0;
    else{                                     // 是否继续划分
        if(low<k-1) {
            low0 = ++low;
            high = high0;
        } else{
            high0 = --high;
            low = low0;
        }
    }
}
for(i = 0; i<k; i++)  s1+= a[i];
for(i = k; i<n; i++)  s2+= a[i];
return s2-s1;
}
```

(3)平均时间复杂度是 $O(n)$,空间复杂度是 $O(1)$ 。

5.【参考答案与解析】

```
p = s = la;
q = lb;
m = q->next;
for(int a = 0; a<i; a++) {
    p = p->next;
    s = s->next;
}                               // 执行完后 p、s 均指向第 i 个结点
for(int a = 0; a<len; a++) {
    p->next = s->next;
    s = s->next;
}                               // 执行完后即已删除 la 第 i 个结点起的 len 个结点
for(int a = 0; a<j-1; a++) {
    q = q->next;               // 执行完后 q 为 lb 的 j-1 个结点
    m = m->next;               // 执行完后 m 为 lb 的第 j 个结点
```

```
    }
    q->next = la;                    // lb 的第 j-1 个结点指向 la
    while(p->next! = null) {
        p = p->next;                 // 执行完后 p 为 la 的最后一个结点
        p->next = m;                 // la 的最后一个结点指向 lb 的第 j 个结点，完成
    }
```

6. 【参考答案与解析】

　　链表所有元素对 2 取余,将非 0 元素下标存放到一个数组中,如果下标之间不相邻即代表该线性表不符合要求。

```
int discriminant(List &l) {
    Vector<int> result;
    int index = 0;
    List p;
    p = l;
    while(p) {
        if(p->data % 2 ! = 0) {              // 奇数元素坐标入列
            result.append( index);
        }
        p = p->next;
        index++;
    }
    for(int i = 0; i< result.size( ) - 1; i++) {
        flag = result[i+1] - result[i];
                                             // 如果满足条件, result 列表中所有相邻
                                             //   元素差值应为 1
        if(flag ! = 1)
            return 0;                        // 不满足条件
    }
    return 1;                                // 满足条件
}
```

7. 【参考答案与解析】

```
delete(LinkList &L, ElemType item) {
    int p;
    if( L == NULL)
        Return;                    // 递归出口
    if(L->data == item) {          // 判断结点值是否为 item
        p = L;
```

```
        L=L->next;
        free(p);                     // 删除结点
        delete (L, item)             // 注意当删除结点时,调用的为 L
    } else
        delete(L->next, item);
}
```

8. 【参考答案与解析】

算法思想:需要使用双循环,外循环用于计数,并将和赋值给新的数,内循环用于统计数字的和。循环的结束条件需要注意,外循环的结束条件为数字只有一位,内循环的结束条件是数字为 0。

```
int newNum(int num) {
    int sum = num, i = 1;
    while(sum%10 ! = 0) {             // 统计个数并将新的和赋值给 num
        i++;
        num = sum;
        sum = 0;
        while(num! = 0) {            // 每一位数相加的内循环
            sum+ = num%10;
            num = num/10;
        }
    }
    return i:
}
```

9. 【参考答案与解析】

(1) 不失一般性地假设 $a \leqslant b \leqslant c$。

由 $D = |a-b| + |b-c| + |c-a|$ 得 D 最小为 0,此时 $a=b=c$,这就是最小情况,增大 a、b、c 任意一个都会使 D 变大,所以我们要找的就是 S_1、S_2、S_3 中值最接近的一组数(三个数),同时改变 a、b、c 求最小的 D 是一个复杂组合优化问题,为了简化问题,我们每次只改变 a、b、c 中的一个值,观察 D 的变化情况。换个角度看,分析 $D = |a-b| + |b-c| + |c-a|$,不失一般性地假设 $a \leqslant b \leqslant c$,观察下面数轴可以得到一个结论:只有情况③才能使得 D 减小,故只需要每次移动最小元素 a 即可。

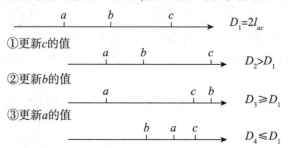

（2）

```
public static int minDistance( int [ ]  a, int [ ]  b,  int [ ]  c) {
    int curDis = 0;
    int min = 0;
    int minDis = Integer.MIN_VALUE;
    int i = 0;
    int j = 0;
    int k = 0;
    while( i < a.length && j < b.length && k < c.length) {
        curDis = max( Math.abs( a[ i ] −b[ j ]) , Math.abs( a[ i ] −c[ k ]) , Math.abs( b[ j ] −c[ k ]) ) ;
        if( curDis < minDis) {
            minDis = curDis;
        }
        min = min( a[ i ] ,  b[ j ] ,  c[ k ] ) ;
        if( min  = =  a[ i ] ) {
            i++;
        } else if( min  = =  b[ j ] ) {
            j++;
        } else{
            k++;
        }
    }
    return minDis;
}
private static int max( int a,  int b,  int c)  {
    int max = a > b ? a :  b;
    max = max > c ? max :  c;
    return max;
}
private static int min( int a,  int b,  int c)  {
    int min = a < b ? a :  b;
    min = min < c ? min :  c;
    return min;
}
```

（3）将三个序列的长度分别标记为 L_1、L_2、L_3，其时间复杂度为 $O(L_1 + L_2 + L_3) = O(\max(L_1 , L_2 , L_3))$，空间复杂度为 $O(1)$。

第3章 栈、队列和数组

§3.1 栈

考点1 栈的基本概念

1. 【参考答案】D

【解析】A 选项:每入栈一个数据就出栈。

B 选项:将所有数据入栈完毕之后依次出栈,与 A 选项顺序相反。

C 选项:A 入栈,B 入栈,C 入栈,D 入栈,D 出栈,E 入栈,E 出栈,C 出栈,B 出栈,A 出栈。

D 选项:不可能出现这种情况,因为 A 在 B 之前入栈,按照栈先进后出的性质,A 要在 B 之后出栈。

2. 【参考答案】A

【解析】本题考查栈的应用、表达式求值。表达式求值是栈的典型应用,通常涉及中缀表达式和后缀表达式。中缀表达式不仅依赖运算符的优先级,还要处理括号。后缀表达式的运算符在表达式的后面且没有括号,其形式已经包含了运算符的优先级。所以从中缀表达式转换到后缀表达式需要用运算符栈对中缀表达式进行处理,使其包含运算法优先级的信息,从而转换为后缀表达式的形式。

本题步骤如下(数字表示当前栈中元素个数):

遇+,入栈,1 个

遇−,−的优先级不大于+,弹出+,压入−,1 个

遇*,*的优先级大于−,入栈,2 个

遇(,入栈,3 个

遇(,入栈,4 个

遇+,+的优先级大于(,入栈,5 个

遇),弹出+,弹出(,3 个

遇/,/的优先级大于(,入栈,4 个

遇−,−的优先级不大于/,弹出/,压入−,4 个

遇),弹出−,弹出(,2 个

遇+,+的优先级不大于 *,弹出 *,压入+,2 个

操作符栈遍历完毕,栈中最后自底而上为−和+,依次弹出。

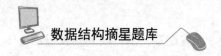

综上,栈中元素最多的时候有5个。

3. 【参考答案】A

【解析】因为出栈可能不会在进栈完成之后才发生,可能边进边出,若 p_1 是3,则此时栈顶元素为2,所以 p_2 不可能是1。

4. 【参考答案】C

【解析】p_3 可能取除3之外的所有数,故有 $n-1$ 个。

5. 【参考答案】D

【解析】由于第一个输出元素是 n,说明在入栈操作是连续完成的,所以出栈的顺序是 $n,n-1$,$n-2,\cdots,1$。

6. 【参考答案】D

【解析】由于队列不改变进出序列,本题变为通过一个栈将 a、b、c、d、e、a、g 序列变为 b、d、c、g、f、e、a 序列时栈空间至少多大。从利用栈实现序列转换的过程中看到,栈中最多有4个元素,即栈大小至少为4。本题答案为 D。

7. 【参考答案】B

【解析】两个栈共享一个向量空间的好处主要是节省存储空间。当一个栈的元素较多,超过向量空间的一半时,只要另一个栈的元素不多,那么前者就可以占用后者的部分存储空间。只有当整个向量空间被两个栈占满(即两个栈顶相遇)时,才会发生上溢,所以也可以降低上溢发生的几率。

真题实战

1. 【参考答案】D

【解析】答案 D 中,f 出栈,说明 b、c、d、e 已经入栈,D 中最后入栈的 f 第二个出栈,那么其前的b、c、d、e 就只能连续出栈了,不满足题目的要求。

2. 【参考答案】D

【解析】栈具有后进先出的特性,因此根据入栈序列(或出栈序列)能够判断出栈序列(或入栈序列),因此,A 和 B 均不正确。入栈序列和出栈序列可能相同,即 push,pop 交替进行,可使入栈序列=出栈序列,因此,C 不正确。根据栈具有后进先出的特性,先一直执行 push 操作,等序列全部入栈后,再一直执行 pop 操作,则可获得互为倒序的输入和输出序列,因此,D 正确。

考点2 栈的存储结构

题组闯关

1. 【参考答案】B

【解析】根据共享栈的特点,栈满的条件为 top1+1=top2 或 top2-top1=1。

2. 【参考答案】C

【解析】本题主要考查链栈的进栈操作。进栈操作类似于头插法,先将 x 的 next 域指向 top,然

后栈顶指针指向 x。

真题实战

1. 【参考答案】C

　　【解析】初始栈顶指针 top 为 n+1,所以入栈方向为序号大到小,且 V[top]=V[n+1],非法。因此,先将 top-1,再将 V[top] 赋值。

2. 【参考答案】D

　　【解析】此题考查考生对共享栈的基础知识点的掌握。复习时注意各类数据结构的变形,总结它们的初、空、满等条件,避免混淆。选了 C 选项的同学注意两个 top 索引值是从同一端开始计数的,而不是从两端分别计数。

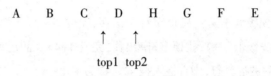

$$\text{A}\quad \text{B}\quad \text{C}\quad \text{D}\quad \text{H}\quad \text{G}\quad \text{F}\quad \text{E}$$
$$\uparrow\qquad\quad\uparrow$$
$$\text{top1}\quad \text{top2}$$

3. 【参考答案】C

　　【解析】初始时栈顶指针 top 为 n,所以先移动指针,再入栈。

4. 【参考答案】B

　　【解析】链式栈是通过链表来实现栈的,结点空间是动态生成的,因此只要能在内存申请空间就不会出现栈满的情况。

考点 3　栈的应用

题组闯关

1. 【参考答案】B

　　【解析】

　　A 选项递归是会用到栈的,用于存放局部变量、返回地址等,不过该栈是操作系统提供的栈。

　　B 选项可以使用队列来实现,但不会应用到栈。

　　C 选项表达式求值,将中序表达式转换为前序或后序时,需要用栈存放符号。

　　D 选项树的深度优先遍历,用栈记录遍历过的元素,以便进行回溯。

2. 【参考答案】D

　　【解析】首先准备两个栈,操作数栈和运算符栈,然后依次读入每个字符,若是操作数则入操作数栈;若是运算符则和运算符栈顶元素比较优先级后进行相应的操作,直至整个表达式求值完成。

　　①若当前扫描运算符优先级>运算符栈顶元素优先级,则当前运算符入栈。

　　②若当前扫描运算符优先级<运算符栈顶元素优先级,当前栈顶运算符退栈,操作数栈顶的两个操作数退栈与运算符一起运算,并将运算结果入操作数栈。

　　本题求值过程如下(s1 代表操作数栈,s2 代表运算符栈):

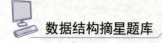

（1）操作数 3，入栈 s1。

（2）运算符 *，入栈 s2。

（3）操作数 2，入栈 s1。

（4）运算符 ^，入栈 s2(^的优先级比 * 高)。

（5）运算符(，入栈 s2。

（6）操作数 4，入栈 s1。

（7）运算符+，入栈 s2。

（8）操作数 2，入栈 s1。

（9）运算符 *，入栈 s2(* 的优先级比+高)。

（10）操作数 2，入栈 s1。

（11）运算符-(-的优先级低于 *)，栈顶字符 * 出栈，完成 2 * 2 = 4 的运算，将结果 4 存入 s1 中。s1 为 3,2,4,4(-的优先级低于+)，栈顶字符+出栈，完成 4+4 = 8 的运算，将结果 8 存入 s1 中。s1 为 3,2,8 此时，-成了(后的运算符，则直接入栈 s2。s2 为 * ^(-。

（12）操作数 6 扫描。

3. 【参考答案】D

【解析】

$$func(5) = 5 \times func(4)$$
$$= 5 \times 4 \times func(3)$$
$$= 5 \times 4 \times 3 \times func(2)$$
$$= 5 \times 4 \times 3 \times 2 \times func(1)$$
$$= 5 \times 4 \times 3 \times 2 \times 1$$
$$= 120.$$

4. 【参考答案】B

【解析】通常情况下,递归算法在计算机实际执行的过程中包含很多的重复计算,所以效率会低一些。

5. 【参考答案】C

【解析】调用函数时,系统将会为调用者构造一个由参数表和返回地址组成的活动记录,并将记录压入系统提供的栈中,若被调用函数有局部变量,也要压入栈中。

真题实战

1. 【参考答案】A

【解析】递归调用函数时,在系统栈里保存的函数信息需满足先进后出的特点,依次调用了 main( )、S(1)、S(0),故栈底到栈顶的信息依次是 main( )、S(1)、S(0)。

2. 【参考答案】B

【解析】利用栈求表达式的值时,可以分别设立运算符栈和运算数栈,但其原理不变。选项 B

中 A 入栈，B 入栈，计算得 R1，C 入栈，计算得 R2，D 入栈，计算得 R3，由此得栈深为 2。A、C、D 依次计算得栈深为 4、3、3。

3. 【参考答案】A

【解析】使用括号法，按照运算优先级在表达式外边加上括号，将表达式写成(a+(b*(c+(d/e))))，再将括号按照从里到外的顺序脱去(后缀表达式脱去方法为将运算符拉到进行运算的两个字符的后面，前缀表达式则是拉到前面)。第一次脱去最里面的括号，表达式变为(a+(b*(c+de/)))，第二次脱去最里面的括号，表达式变为(a+(b*cde/+))，第三次脱去最里层括号，表达式变为(a+bcde/+*)，最后将最后一层括号脱掉，得到后缀表达式，表达式为 abcde/+*+。

4. 【参考答案】A

【解析】本题考查栈的应用中表达式的转换。

可以采用增减括号的方法解答。

(1)根据运算的先后顺序为中缀表达式全部加上括号变为 $(z+((y*(z-v))/v))$

(2)把运算符移到对应的括号外面，变为：$(x((y(zu)-)*v)/)+;$

(3)将括号全部去除后即为后缀表达式：$xyzu-*v/+$。故本题选 A。

§3.2　队列

考点 1　队列的基本概念

1. 【参考答案】C

【解析】栈只能在栈顶操作，队列只能在队首和队尾操作，都是端点处，故选 C。

2. 【参考答案】C

【解析】对于这类问题一般都先分析题目中的数据是具有"先进后出"还是"先进先出"特性，再判断其逻辑结构为栈还是队列。栈的典型应用包括表达式求值、数制转换、括号匹配的检验、行编辑程序的输入缓冲区、迷宫求解、车辆调度中求出站车厢序列等。图的广度优先遍历应用的是队列，其他几项都是栈的应用。

3. 【参考答案】D

【解析】队列是先进先出的结构，出队两个元素后，头结点后移，4+2=6，进队一个元素尾结点后移，0+1=1。

4. 【参考答案】C

【解析】插入 1，删除；插入 2 和 3 后删除一个元素，再插入 4。由于插入操作是在队尾，所以插入 2 和 3 后删除的是 2，此时 3 就是队头。

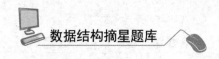

真题实战

1. 【参考答案】B

   【解析】队列满足先进先出的特性,所以入队序列等于出队序列。

2. 【参考答案】C

   【解析】循环队列的重要操作:

   (1)初始化(MAXSIZE 为最大队列长度)。

   Q.base=(QElemType *) malloc(MAXSIZE * sizeof(QElemType)) 。

   Q.front=Q.rear=0;

   (2)返回 Q 中元素的个数。

   return(Q.rear — Q.front+MAXSIZE) %MAXSIZE。

   (3)插入元素(队尾插入)。

   if((Q.rear+1) %MAXSIZE==Q.front) return ERROR; //队满判断

   Q.base[Q.rear] =e;

   Q.rear=(Q.rear+1) %MAXSIZE; //修改 Q.rear 的方法

   //Q.rear 总是指向下一个可以插入新元素的位置。

   (4)删除元素(从队首删除)。

   If(Q.front==Q.rear) return ERROR;

   //队空的判断: e=Q.base [Q.front];

   Q.front=(Q.front+1) %MAXSIZE。

3. 【参考答案】C

   【解析】队列是一种特殊的线性表。队列的特点是“先进先出”:在队列头删除结点;在队列尾插入结点。

4. 【参考答案】B

   【解析】队列属于线性表的一种。

   队列的插入和删除操作都在端点处,但不是同一端进行。

5. 【参考答案】C

   【解析】此题考查循环队列的特性。可以通过举例来解答。

   假设队列为0~5,那么 n 和 N 都为6。假设此时队首元素为2,则 f 指向1(题目告知 f 指向队首元素的前一个元素)。对于循环队列来说,当队首为2时,此时的队尾便是1,队列的状态为:2,3,4,5,0,1。故要让队尾指针指向1。选项 C 可以实现。

6. 【参考答案】D

   【解析】本题考查队列的操作。1 左入右入都可以,2 右入,3 不可能在 1 和 2 的中间。A 选项,1 左入右入都可,2 右入,3 左入,4 左入,5 左入,可得到 5,4,3,1,2 的出队顺序。B 选项,1 左入右入都可,2 右入,3 左入,4 右入,5 左入,得到 5,3,1,2,4 的出队顺序。C 选项,1 左入右入都可,2 左入,3 右入,4 左入,5 右入,得到 4,2,1,3,5 的出队顺序。故本题答案为 D。

$$\begin{array}{ccc} \underset{\longleftarrow}{\overset{\longrightarrow}{5\ 4\ 3\ 1\ 2}} & \underset{\longleftarrow}{\overset{\longleftarrow}{5\ 3\ 1\ 2\ 4}} & \underset{}{\overset{\longleftarrow}{4\ 2\ 1\ 3\ 5}} \\ A & B & A \end{array}$$

考点 2　队列的存储结构

1. 【参考答案】C

【解析】本题考查顺序存储结构的循环队列。假设循环队列的队尾指针是 rear,队头是 front,其中 QueueSize 为循环队列的最大长度。

(1)入队时队尾指针前进 1:(rear+1)%QueueSize。

(2)出队时队头指针前进 1:(front+1)%QueueSize。

(3)队列长度:(rear−front+QueueSize)%QueueSize。

2. 【参考答案】C

【解析】从最小的 D 选项测试,如果栈容量为 2,首先将 E_1、E_2 入栈,E_2 出栈,E_2 入队,E_3 入栈,E_3 出栈,E_3 入队,与 E_4 在 E_3 之前矛盾,所以 D 选项错误。经测试当栈容量为 3 时满足要求。

3. 【参考答案】C

【解析】队列长度为(rear−front+MaxSize)%MaxSize=16,这种情况和 front 指向当前元素,rear 指向队尾元素的下一个位置是相同的状况。

4. 【参考答案】C

【解析】rear 表示队尾下标,默认值是−1,指向队列中的最后一个有效元素,所以需要+1。

5. 【参考答案】C

【解析】本题需注意,队尾指针 rear 指向队尾元素,并非指向队尾元素的下一个位置。当 rear>front 时,队列的元素个数是 rear−front+1;当 rear<front 时,队列的元素个数是 rear−front+m+1。所以综合上述两种情况,选项 C 是正确的。

6. 【参考答案】B

【解析】本题主要考查循环队列的基本操作,删除一个元素后,front+1;加入两个元素后,rear+2。

7. 【参考答案】D

【解析】本题主要考查循环队列的基本操作,需要注意数组 A 包含 m+1 个元素。

8. 【参考答案】B

【解析】队列添加元素是在队尾,删除元素是在队头。添加元素,尾指针 rear+1;删除元素,头指针 front+1。本题中,删除一个元素,front+1,也就是 3+1=4;添加 2 个元素,rear+2,也就是 0+2=2。

9. 【参考答案】D

【解析】本题既考查了队列的先进先出的特性,又需要考虑删除时队列的不同状态。

当有多于一个结点时,链表表示的队列的删除操作只需要修改头指针即可,将头指针定义为

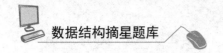

head=head.next,此时不需要修改尾指针;当队列只有一个结点时,该结点既是头又是尾,如果 head==tail,则需要修改尾指针将队列置空。

10.【参考答案】D

【解析】队空还是队满的情况,有多种处理方式。

方式 1:牺牲一个单元来区分队空和队满,入队时少用一个队列单元,即约定以"队头指针在队尾指针的下一位置作为队满的标志"。

队满条件为:(rear+1) %QueueSize==front;

队空条件为:front==rear;

队列长度为:(rear-front+QueueSize) %QueueSize。

方式 2:增设表示队列元素个数的数据成员 size,此时,队空和队满时都有 front==rear。

队满条件为:size==QueueSize;

队空条件为:size==0。

方式 3:增设 tag 数据成员以区分队满还是队空。

tag 表示 0 的情况下,若因删除导致 front==rear,则队空;

tag 等于 1 的情况,若因插入导致 front==rear,则队满。

所以当 front==rear 时,队列可能为空,也可能为满。

这里使用方式 3 判断队空和队满,由于 tag 的值不确定,所以队列可能为 0 或 35。

11.【参考答案】A

【解析】本题主要考查单循环链队列入队的操作实现。队列的入队操作是把新增的结点插入当前队列的队尾处。根据题目假设,该队列只有头指针,没有尾指针。因此,要到达队尾,必须从头指针依次遍历到队尾,再将新增结点插入队尾,完成入队操作。遍历的过程需要经过 n 步,因此入队的时间复杂度是 $O(n)$。

真题实战

1.【参考答案】A

【解析】end1 指向队头元素,那么可知出队的操作是先从 A[end1]读数,然后 end1 再加 1。end2 指向队尾元素的后一个位置,那么可知入队操作是先存数到 A[end2],然后 end2 再加 1。若把 A[0]储存第一个元素,当队列初始时,入队操作是先把数据放到 A[0],然后 end2 自增,即可知end2 初值为 0;而 end1 指向的是队头元素,队头元素在数组 A 中的下标为 0,所以得知 end1 初值也为 0,可知队空条件为 end1=end2;然后考虑队列满时,因为队列最多能容纳 M-1 个元素,假设队列存储在下标为 0 到下标为 M-2 的 M-1 个区域,队头为 A[0],队尾为 A[M-2],此时队列满,考虑在这种情况下 end1 和 end2 的状态,end1 指向队头元素,可知 end1=0,end2 指向队尾元素的后一个位置,可知 end2=M-2+1=M-1,所以可知队满的条件为 end1=(end2+1) mod M,选 A。

2.【参考答案】B

【解析】相当于 a,b,c,d,e,f 依次入栈,首先 a 入栈未输出,然后 b~d 按照顺序输出意味着 b~d

入栈后立即输出,然后输出 f,此时栈中应该有 a,e,f 三个元素,因此容量最小为 3。

3.【参考答案】A

【解析】循环队列头指针为 front,队列尾指针为 rear,队列容量为 M,则元素个数为(rear−front+ M)％M。

4.【参考答案】C

【解析】由于规定了插入运算是在表尾插入一个新元素,删除运算是指删除表头第一个元素。如果使用仅有头指针的单向循环链表,每次插入结点都要遍历整个链表找到链尾,才能进行插入。如果采用顺序存储,每次删除表头元素时,都要移动 n−1 个元素。如果使用双向循环链表在寻找头、尾结点时也有可能需要 $O(n)$,不符合题意"总的元素个数稳定""仅需在表头和表尾操作"的要求。而循环顺序队列进行表头删除和表尾插入的操作,只需要移动尾指针就可以了,删除结点时,只需移动头指针就可以了。

5.【参考答案】D

【解析】循环队列为了区别队列是空还是满,少用一个元素空间,约定以"队列头指针 front 在队尾指针 rear 的下一个位置上"作为队列"满"状态的标志,而以"队列头指针 front 与队尾指针 rear 重合"作为队列"空"状态的标志。

6.【参考答案】A

【解析】此题考查考生对链表基本操作的理解,以及能否正确书写操作语句,注意画图做题。画好了图之后不难发现,看似复杂的插入操作实际上和单链表的基本操作一致。插入一个元素,相当于在单循环链表的表尾插入一个结点。指针 Q 指向队尾结点,先将 P 的 next 域指向 Q 的 next 域,也就是指向表头;然后将 Q 的 next 域指向 P;最后 Q 指向 P,也就是队列的最后一个元素。

7.【参考答案】A

【解析】链队列是用链表的方法来表示的队列,对链队列的插入、删除操作只需要修改头指针或尾指针。当删除头指针时,若队列中还有其他元素,则头指针指向其直接后继;若删除非头指针,则头指针保持不变。也就是说只要队列不空,头指针始终指向一个元素。

8.【参考答案】B

【解析】本题选 B,非循环链表和带头指针的循环链表查找尾结点的时间效率是 $O(n)$,而带尾指针的循环链表查找首尾结点的时间效率都是 $O(1)$,查找和更改时只需修改指针,无须遍历,队列的操作实际上就是对链表首尾结点的操作。

考点3 双端队列

题组闯关

1.【参考答案】D

【解析】双端队列在线性表两端都可进行插入和删除操作,所以

A 选项输入序列 1、2、3、4、5、6,可输出序列 1、2、3、4、5、6;

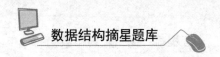

B 选项输入 1、2、3、4,其中 2 从左端输入,可得到输出序列 4、2、1、3、5、6;

C 选项现输入 1、2 再输出,输入 3、4、5、6,其中 4 在左端输入,最终可得到输出序列 1、2、6、4、5、3;

D 选项无法得出。

2. 【参考答案】C

【解析】题干说可以两端入队。一端出队。

A 选项:b a c d e☞左入 a,右入 b,左入 c,左入 d,左入 e。出队端为右端(或者整个完全相反也可以。)

B 选项:d b a c e☞左入 a,右入 b,左入 c,右入 d,左入 e。出队端为右端(或者整个完全相反也可以。)

D 选项:e c b a d☞左入 a,左入 b,左入 c,右入 d,左入 e。出队端为左端(或者整个完全相反也可以。)

 真题实战

【参考答案】D

【解析】题目中已经把受限双队列的操作特性说清楚了。

A 选项:元素 8、1、4、2 依次进入队列,此时,元素 2 先出队列,元素 8、1、4 再依次出队,可得到输出序列 2、8、1、4。

B 选项:元素 8、1 先进入队列,然后元素 1 出队,元素 4 入队并出队,元素 2 入队,然后元素 8 出队最后元素 2 出队,得到输出序列 1、4、8、2。

C 选项:元素 8、1、4 依次进入队列,然后元素 4 出队,元素 2 入队并出队,最后元素 1 和 8 依次出队,得到输出序列 4、2、1、8。

D 序列是得不到的。

考点 4 队列的应用

题组闯关

1. 【参考答案】B

【解析】图广度优先搜索类似于树的层序遍历,同样需要借助于队列。

2. 【参考答案】B

【解析】缓冲区采用先进先出的方式,正好适合队列的特点。本题答案为 B。

§3.3　数组

考点 1　一维数组

【参考答案】D

【解析】对称矩阵压缩存储只存储中轴线及其下方元素。元素所在位置为第 i 行第 j 列,又因为 $i<j$,所以元素处于上三角,元素所对应的下三角的位置为 $a[j][i]$。所以首先求元素所在行之前所有元素个数,即 $j(j+1)/2$,然后再加上 i 确定最终位置。

真题实战

1. 【参考答案】D

【解析】三维数组 $A[1..15][0..9][-3..6]$ 一共有 $15*10*10=1500$ 个元素,又因为每个元素占用 5 个存储单元,所以数组总共需要的存储空间单元数为 $1500*5=7500$(个)。

2. 【参考答案】C

【解析】对称矩阵压缩存储只存储中轴线及其下方元素。元素所在位置为第 i 行第 j 列,又因为 $i<j$,所以元素处于上三角,元素所对应的下三角的位置为 $a[j][i]$,所以首先求元素所在行之前所有元素个数,即 $j(j+1)/2$,然后再加上 i 确定最终位置。所以最终答案为 C。

考点 2　二维数组

1. 【参考答案】B

【解析】二维数组 $A[b1][b2]$ 每个元素占 L 个存储单元,某元素按行主序存放的地址的计算公式为 $LOC(A[i][j])=LOC(A[0][0])+(b2*i+j)*L$,某元素按列主序存放的地址的计算公式为 $LOC(A[i][j])=LOC(A[0][0])+(b1*j+i)*L$。

$LOC(M[3][5])=LOC(M[0][0])+(6\times3+5)\times4$,也即在一维数组中 $M[3][5]$ 之前已存放了 23 个元素。

$LOC(M[x][y])=LOC(M[0][0])+(5\times y+x)\times4$,$5\times y+x=23(0\leqslant x\leqslant4,0\leqslant y\leqslant5)$ 因此,$x=3$,$y=4$。

2. 【参考答案】B

【解析】$A[3,4]$ 存储地址为 2091,每个元素占用 5 个存储单元,因此 $A[1,1]$ 的存储地址应该是 $2091-((4-1)\times4+(3-1))\times5=2021$,所以选项 B 正确。

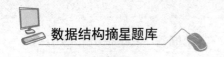

3. 【参考答案】C

　　【解析】a[18]为第19个元素,由于19=1×10+9,所以答案为b[8][1]。

1. 【参考答案】C

　　【解析】根据给定的信息,ElemtypeA[6][10]表示一个二维数组,其中有6行和10列,如果按行优先顺序存放数组元素,以a[0][0]的存储地址为860,每个元素占用4个存储单元,我们可以按照以下方式计算a[3][5]的存储地址:

　　a[3][5]的存储地址=a[0][0]的存储地址+(3*10+5)*每个元素占用的存储单元=860+(35)*4=860+140=1000

　　因此,答案应该是C。

2. 【参考答案】C

　　【解析】本题考查数组元素存储地址的计算。

　　题目中给出了二维数组A[14][9],要求对其采用列优先的存储方法进行顺序存储,它的每列元素个数为14个,且每个元素占4个存储单元,那么存储一列元素就需要14×4=56个存储单元,而数组下标一般从零开始,因此元素A[6][5]表示第7行第6列的元素。根据题目要求,在存储它以前已经存储了5列元素再另加6个,这些元素所占的存储单元个数为56×5+6×4=304。所以元素A[6][5]的地址为50+304=354。有同学反映下标的问题,如果题目不说,则一般默认是0开始。

考点3　特殊矩阵和稀疏矩阵

1. 【参考答案】D

　　【解析】对于具有 t 个非零元素的 $m*n$ 阶稀疏矩阵可以采用传统的方法利用一个二维数组 $A[1..m,1..n]$ 进行存储,此时该数组共占用 $m*n$ 个元素的空间,矩阵中大量值为零的元素也占用了相应的存储空间。若采用三元组表存储方法,只是将矩阵中所有值非零的元素存放于维数组 $B[1..t+1,1..3]$ 中,这样做有意义的话(即能够达到节省存储空间的目的),必须满足关系

$$3*(t+1)<m*n$$

　　由此可以得到关系

$$t<(m*n)/3-1$$

　　即 t 满足上述关系时,具有 t 个非零元素的 $m*n$ 阶稀疏矩阵采用单元组表存储方法存储才有意义。

2. 【参考答案】B

　　【解析】矩阵中排列如下:

$$
\begin{array}{l}
1 \\
2\quad 3 \\
4\quad 5\quad 6 \\
7\quad 8\quad 9\quad 10 \\
11\quad 12\quad 13\quad 14\quad 15 \\
16\quad 17\quad 18\quad 19\quad 20\quad \cdots
\end{array}
$$

$A[5][4]$ 答案为 $20-1=19$

3. 【参考答案】C

【解析】稀疏矩阵采用二维数组存储时,它具有随机存取特性,而采用压缩存储后不再具有随机存取特性,本题答案为 C。

真题实战

1. 【参考答案】C

【解析】考察矩阵压缩存储,由于对角线以上均为 -3,不与其他元素重复,可知这 45 个元素只需用一个值来表示,故该矩阵只需用 $10(10+1)/2+1=56$ 个元素来表示,$F[55]$ 可以容纳 56 个元素,所以 $m=55$。

2. 【参考答案】D

【解析】$A[i][j]$ 表示第 $i+1$ 行第 $j+1$ 列,则前 i 行共有 $i(i+1)/2$ 个元素,第 $i+1$ 行有 $j+1$ 个元素,数组下标从 0 开始,所以按行存储时,$k=i(i+1)2+j+1-1=i(i+1)2+j$

3. 【参考答案】B

【解析】三对角矩阵如下图所示。

$$
\begin{bmatrix}
a_{1,1} & a_{1,2} & & & & 0 \\
a_{2,1} & a_{2,2} & a_{2,3} & & & \\
 & a_{3,2} & a_{3,3} & a_{3,4} & & \\
 & & \cdots & \cdots & \cdots & \\
0 & & a_{n-1,n-2} & a_{n-1,n-1} & a_{n-1,n} \\
 & & & a_{n,n-1} & a_{n,n}
\end{bmatrix}
$$

采用压缩存储,将 3 条对角线上的元素按行优先方式存放在一维数组 B 中,且 $a_{1,1}$ 存放于 B[0][0] 中,其存储形式如下图所示:

$a_{1,3}$	$a_{1,2}$	$a_{2,1}$	$a_{2,2}$	$a_{2,3}$	......

可以计算矩阵 A 中 3 条对角线上的元素 $a_{i,j}(1\leqslant i,j\leqslant n,|i-j|\leqslant 1)$ 在一堆数组 B 中存放的下标为 $k=2i+j-3$。

解法一:针对该题,仅需要将数字逐一带入公式里面即可:$k=2\times30+30-3=87$,结果为 87。

解法二:观察上图的三角矩阵不难发现,第一行有两个元素,剩下的在元素 $m_{30,30}$ 所在行之前的

28行(注意下标$1 \leqslant i \leqslant 100$、$1 \leqslant j \leqslant 100$)中每行都有3个元素,而$m_{30,30}$之前仅有一个元素$m_{30,29}$,那么不难发现元素$m_{30,30}$在数组$N$中的下标是:$2+28 \times 3+2-1=87$。

4.【参考答案】B

【解析】关于稀疏矩阵的存储方法,我们来逐一分析给出的选项:

A.这是稀疏矩阵的一种常见存储方法。在这种方法中,非零元素由其行索引、列索引和值组成的三元组来表示,所有三元组存储在一个数组中,并按某种顺序(如行优先或列优先)排序。因此,三元组表存储是正确的。

B.虽然参考文章中没有直接提到"双循环链表"作为稀疏矩阵的存储方法,但双链表或十字链表等结构确实可以用于稀疏矩阵的存储。然而,双循环链表通常不是用来特指稀疏矩阵存储的标准术语。但在更广泛的意义上,它可能指的是具有某种循环链接结构的链表,这可能用于稀疏矩阵的某种变体存储。然而,由于这不是一个标准的术语或广泛认可的稀疏矩阵存储方法,我们可以认为双循环链表作为稀疏矩阵的存储方法在这里是不明确的或可能不准确的。

C.这也是稀疏矩阵的一种存储方法。在这种方法中,矩阵的每一行都有一个指向该行中第一个非零元素的链表,以及一个指示该行非零元素数量的计数器。这种方法可以高效地处理那些行中非零元素数量变化较大的稀疏矩阵。因此,带行指针的链表存储是正确的。

D.十字链表存储是稀疏矩阵的另一种有效存储方法。在这种方法中,不仅为每一行设置一个单独的行链表,同样也为每一列设置一个单独的列链表。每个非零元素都同时包含在这两个链表中,即位于其所在行的行链表和所在列的列链表中。因此,十字链表存储是正确的。

综上所述,不正确的选项是 B。

§3.4 综合应用题

1.【参考答案与解析】

将之前的最小值与新压入栈的元素两者的值进行比较,把每次的较小元素都保存在另一个辅助栈中。这样可以保证即使最小值出栈之后也可以找到次小的其他值。用两个栈来实现,栈 sData 存放入栈元素,栈 sMin 存放最小值。

```
#define MaxSize 50
typedef struct{
    Elemtype data[MaxSize];
    int top;
}Stack;
Stack sData, sMin;
                        // 入栈
```

```
void Push(Elemtype data) {
                                                // 第一个元素同时压入两个栈
    if (sData.empty( ) ) {
        push(sData, data) ;
        push(sMin, data) ;
    } else{
        if (data < sMin.top( ) ) {
            push(sData, data) ;
            push(sMin, data) ;
        } else{
            push(sData, data) ;
        }
    }
}
void Pop( ) {
                                                // 栈顶元素相等同时出栈
    if (top(sMin) ==top(sData) ) {
        pop(sData) ;
        pop(sMin) ;
    } else{
        pop(sData) ;
    }
}

Elemtype min( ) {
    return top(sMin) ;
}
```

2. 【参考答案与解析】

方法一:

```
public int[ ] twoSum(int[ ] nums, int target) {
    Map<Integer, Integer> map=new HashMap<>( ) ;
    for(int i=0; i<nums.length; i++) {
        map.put(nums[i] , i) ;
    }
    int component;
    for(int i=0; i<nums.length; i++) {
        component=target−nums[i] ;
```

```
                    if(map.containsKey(component) &&map.get(component) ! = i) {
                        return new int[ ]{i, map.get(component)};
                    }
                }
            return null;
        }
```

方法二:

```
public int[ ] twoSum(int[ ] nums, int target) {
    for(int i = 0; i<nums.length; i++) {
        for(int j = i+1; j<nums.length; j++) {
            if(nums[j] == target−nums[i]) {
                return new int[ ]{i, j}
            }
        }
    }
    throw new IllegalArgumentException( "No two sum solution");
}
```

3. 【参考答案与解析】

使用一个栈作为输入栈 s1,一个栈作为输出栈 s2(模拟队列的先进先出)。出队的操作是先将 s1 中的数据依次出栈,出栈的同时压入 s2 中。将 s2 中的栈顶数据输出就是队列出队操作输出的数据。之后的出队操作都从 s2 中的栈顶输出,直到 s2 为空(如果 s2 为空,需要将 s1 中的数据依次出栈的同时压入 s2 中)。入队操作直接将数据压入 s1 中。

```
#define MaxSize 50
typedef struct{
    Elemtype data[MaxSize];
    int top;
}Stack;

Stack stack1, stack2;

void appendTail(Elemtype element) {
    push(stack1, element);
}
```

```
Elemtype deleteHead( ) {
    if(size(stack2) = = 0)
    {
        while(size( stack1) >0)
        {
            Elemtype data = top(stack1) ;
            pop(stack1) ;
            push(stack2, data) ;
        }
    }
    Elemtype head = top(stack2) ;
    pop(stack2) ;
    return head;
}
```

4. 【参考答案与解析】

```
void Buddle_Sort(int a[ ] , int n) {
    int low = 0;
    int high = n−1;
    int change = 1;
    while(low<high && change) {
        change = 0;
        for(i = low; i<high; i++) {
            if(a[i] >a[i+1] ) {
                swap(a[i] , a[i+1] );
                change = 1;
            }
            high−−;
        }
        for(i = high; i>low; i−−) {
            if(a[i] <a[i−1] ) {
                swap(a[i] , a[i−1] );
                change = 1;
            }
            low++;
        }
    }
}
```

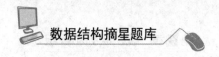

5. 【参考答案与解析】

(1)在队列的顺序存储结构中,设队头指针为 front,队尾指针为 rear,队列的容量为 maxnum。当有元素要加入队列时,若 rear＝maxnum,则会发生队列的上溢现象,此时就不能将该元素入队。对于队列,还有一种"假溢出"现象,队列中尚余有足够的空间,但元素不能入队,一般是由于队列的存储结构或操作方式的选择不当所致,可以用循环队列来解决。

(2)要解决队列的上溢现象可以建立一个足够大的存储空间以避免溢出,但这样做往往会造成空间使用率低,浪费存储空间。要避免出现"假溢出"现象可以采取以下措施:

方案一:采用移动元素的方法。每当有一个新元素入队,就将队列中已有的元素向队头移动一个位置,假定空余空间足够。

方案二:每当删去一个队头元素时,则可依次移动队列中的元素,以使 front 指针总是指向队列中的第一位置。

6. 【参考答案与解析】

方式一:牺牲一个单元来区分队空和队满,入队时少用一个队列单元,即约定以"队头指针在队尾指针的下一位置作为队满的标志"。

队满条件为:(rear+1)％QueueSize＝＝front；

队空条件为:front＝＝rear；

队列长度为:(rear−front+QueueSize)％QueueSize。

方式二:增设表示队列元素个数的数据成员 size,此时,队空和队满时都有 front＝＝rear。

队满条件为:size＝＝QueueSize；

队空条件为:size＝＝0。

方式三:增设 tag 数据成员以区分队满还是队空。

tag 表示 0 的情况下,若因删除导致 front＝＝rear,则队空；

tag 等于 1 的情况下,若因插入导致 front＝＝rear,则队满。

7. 【参考答案与解析】

(1)每个栈仅用一个顺序存储空间时,操作简便,但分配存储空间小了,容易产生溢出,分配空间大了,容易造成浪费,各栈不能共享空间。

(2)多个栈共享一个顺序存储空间,充分利用了存储空间,只有在整个存储空间都用完时才会产生溢出,其缺点是当一个栈满时要向左、右栈查询有无空闲单元。如果有,则要移动元素和修改相关的栈底和栈顶指针。当接近栈满时,查询空闲单元、移动元素和修改栈底栈顶指针的操作频繁、计算复杂并且耗费时间。

(3)多个链栈一般不考虑栈的溢出(仅受用户内存空间限制),缺点是栈中元素要以指针相链接,比顺序存储多占用了存储空间。

8. 【参考答案】输出结果:stack。

【解析】此处考查基本的读程序能力和栈的相关应用。

9. 【参考答案】

(1)将栈中的数据元素逆置。

(2)如果栈中存在元素 e,将其从栈中删除。

 真题实战

【参考答案】sky

【解析】Push(S, x) 后栈内为 y，Push(S, y) 后栈内为 ys；Pop(S, x) 后出栈 s，此时 x = s，栈内为 y；Push(S, 'k') 后栈内为 yk；Push(S, x) 后栈内为 yks；Pop(S, y)；printf(y) 循环打印栈内元素 sky，结果为 sky。

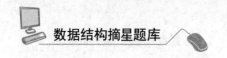

第4章 树与二叉树

§4.1 树

考点1 树的基本概念

1. 【参考答案】B

【解析】树 T 中只能有度为 0、1、2、3、4 的结点。$n=n_0+n_1+n_2+n_3+n_4$，度之和为 $n-1$，又有度之和为 $1\times n_1+2\times n_2+3\times n_3+4\times n_4=1\times10+2\times1+3\times10+4\times20=122$，则 $n_0=122+1=123$，$n_0=n-n_1-n_2-n_3-n_4=123-41=82$。本题答案为 B。

2. 【参考答案】B

【解析】数据结构中树的边数是指结点连接孩子的边的总和。

3. 【参考答案】C

【解析】在三叉树中，一个结点的度数是指从该结点引出的子树的数目。对于三叉树，一个结点最多可以有三个子结点，即度数最大为 3。

已知等式：$n_0+n_1+n_2+n_3=N$，$n_1+2*n_2+3*n_3=N-1$，两式联立，代入数值易得出 $n_0=7$

4. 【参考答案】A

【解析】这样的树中至少有一个结点的度为 4，也就是说，至少有一层有 4 个或 4 个以上的结点，因此，树的高度至多是 $n-3$。本题答案为 A。

5. 【参考答案】A

【解析】度为 4、高度为 h 的树，至少应该前 $h-1$ 层都有 1 个结点，第 h 层有 4 个结点。共 $h-1+4=h+3$ 个结点；至多情况下除叶子结点外，每个结点的度数均为 4，等比数列求和，结点个数为：$1+4^1+4^2+\cdots+4^h=\dfrac{4^h-1}{3}$

真题实战

1. 【参考答案】B

【解析】设该树总共有 n 个结点，则 $n=n_0+n_1+n_2+n_3$；该树中除了根结点没有前驱以外，每个结点有且只有一个前驱，因此有 n 个结点的树的总边数为 $n-1$ 条。根据度的定义，总边数与度之间的关系为：$n-1=0*n_0+1*n_1+2*n_2+3*n_3$。联立两个方程求解，可以得到 $n_0=9$。

2. 【参考答案】C

【解析】高度最小：当树的第 1 层为根结点，第二层最多为 $n-1$ 个结点，所以高度最小为 2；高度最大:当树的第 1 层为根结点,每层最少 1 个结点,第 2 层为 1 个结点,……,第 n 层为 1 个结点,所以 n 个结点最多为 n 层,高度最大为 n。

3.　【参考答案】D

　　【解析】满三叉树是一种特殊类型的树,其中除了叶子结点外,每个结点都有恰好三个子结点。在一棵满三叉树中,每增加一层,结点数目就会增加原来的 3 倍。

　　对于具有 k 层($k>=1$)的满三叉树,第一层有 1 个结点,第二层有 3 个结点,第三层有 9 个结点,以此类推,直到第 k 层有 3^{k-1} 个结点。

　　满三叉树的总结点数可以通过求和公式计算:

　　总结点数 $= 1+3++\cdots+3^{k-1}$

　　这是一个等比数列,其和可以用等比数列求和公式计算:

　　总结点数 $a*(r^k-1)/(r-1)$

　　其中,a 是首项(1),r 是公比(3),k 是项数。

　　代入数值:

　　总结点数 $= 1*(3^k-1)/(3-1)$

　　总结点数 $= (3^k-1)/2$

　　因此,具有 k 层的满三叉树的结点总数是:D。

4.　【参考答案】C

　　【解析】本题考查 n 叉树的基本性质。具有 $n(n\geq1)$ 个结点的完全三叉树的高为 $[\log_3 n]+1$。故 C 选项正确。

考点 2　树的存储结构

1.　【参考答案】A

　　【解析】在树的双亲存储结构中,每个结点都有一个指向双亲结点的伪指针。本题答案为 A。

2.　【参考答案】D

　　【解析】在树的孩子链存储结构中,每个结点有指向所有孩子结点的指针,所以很容易计算其孩子结点个数(度数)。本题答案为 D。

3.　【参考答案】B

　　【解析】该树至少有两个结点,对于有两个或两个以上结点的树,至少有两个结点没有右兄弟(根结点和其最右孩子结点),而右指针域指向兄弟结点。所以本题答案为 B。

4.　【参考答案】B

　　【解析】在树的孩子兄弟链存储结构中,左指针域指向第一个孩子结点,右指针域指向右兄弟结点。该树有 6 个空的左指针域,说明有 6 个结点没有任何孩子,则为叶子结点。本题答案为 B。

真题实战

1.　【参考答案】C

　　【解析】继承体现的是特殊与一般的关系,它具有的结构是层次结构,在选项中的这些数据结

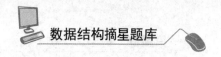

构中,能体现出层次结构的是树和二叉树,但二叉树只能有两个孩子结点,但在继承中可以是多个派生类继承同一个父类。

2. 【参考答案】B

【解析】共有 $n*m$ 个指针域,

其中 $n-1$ 个指针域非空。

所以,空指针:$nm-(n-1)=n(m-1)+1$。

3. 【参考答案】D

【解析】树的三种存储结构:

1.双亲表示法

2.用一组连续的空间存储树的结点。每个结点中,除了有数据域,还附加一个指示数,指向其双亲结点在链表中的位置孩子表示法

3.也是用一组连续的空间存储结点数据,只是每个结点包括数据域以及指向其第一个孩子的结点指针,同时从第一个孩子开始,每个孩子指向它的下一个兄弟。二叉链表表示法(孩子兄弟表示法)

树的二叉链表存储结构和二叉树的二叉链表存储结构一样,都是一个数据域加上两个指针,区别在于二叉树的两个指针代表左右子树,而树的两个指针改变为左为孩子,右为兄弟。对于树的多重链表表示法:trie 树,是用树的多重链表来表示树的。每个结点有 d 个指针域。若从键树中的某个结点到叶子结点的路径上每个结点都只有一个孩子,则可以把路径上的所有结点压缩成一个叶子结点,且在叶子结点中存储关键字以及根关键字相关的信息。当结点的度比较大时,选择 Trie 树,要比双链表树更为合适。

题目中问的是直接存储结构,故应该选择 D。

考点3 树的遍历

1. 【参考答案】A

【解析】树的先根遍历(访问根结点后递归遍历所有子树)等价于转换后的二叉树的先根遍历(访问根结点后递归遍历左子树和右子树)。转换规则:树的第一个子结点成为二叉树的左子结点,其余兄弟结点依次连接为右子结点。因此,树的先根遍历顺序与二叉树的先根遍历顺序一致。

选项 B(错误)树没有标准的中根遍历定义(因树的子结点无明确左右之分),而二叉树的中根遍历(左→根→右)与树的遍历方式无法直接对应。因此 B 错误。

选项 C(错误)树的后根遍历(递归遍历所有子树后访问根结点)等价于转换后的二叉树的中根遍历(左→根→右),而非后根遍历(左→右→根)。因此 C 错误。

选项 D(错误)树的层序遍历(按层次从上到下、从左到右访问结点)与转换后的二叉树的层序遍历(逐层访问)不等价。D 错误。

2. 【参考答案】A

【解析】本题主要考查的知识点是二叉树与树的转换。树的先根遍历和后根遍历森林的先序遍历和中序遍历,可用对应二叉树的先序遍历和中序遍历来实现。故选项中的 B、C、D 都不正确。

[**归纳总结**]树和森林的遍历:可采用对应二叉树的遍历算法来实现。

树	森林	二叉树
先根遍历	先序遍历	先序遍历
后根遍历	中序遍历	中序遍历

真题实战

1. 【参考答案】A

【解析】为了解决这个问题,我们可以使用二叉树的后序遍历和中序遍历来恢复出原始的二叉树,然后对其进行前序遍历得到结果。

还原出的二叉树如图所示:

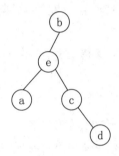

所以,前序遍历序列为 beacd。

2. 【参考答案】C

【解析】将一棵树(T1)转化为对应的二叉树(T2)时,可以使用一种特定的方法来保持原始树的结构。在这种转换中,每个结点的左孩子变为二叉树中的左子结点,而原始树中的右孩子则连接到其父结点的右子树上,形成一条右链。

对于后序遍历,访问顺序是首先访问左子树,然后是右子树,最后是根结点。在转换为二叉树的过程中,原始树的后序遍历序列保持不变,因为:

1. 对于原始树中的任何结点,其左子树的所有结点在后序遍历中都出现在其之前。

2. 原始树中的右子树(除了右链)在后序遍历中也出现在其之前。

3. 转换为二叉树后,左孩子变为左子结点,这部分的遍历顺序不变。

4. 原始树中的右孩子在二叉树中通过右链连接,但它们在后序遍历中的访问顺序仍然保持不变。因此,原始树 T1 的后序遍历序列也是转换后的二叉树 T2 的后序遍历序列。

正确答案是:C。

§4.2 二叉树

考点1 二叉树的基本概念

1. 【参考答案】D

【解析】如果是完全二叉树则是 $\lfloor \log n \rfloor + 1$,有计算公式。其他的二叉树没有规律,是没有计算公式的,也是不确定的。

2. 【参考答案】C

【解析】选项A成立的条件是 $\log_2(N+1)$(向上取整)。

选项C的表达式为 $\log_2(2N) = \log_2 N + \log_2 2 = \log_2 N + 1$(向下取整)。故C为正确答案。

3. 【参考答案】C

【解析】根据树的性质,高度为 h 的 m 叉树至多有 $(m^{h-1})/(m-1)$ 个结点,因此可计算出结点数为15个。

4. 【参考答案】C

【解析】二叉树是有序树,因此它的子树有左右区分。二叉树可以为空,其结点数可以为0。树中的某个结点的孩子可以有多个,所以仅仅使用简单的顺序结构或者链式结构是不能完全表示一整棵树的。充分利用顺序存储结构和链式存储结构的特点,可以实现对树的存储结构的表示。表示一棵树的方法有:双亲表示法,孩子表示法,孩子兄弟表示法。对于双亲表示法:先将双亲结点存入,每插入一个结点都是知道双亲结点位置的,数据可以直接插入。使用顺序存储结构更加方便。而对于孩子表示法,每次插入一个结点,对其子树的位置存放暂不确定,所以使用链式存储结构更合适。二叉树属于树,因此二叉树可以用树的存储结构来存储。

5. 【参考答案】C

【解析】二叉树是有序树,如果某个结点只有一个孩子结点,这个孩子结点的左右次序是确定的;而在度为2的有序树中,如果只有一个孩子结点,此结点不能够确定左右次序,因此度为2的有序树不是二叉树。对于满二叉树,其除叶结点之外的每个结点的度数都为2,而对于完全二叉树则可能存在度为1的结点。在二叉排序树中,如果先删除分支结点后再插入,会导致二叉排序树的重构,其结果就不再一样了。根据完全二叉树的定义,必须先有左孩子结点,再有右孩子结点,若某结点没有左孩子结点,则它也没有右孩子结点,所以是叶子结点。

6. 【参考答案】A

【解析】根据二叉树的性质,非空二叉树叶子结点数等于度为2的结点数加1,可得 $N_2 = 10$。

7. 【参考答案】D

【解析】若要使得高度最低,则按照完全二叉树构造即可,第一层有1个结点,第二层有2个结点,第三层有 4 个结点,以此类推,可得此完全二叉树的高度为 6。

8. 【参考答案】C

【解析】若要使得结点数最少,则除根结点只有 1 个结点外,其他层均有 2 个结点,此时的结点总数为 $2h-1$,故结点总数为 15。

9. 【参考答案】C

【解析】要使二叉树第 7 层达到最多的结点个数,其上面的 6 层必须是一个满二叉树,深度为 6 的满二叉树有 63 个结点,故第 7 层最多有 $125-63=62$ 个结点。

真题实战

1. 【参考答案】C

【解析】$N_0 = N_2 + 1$,$N_0 + N_1 + N_2 = 101$,所以可得 $N_2 = 35$,即叶子结点共 36 个。

2. 【参考答案】C

【解析】设二叉树中度为 $0,1,2$ 的结点分别有 N_0, N_1, N_2 个,总结点数为 N。

二叉树中结点数满足 $N_0 = N_2 + 1$,代入得:$N_0 = N_2 + 1 = 16$。

3. 【参考答案】B

【解析】本题考查二叉排序树。在 $4,5,1,2,3$ 中,由于 1 先插入,所以 1 会成为 4 的左孩子,2 会成为 1 的右孩子。故本题选 B。

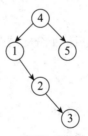

选项 B 对应树

4. 【参考答案】B

【解析】根据树的性质,度为 0 的结点个数等于度为 2 的结点数加 1 再减去度为 1 的结点数,即 $N_0 = N_2 + 1$。所以,设度为 0 的结点数为 N_0,则有:$N_0 = N_2 + 1 - N_1 = 10 + 1 = 11$

因此,答案选项为 B。

考点2 特殊的二叉树

题组闯关

1. 【参考答案】C

【解析】如果下标从 0 开始存储,则编号为 i 的结点的主要关系为:

双亲:下取整 $(i-1)/2$;

左孩子:$2i+1$;

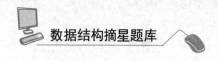
右孩子:$2i+2$。

2. 【参考答案】B

【解析】注意完全二叉树和满二叉树在概念上的区别。满二叉树也是完全二叉树,反之完全二叉树不一定是满二叉树。平衡二叉树、单枝二叉树和二叉排序树既不一定是满二叉树,也不一定是完全二叉树。

3. 【参考答案】C

【解析】完全二叉树最后一个结点的编号为 n,则它的父结点编号为 $s=n/2$(向下取整),则叶结点个数为 $n-s$。$626-313=313$。

4. 【参考答案】D

【解析】从平衡因子定义看,完全二叉树任一结点的平衡因子的绝对值确实是小于等于 1。但是,平衡二叉树本质上是二叉排序树,完全二叉树不一定是排序树。故不能说完全二叉树是平衡二叉树。满二叉树一定是完全二叉树,反过来不对。因此 A、B、C 选项都不对,答案为 D。

5. 【参考答案】A

【解析】第 5 层有叶结点则说明完全二叉树的高度可能是 5 或 6,显然在高度为 5 时,结点数更少,此时,前 4 层为满二叉树,故结点个数最少为 $15+8=23$。

6. 【参考答案】C

【解析】当前 4 层为满二叉树,第 5 层只有一个结点时,结点数最少为 $2^4=16$。

7. 【参考答案】C

【解析】由完全二叉树的性质得出,最后一个分支结点的序号为 $668/2=334$,则叶子结点数为 $668-334=334$,故选 C。

8. 【参考答案】D

【解析】若使得结点数最多,则构造的二叉树一定是高度为 h 的满二叉树,此时结点数为 2^h-1。注意:满二叉树也属于完全二叉树。

9. 【参考答案】A

【解析】$123<128$,故说明第 8 层不满,前 7 层为满二叉树,由此可推算出第 8 层有 119 个叶子结点,第 7 层最右 4 个为叶结点,因此结点总数为 $2^7-1+119=246$。

10. 【参考答案】D

【解析】由 16 个结点的完全二叉树可知,该完全二叉树一共 5 层,且前四层为满二叉树的形状,最后一层只有一个叶子结点,如图所示:

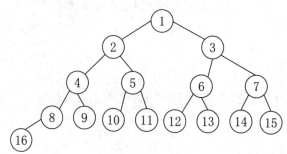

该二叉树对应的森林一共有 4 棵,根结点分别为 1、3、7、15,其中,第一棵树的结点最多,为 9 个。

真题实战

1. **【参考答案】B**

【解析】有 n 个分支结点,并且是满二叉树,那么一共有结点 $2n+1$ 个。根据满二叉树的结点个数的计算公式:那么 $2^h-1=2n+1$。最后计算出 $h=\log_2(2n+2)=\log_2(n+1)+1$。

2. **【参考答案】B**

【解析】满二叉树中,叶子结点 = 中间结点 +1。

3. **【参考答案】A**

【解析】编号为 i 的结点的双亲:$\lfloor(i-1)/2\rfloor$。比如,6 的双亲为 $\lfloor(6-1)/2\rfloor=2$。

4. **【参考答案】C**

【解析】第 6 层有 8 个叶结点,说明这个完全二叉树最多共 7 层,所以树的结点数为:1+2+4+8+16+32+48=111。

5. **【参考答案】C**

【解析】完全二叉树中度为 0 的结点要么 1 个,要么 0 个,总结点数为偶数个,所以度为 1 的结点只有 1 个;反之则为 0 个。故选择 C。

6. **【参考答案】A**

【解析】结点的左孩子的编号为 $2i$,举个简单的例子就可以看出来,比如 7 个结点时(也就是三层时),编号为 1 的左子树编号是 2,编号 2 的左子树是 4,编号 3 的左子树编号为 6。

7. **【参考答案】C**

【解析】根据二叉排序树的性质:中序遍历(LNR)得到的是一个递增序列。图中二叉排序树中序遍历为 $x1,x3,x5,x4,x2$,可知 $x3<x5<x4$。

8. **【参考答案】C**

【解析】首先,我们需要明确平衡二叉树(AVL 树)的定义和性质。平衡二叉树是一种特殊的二叉搜索树,其任何结点的两个子树的高度最大差别为 1。平衡因子是左子树高度减去右子树高度的值,对于平衡二叉树,其所有结点的平衡因子绝对值不超过 1。

题目中给出的是一棵深度为 h 的平衡二叉树,且所有非叶结点的平衡因子均为 0,这意味着这棵树的每个结点的左右子树高度都是相等的。这样的树其实就是一个完全二叉树(注意,不是满二叉树,因为满二叉树要求所有叶子结点在同一层,而完全二叉树只要求从根结点到倒数第二层是满的,最后一层可以不满,但叶子结点必须靠左对齐)。

对于深度为 h 的完全二叉树,其结点数可以通过等比数列求和公式来计算。从根结点开始,每一层结点数分别是 $1,2,4,\cdots,2^{h-1}$。这是一个等比数列,首项为 1,公比为 2,项数为 h。

等比数列求和公式为:

$S=a1*(1-r^n)/(1-r)$

其中,$a1$ 是首项,r 是公比,n 是项数。将 $a1=1,r=2,n=h$ 代入公式,得到:

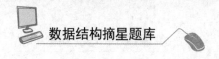

$S = 1 * (1-2^h)/(1-2) = 2^h - 1$

但是,由于完全二叉树的最后一层可能不满,所以实际结点数会小于或等于 2^h-1。但由于题目中给出的是深度为 h 的平衡二叉树,且所有非叶结点的平衡因子均为 0,这意味着这棵完全二叉树的最后一层是满的(否则会有非叶结点的平衡因子不为 0),所以结点数就是 2^h-1。

考点3 二叉树的存储结构

1. 【参考答案】B

【解析】n 个结点的二叉树最少需要 $n-1$ 个指针,所以 A 错误。二叉树的遍历递归和非递归都可以实现,所以 B 正确。前序遍历先访问根结点,再遍历左子树,可以确定树的根结点,所以 C 错误。如果长度为 1,那么两者查找的时间一样,所以 D 错误。

2. 【参考答案】C

【解析】因为数组的顺序就是按层次存储的。

3. 【参考答案】B

【解析】在树中,1 个指针对应 1 个分支,n 个结点的树共有 $n-1$ 个分支,即 $n-1$ 个非空指针,每个结点有 2 个指针域,故空指针数 $= 2n-(n-1) = n+1$。

真题实战

1. 【参考答案】A

【解析】本题考查二叉树的顺序存储结构。由于题目明确说明只存储结点数据信息,所以采用顺序存储时,要用数组的下标保存结点的父子关系。所以对于这棵二叉树存储的结果就是存储了一棵五层的满二叉树。五层的满二叉树的结点个数为:$1+2+4+8+16=31$,所以至少要有 31 个存储单元。故本题选 A。

2. 【参考答案】C

【解析】将 n 个结点均看作双分支结点,则其空链域为叶子结点,叶子结点个数等于双分支结点个数加 1,所以有 $n+1$ 个空链域。

3. 【参考答案】B

【解析】度为 5,意思是每个结点有 5 个指针。总共 n 个结点,总共有 $5n$ 个指针。其中被用掉的指针个数为 $n-1$ 个(根结点没有指针指向它,其他结点都有一个指针指向它),因此空指针个数为 $4n+1$。

4. 【参考答案】B

【解析】在完全二叉树中,当使用顺序存储(一维数组)来表示时,每个结点的位置与其在树中的位置有特定的关系。对于任意结点 $R[i]$,如果它有右孩子,那么它的右孩子的索引可以通过以下方式计算:

假设 $R[i]$ 的左孩子的索引是 $2*i$(在 1-basedindexing 的情况下,即数组索引从 1 开始),那么它的右孩子的索引就是 $2*i+1$。

但是,这里有一个前提:数组 R 的大小 N 足够大,以容纳完全二叉树的所有结点,并且数组是从 $R[1]$ 开始存储根结点的。如果数组大小不够,或者索引从 $R[0]$ 开始,那么上述计算方式需要相应地调整。

在本题中,既然已经明确是从 $R[1]$ 开始存储的,那么对于 $R[i]$ 的右孩子,其索引就是 $2*i+1$,只要这个索引没有超出数组 R 的界限。

考点 4 二叉树的遍历

1. 【参考答案】D

【解析】分析遍历后的结点序列,可以看出根结点是在中间访问,而右子树结点在左子树之前,即遍历的方式是 RNL。本题考查的遍历方法并不是二叉树的 3 种基本遍历方法,重要的是要掌握遍历的思想,灵活运用。

2. 【参考答案】C

【解析】首先根据先序序列可以判断出二叉树的根结点为 E,再根据中序序列可以判断出 HFI 为左子树上的结点,JKG 为右子树上的结点,再看先序序列中右子树上的序列为 GKJ,因此可以判断出根结点的右孩子为 G 结点。

3. 【参考答案】B

【解析】一棵具有 N 个结点的二叉树的前序序列和后序序列正好相反,则该二叉树一定满足只有左子树或只有右子树,即该二叉树一定是一条单支树(二叉树的高度为 N,高度等于结点数)。

4. 【参考答案】A

【解析】采用邻接表存储的图按深度优先搜索方法进行遍历的算法类似于二叉树的先序遍历;采用邻接表存储的图按广度优先搜索方法进行遍历的算法类似于二叉树的层序遍历。

5. 【参考答案】B

【解析】在二叉树的前序遍历、中序遍历和后序遍历中,访问左右子树的先后顺序是不变的,只是访问根的顺序不同。

6. 【参考答案】A

【解析】根据前序遍历序列和中序遍历序列将该二叉树构造出来,然后可求得后序遍历,可得 A 是正确答案。

7. 【参考答案】B

【解析】非空树的先序序列和后序序列相反,即“根左右”与“左右根”顺序相反,因此,树只有根结点,或者根结点只有左子树或右子树,以此类推,其子树具有同样的性质,因此此二叉树只能是左斜树或右斜树,只有一个子树结点。

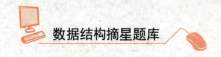

8. 【参考答案】D

【解析】在二叉树的递归遍历过程中,每个结点都访问一次且仅访问一次,故时间复杂度都是 $O(n)$,而递归工作栈的深度为树的深度,在最坏情况下,二叉树是有 n 个结点且深度为 n ,此时的空间复杂度为 $O(n)$ 。二叉树的中序非递归算法一般借助栈实现,层次遍历借助队列实现。

9. 【参考答案】D

【解析】前序为 123 的二叉树总共有 5 种,其中后序为 321 的有 4 种。

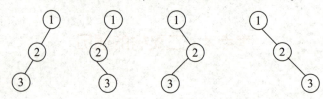

10. 【参考答案】B

【解析】根据层次遍历序列和中序序列构造出二叉树,故其先序序列为 ABDEC。

 真题实战

1. 【参考答案】B D

【解析】由先序遍历和中序遍历的性质可知,一棵二叉树的前序遍历序列为 ABCDEFG,中序遍历序列不会是 CABDEFG,访问完 C 之后,因为 A 是 B 的父结点,所以 A 不会出现在 B 的前面,所以 A 错误。中序遍历序列不会是 DACEFBG,访问完 D 之后,因为 A 是 B 的父结点,且 A 是 C 的祖先结点,所以 A 不会出现在 B 的前面,所以 C 错误。ABCDEFG 和 ADCFEGB 都可能是中序遍历序列。

2. 【参考答案】B

【解析】在二叉树中序遍历序列中相邻,有两种情况:(1)中序遍历 q 的左子树最后访问的结点是 p;下图 Ⅰ、Ⅳ属于此种情况。(2)中序遍历 p 的右子树第一个访问的结点是 q;下图 Ⅱ属于此种情况。中序遍历是先中序遍历根结点的左子树,然后访问根结点,再中序遍历根结点的右子树,如果 pq 相邻,则必不可能为兄弟关系。因此只有Ⅲ错。

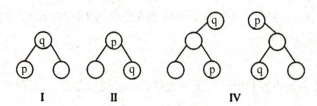

3. 【参考答案】A

【解析】因为根据三个遍历的次序和特点:前序是根左右、中序是左根右、后序是左右根,因此相对次序发生变化的都是子树的根,也就是分支结点,而叶子结点的相对顺序是不变的。

4. 【参考答案】A

【解析】中序遍历先遍历左子树再访问根结点,最后遍历右子树。采用顺序存储结构,由结点的存放顺序可以得出完全二叉树的结构,从而可以得出完全二叉树的遍历序列为 HDIBEAFCG。

5. 【参考答案】D

【解析】答案是 D,队列。二叉树层次遍历是一种广度优先遍历,需要使用队列来实现。具体实现时,首先将根结点入队,然后每次从队头取出结点,若该结点有左右孩子结点,则将左右孩子依次入队,直到队列为空为止。这样可以保证每一层的结点按照从左到右的顺序依次输出。

考点5 线索二叉树

1. 【参考答案】C

【解析】线索二叉树是加上线索后的链表结构,是一种计算机内部的具体的存储结构,所以是物理结构。

2. 【参考答案】D

【解析】线索二叉树使用 ltag/rtag 标识结点的左右指针域是否为线索,当其值为 1 时,其对应指针域为线索,其值为 0 时,则表示左/右孩子。

3. 【参考答案】A

【解析】线索是前驱结点和后继结点的指针,引入线索的目的是加快对二叉树的遍历。二叉树是一种逻辑结构,而线索二叉树是加上线索后的链表结构,是一种计算机内部的具体的存储结构,所以是物理结构。

4. 【参考答案】C

【解析】一棵左子树为空的二叉树,形态为右单支树,这样前序序列为根、右子树。因为根结点在前序序列第一个,没有前序的前驱,这样根结点的左指针链域就是空的。最下边的叶子(也就是最右边结点)是前序序列最后一个,没有前序的后继,因此该结点的右指针链域也是空的,因此,空的链域合计 2 个。

5. 【参考答案】A

【解析】二叉树的中序遍历序列为 CBDAEF,由于结点 D 的左右孩子均为空,所以进行中序线索化的时候,他的左右孩子指针直接指向它的中序遍历的前驱和后继。

1. 【参考答案】B

【解析】线索二叉树中某结点是否有右孩子,不能通过右指针域是否为空来判断,而要判断右标志是否为 1。rtag==1 时 rchild 指向后继,所以选择 B。

2. 【参考答案】D

【解析】先序线索二叉树中,某结点如果有孩子,则左孩子(如果没有就是右孩子)就是其先序后继;中序前驱和后继情况为镜像,具体请见数据结构教材;后序线索中某结点如果有右子树,则右指针域存放的是右孩子的地址,不是线索,但其后序后继却是其双亲结点,注意是二叉链表,只能从双亲往下,因此无法有效求解。

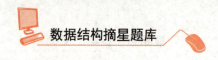
3. **【参考答案】** A

【解析】 前序、中序、后序线索二叉树主要都是:假设共有 n 个结点(一个结点两个链域),则非空链域有 $n-1$ 个,空链域有 $n+1$ 个。那么将这些空链域利用起来,指向其对应的前序、中序、后序的前驱及后继结点。

4. **【参考答案】** A

【解析】 根据后序线索二叉树的定义,X 结点为叶子结点且有左兄弟,那么这个结点为右孩子结点,利用后序遍历的方式可知 X 结点的后继是其父结点,即其右线索指向的是父结点。

5. **【参考答案】** A

【解析】 在这个只有 3 个结点的二叉树中,先得到先序遍历序列,然后根据先序遍历序列构造先序线索二叉树。当结点的左孩子结点为空时,指向前驱结点;当结点的右孩子结点为空时,指向后继结点,所以选择 A。

6. **【参考答案】** D

【解析】 以二叉链表作为存储结构时,只能得到结点的左右孩子信息,结点的任意序列中的前驱和后继信息只能在遍历的动态过程中才能得到,为了查找结点的前驱或后继,引入线索二叉树。

§4.3　森林

考点1　森林与二叉树的转换

1. **【参考答案】** C

【解析】 每个非终端结点的最后一个孩子,由于没有右兄弟,故在 B 中右指针为空;另外还有 F 中最后一棵树的根结点在 B 中也无右孩子。故答案为 C,$n+1$。

2. **【参考答案】** C

【解析】 在二叉树中,结点的左指针指向其孩子,结点的右指针指向其兄弟。所以在一棵二叉树中,如果某个结点的左指针为 NULL,就说明这个结点在原来的森林中没有孩子,是叶子结点,如果某个结点的右指针为 NULL,就说明这个结点在原来的森林中没有兄弟。所以森林中的叶子结点=二叉树中左指针为 NULL 的个数。

3. **【参考答案】** C

【解析】 设森林 F 中的四棵树分别为 F_1、F_2、F_3 和 F_4,F 转换为二叉树 B,则 B 的根结点为 F_1 的根结点,B 的左子树由 F_1 的子树森林构成,B 的右子树由 F_2、F_3 和 F_4 组成。故 B 的右子树的结点数目即是 F_2、F_3、F_4 三棵树的结点数目之和,即为 $n_2+n_3+n_4$。

4. **【参考答案】** A

【解析】 树的孩子兄弟表示法又称二叉链表表示法。在链表的结点中设置两个指针域,左指针指向该结点的第一个孩子,右指针指向该结点的下一个兄弟从而得到选项 A 是正确的。

5. 【参考答案】A

【解析】P 的右子树包含森林 F 中除第一棵树外所有树的结点,所以 F 中第一棵树的结点个数是 $m-n$。

6. 【参考答案】C

【解析】因为一棵具有 n 个顶点的树有 $n-1$ 条边,因此设题目中的森林有 m 棵树,每棵树具有顶点数为 $V_i(1 \leqslant i \leqslant m)$,则 $V_1+V_2+\cdots V_m = N$ 及 $(V_1-1)+(V_2-1)+\cdots+(V_m-1)=K$,所以 $N=m+K$。

真题实战

1. 【参考答案】A

【解析】树转换成二叉树,由于只有一棵树,所以根结点是没有右孩子的,根据"左孩子右兄弟"转换规则可以得出转换成的二叉树是唯一的。

2. 【参考答案】C

【解析】本题考查二叉树的遍历。森林的先根遍历对应它自己转化后二叉树的先根遍历,森林的后根遍历对应它自己转化后二叉树的中根遍历,所以先根和中根可以唯一确定森林转化后的二叉树,如下:

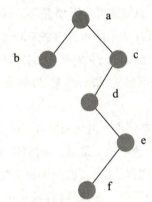

二叉树 T 的后序遍历为 b,f,e,d,c,a。故本题选 C。

考点 2 森林的遍历

题组闯关

1. 【参考答案】A

【解析】森林与二叉树相互转换的规则如下:设森林 F = {T_1,T_2,……T_m},二叉树 B = (root,LB,RB)。

(1)森林转化成二叉树的规则:

若 F 为空(m=0),B 为空;

若 F 不空(m≠0),B 的根 root(B)是 F 中第一棵树 T1 的根 root(T1);

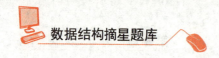

左子树 LB 从 T_1 根结点的子树森林(T_{11},T_{12},…,T_{1m})转换来；

右子树 RB 是从森林 $F' = F - \{T_1\} = \{T_2, T_3, …, T_m\}$ 转换而来。

（2）二叉树转换为森林的规则：

若 B 为空，F 为空；

若 B 非空，则 F 中第一棵树 T_1 的根为二叉树的根 root(B)；

T_1 根的子树森林 F_1 由 B 的左子树 LB 转换而来；

F 中除 T_1 外其余树组成的森林 $F' = F - \{T_1\} = \{T_2, T_3, …, T_n\}$ 由 B 的右子树 RB 转换而来。

真题实战

1. 【参考答案】B

【解析】我们根据给定的遍历结果来分析：

- 先根遍历结果为：1,2,3,4,5
- 后根遍历结果为：2,1,4,5,3

从先根遍历结果可以看出，1 是第一棵树的根，因为它是第一个被访问的结点。接下来，2,3,4,5 是在访问完第一棵树的根之后被访问的，所以它们属于后续的子树或树。

从后根遍历结果可以看出，2 是在 1 之前被访问的最后一个结点，且 1 紧接着 2 被访问，这表明 2 是第一棵树的一个子结点（实际上，根据先根遍历，2 是第一棵树的直接子结点，即第一棵树的根 1 的左子树或右子树的根），并且没有其他子结点或树在 1 和 2 之间（否则后根遍历中会在 2 和 1 之间有其他结点）。紧接着 1 和 2 的是 4 和 5，它们在 3 之前被访问，表明它们属于与 3 不同的树或子树（因为后根遍历先访问子树再访问根）。最后，3 被访问，表明它是这些结点所构成的森林中最后一棵树的根。

现在，我们需要确定第二棵树的根结点。由于先根遍历中 2 紧跟在 1 之后，且后根遍历中 2 在 1 之前被访问（但紧接着 1），我们可以推断出 2 是第一棵树的一个直接子结点（子树的根），并且不是最后一棵树的根（因为 3 是最后一棵树的根）。由于 4 和 5 在后根遍历中紧跟在 2 和 1 之后，且在 3 之前，它们必然属于另一棵树（或子树），而这棵树（或子树）的根结点在先根遍历中必须紧跟在 2 之后（因为 2 是第一棵树的一个直接子结点的最后一个被访问的结点，在访问完第一棵树的所有子结点之前不会访问其他树的根）。因此，先根遍历中紧跟在 2 之后的结点 3 就是第二棵树的根结点（这里需要注意，虽然 4 和 5 在后根遍历中紧跟在 1 和 2 之后，但它们实际上是属于第二棵树或后续树的结点，而不是第一棵树的结点，因为后根遍历先访问子树再访问根，所以 4 和 5 是在访问完它们所在树的根之前被访问的）。

综上所述，森林中第二棵树的根结点为 3。

因此，正确答案是 B。

2. 【参考答案】A

【解析】本题考查树和二叉树的遍历知识，树的先根遍历结果和转化成的二叉树的先序遍历结果一样，则选择 A 选项。

§4.4 树与二叉树的应用

考点 1 哈夫曼树与哈夫曼编码

1. 【参考答案】D

   【解析】

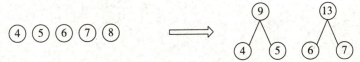

（1）选出最小的两上元素，即4、5作为叶节点，4+5的和为父节点，成一棵二叉树，剩下的无素为9、6、7、8

（2）从剩下的元素9、6、7、8再选两个最小的元素构建二叉树，就是6、7，父节点为两个数的和13

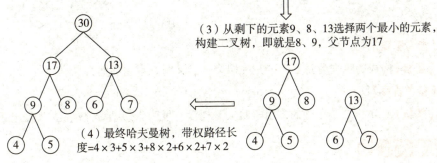

（3）从剩下的元素9、8、13选择两个最小的元素，构建二叉树，即就是8、9，父节点为17

（4）最终哈夫曼树，带权路径长度 = $4 \times 3 + 5 \times 3 + 8 \times 2 + 6 \times 2 + 7 \times 2$

2. 【参考答案】C

   【解析】由权值为 9、2、5、7 的四个叶子构造的哈夫曼树可如图所示：

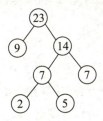

该树的带权路径长度 = $9 \times 1 + 7 \times 2 + 2 \times 3 + 5 \times 3 = 44$。

3. 【参考答案】B

   【解析】A 正确，Huffman 树就是求最优解。可以有多套方案，但最终每套方案生成的编码长度都相同且都是最优解。

   B 错误，我们可以将左子树定为 1，右子树定为 0，也可以反之，不同的方案获得的编码值是不同的，但每个字符的编码长度是固定的。

   C 正确，不同的方案影响的只是通向结点的路径为 0 还是 1，而不会影响 Huffman 树的层次结构。

D 正确,生成了 Huffman 树之后,我们就能看到,出现频率越高的结点越靠近根,深度越小,即编码值位数越少;出现频率越低的结点越远离根,深度越大,即编码位数越多。

4. 【参考答案】D

【解析】本题主要考查哈夫曼树和哈夫曼编码的概念和性质。按左分支编码为 0,右分支编码为 1,A、B、C、D 的编码树如图所示,其中 D 中包含度为 1 的结点,因此 D 不可能是哈夫曼编码。

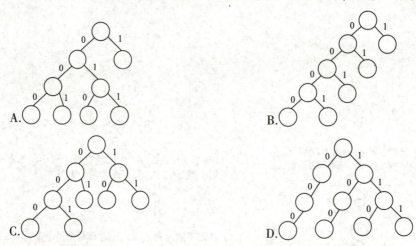

5. 【参考答案】A

【解析】构成的哈夫曼树不一定是一棵完全二叉树。本题答案为 A。

6. 【参考答案】D

【解析】A、B 和 C 是正确的。由于哈夫曼树没有度为 1 的结点,故说法 D 是不正确的。

真题实战

1. 【参考答案】B

【解析】哈夫曼树只有两种类型的结点:度数为 0 的结点和度数为 2 的结点。根据二叉树的性质有:$199 = N_0 + N_2 = 2N_2 + 1$,$N_2 = 99$,$N_0 = 100$。

2. 【参考答案】A

【解析】本题中哈夫曼树的结点的度要么是 0,要么是 2。设非叶结点个数为 x,则总结点数为 $n+x$。每个结点都有 2 个分支,而度为 0 的结点是没有分支的,所以从分支的情况来看,总的结点数为 $2x+1$(这里的 1 为根结点),两者相等,所以答案是 $n-1$。

3. 【参考答案】D

【解析】在哈夫曼树中,左右孩子权值之和为父结点权值。仅以分析选项 A 为例:若两个 10 分别属于两棵不同的子树,根的权值不等于其孩子的权值和,不符;若两个 10 属同棵子树,其权值不等于其两个孩子(叶结点)的权值和,不符。B、C 选项的排除方法一样。

4. 【参考答案】B

【解析】构造出 Huffman 树后,左向分支标志为"0",右向分支标志为"1",则从根结点到叶结点之间的路径上分支字符组成的编码即为 Huffman 编码,该编码必为前缀编码。任何一个字符的编码都不是另一个字符的编码的前缀。例如,0、10、110、111 即为前缀编码,10 可以成为 101 的前缀,所以 B 不是前缀编码。

5. 【参考答案】D

【解析】哈夫曼编码属于不等长编码,定长编码属于等长编码。就等长编码而言,其编码长度相同,且与字符出现频次无关,因此,等长编码在二叉树 T_2 上必然出现在同一层上。

6. 【参考答案】C

【解析】叶结点即度为 0 的结点有 n 个,假设度为 m 的结点个数为 x,则 $x+n=mx+1$,也就是 $x=(n-1)/(m-1)$。若 $n-1$ 不能被整除,即所给数据不能直接构造最优 m 叉树,这时需要加一些不影响建树的数据,可以添 0,添加的个数为 $(m-1)-((n-1)\%(m-1))$。所以最终 x 应该为 $\lceil(n-1)/(m-1)\rceil$,即向上取整。

7. 【参考答案】B

【解析】本题可以用特值法得出 $2N-1$,同时也可以通过归纳法从 2 个关键字开始操作得出结论。

考点 2　并查集

1. 【参考答案】D

【解析】Find 操作返回根结点,Find 操作(函数在并查集 S 中查找并返回包含元素 x 的树的根):

```
int   Find( int S[ ], int x) { //循环寻找 x 的根
    while ( S[ x] > = 0)
        x = S[ x] ;
    return x;                 //根的 S[ ]小于 0
}
```

2. 【参考答案】A

【解析】并查集是一种树形的数据结构,用于处理不交集的合并(union)及查询(find)问题,查找一个元素所属集合的算法的时间复杂度与树的高度有关。

1. 【参考答案】C

【解析】考察并查集。

§4.5 综合应用题

题组闯关

1. 【参考答案与解析】

可以借助快速排序的原理进行排序,选择 0 作枢轴量,将小于 0 的数放在左边,大于 0 的数放在右边,只需进行一次排序即可。时间复杂度为 $O(n)$。

```
int * function(int a[ ], int n) {
    int i = 0;
    int j = n−1;
    while(i<j) {
        while(a[j]>0) {
            j--;
        }
        while(a[i]<0) {
            i++;
        }
        if(i<j) {
            int temp = a[i];
            a[i] = a[j];
            a[j] = temp;
        }
    }
    return a[ ];
}
```

2. 【参考答案与解析】

这道题考查的内容是层次遍历,需要借助队列来实现。从根结点开始,将其左孩子和右孩子依次入队。然后执行以下 3 步,直到队列为空:

(1)访问队列中的第一个元素。

(2)在每次访问结点时,将其左孩子和右孩子依次入队。

(3)将第一个元素出队。

```
void PrintFromTopToBottom(BinaryTreeNode * pTreeRoot) {
    if(! pTreeRoot) {
        return;
    }
    deque<BinaryTreeNode * > dequeTreeNode;
    dequeTreeNode.push_back(pTreeRoot);
    while(! dequeTreeNode.empty()) {
        BinaryTreeNode  * pNode=dequeTreeNode.front();
        dequeTreeNode.pop_front();
        printf("%d",pNode->value);
        if(pNode->pleft)
            dequeTreeNode.push_front(pNode->pleft);
        if(pNode->pright)
            dequeTreeNode.push_front(pNode->pright);
    }
}
```

3. 【参考答案与解析】

从根结点开始遍历，每访问一个结点时，计算路径的和 sum。如果遍历到叶子结点，将输入的整数与 sum 进行比较，相等则输出此路径，不相等就返回到上一个结点再继续遍历。可以借助栈或者使用递归的方法实现，这里给出递归的实现。

```
void FindPath(BinaryTreeNode * pRoot, int expectedSum)
{
    if(pRoot==NULL) {
        return;
    }
    vector<int> path;
    int currentSum=0;
    FindPath(pRoot, path, expectedSum, currentSum);
}

void FindPath(BinaryTreeNode * pRoot, vector<int>& path, int expectedSum, int currentSum)
{
    currentSum+=pRoot->value;
    path.push_back(pRoot->value);
```

```
    bool isLeaf=(pRoot->pleft==NULL && pRoot->pright==NULL);
    if(currentSum==expectedSum && isLeaf)
    {
        printf("A path: ");
        vector<int>: : iterator iter=path.begin();
        for(; iter! =path.end(); iter++)
            printf("%d\t", * iter);            printf("\n");
    }
    if(pRoot->pleft)
        FindPath(pRoot->pleft, path, expectedSum, currentSum);
    if(pRoot->pright)
        FindPath(pRoot->pright, path, expectedSum, currentSum);
    currentSum-=pRoot->value;
    path.pop_back();
}
```

4. 【参考答案与解析】

（1）

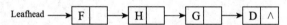

Leafhead → F → H → G → D ∧

（2）中序遍历二叉树,按照遍历序列中叶子结点数据域的值构建的一个以 Leafhead 为头指针的逆序单链表（或按二叉树中叶结点数据自右至左连接成一个链表）。

5. 【参考答案与解析】

```
typedef struct node{
    int data;
    struct node * pleft;
    struct node * pright;
} BinaryTree;


int JudgeBinaryTree(BinaryTree * b1, BinaryTree * b2) {
    if(b1==NULL && b2==NULL) {
        return 1;
    } else if (b1==NULL || b2==NULL ||b1->data! =b2->data) {
        return 0;
    } else{
        return   JudgeBinaryTree(b1->pleft, b2->pleft) &&
                JudgeBinaryTree(b1->pright, b2->pright);
    }
}
```

6.　【参考答案与解析】

```
t = (BinaryTree * ) malloc(sizeof(BinaryTree) )
BinTreeInsert(t->rchild, k)
```

7.　【参考答案与解析】

　　进入判别算法之前,pre 取初值为 min(小于树中任一结点值),初始化 fail = False。按中序遍历 bt,与前驱比较,若比前驱大,则 fail 为 False,bt 是二叉排序树。

```
bool fail = False;                          //初始化 fail.若为二叉排序树, fail 为 False
void IsBST(bitree bt, int pre, bool &fail) {
    if(! fail) {
        if(bt) {
            IsBST(bt->lchild, pre) ;        //判断左子树
            if(bt->data < pre)
                fail = True;
            else
              {
                pre = bt->data;
                IsBST(bt->rchild, pre) ;    //判断右子树
              }
        }
    }
}
```

8.　【参考答案与解析】

```
int CountNode(BinaryTree * t, int count) {
    if(bt) {
        count++;
        CountNode(t->lchild, count) ;
        CountNode(t->rchild, count) ;
    }
    return count;
}
```

9.　【参考答案与解析】

```
int sum_binaryTree_value(BinaryTree * t, int &sum) {
    if(t) {
        sum+ = t->data;
        sum_binaryTree_value(t->lchild, sum) ;
        sum_binaryTree_value(t->rchild, sum) ;
    }
    return sum;
}
```

真题实战

1. 【参考答案与解析】

　　首先给出二叉树结点的定义。之后通过递归调用 swapbitree 函数,实现交换左右子树的功能,交换时需要定义一个临时变量 p 来执行交换。

```
typedef struct node {
    int data;
    struct node * lchild, * rchild;
} bitree;

void swapbitree (bitree * bt) {
    bitree * p;
    if(bt==NULL) return;
    swapbitree(bt->lchild) ;
    swapbitree(bt->rchild) ;
    p=bt->lchild;
    bt->lchild=bt->rchild;
    bt->rchild=p;
}
```

2. 【参考答案与解析】

　　(1) 树的先根=森林的先序=二叉树的先序。

　　　　树的后根=森林的中序=二叉树的中序。

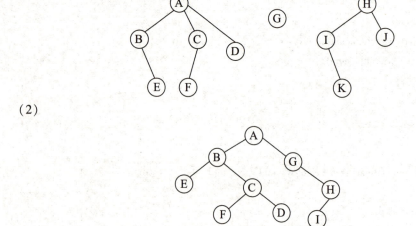

　　(2)

　　(3) 该二叉树的中序遍历为 E B F C D A G K I J H。

　　中序线索化如下图所示:左空指前驱,右空指后继。

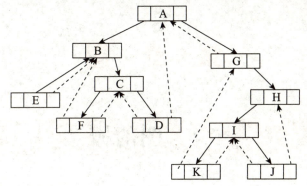

3. **【参考答案与解析】**

（1）哈夫曼树。

（2）译码过程。从前到后依次取 0/1 串的每一位，如果为 0 就进入左子树，如果为 1 就进入右子树，直到整个串遍历结束。遇到叶子结点，该叶子结点代表的字符串就是该 0/1 串的字符串；如果没有遇到叶子结点，或者是遇到了叶子结点，但 0/1 串遍历未结束，则该 0/1 所代表的字符串不在该字符集中。

（3）若某字符集的不等长编码不能确定一棵哈夫曼树，则说明该字符集的不等长编码不具有前缀特性。

4. **【参考答案与解析】**

（1）根据定义，正则 k 叉树中仅含有两类结点：叶结点（个数记为 n_0）和度为 k 的分支结点（个数记为 n_1）。树 T 中的结点总数 $n = n_0 + n_k = n_0 + m$。树中所含的边数 $e = n-1$，这些边均为 m 个度为 k 的结点发出的，即 $e = m \times k$。整理得：$n_0 + m = m \times k + 1$，故 $n_0 = (k-1) \times m + 1$。

（2）高度为 h 的正则 k 叉树 T 中，含最多结点的树形为：除第 h 层外，第 1 到第 $h-1$ 层的结点都是度为 k 的分支结点；而第 h 层均为叶结点，即树是"满"树。此时第 $j(1 \leq j \leq h)$ 层结点数为 k^{j-1}，结点总数 M_1 为：

$$M_1 = \sum_{j=1}^{h} k^{j-1} = \frac{k^h - 1}{k - 1}$$

含最少结点的正则 k 叉树的树形为：第 1 层只有根结点，第 2 到第 $h-1$ 层仅含 1 个分支结点和 $k-1$ 个叶结点，第 h 层有 k 个叶结点。即除根外第 2 到第 h 层中每层的结点数均为 k，故 T 中所含结点总数 M_2 为：

$$M_2 = 1 + (h-1) \times k。$$

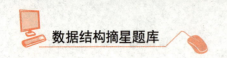
第 5 章 图

§5.1 图的概念

考点 图的基本概念

1. **【参考答案】**D

   【解析】n 个顶点的无向图中,边数 $e \leq n(n-1)/2$,将 $e=28$ 代入,有 $n \geq 8$,现已知无向图非连通,则 $n=9$。

2. **【参考答案】**B

   【解析】本题考查图的定义。首先选项没有说明是有向图还是无向图,其次对于有 n 个顶点的无向图,如果有大于 $n-1$ 条的边数,此图一定有环。

3. **【参考答案】**C

   【解析】本题考查考生对图的总体掌握情况。图与树的区别是逻辑上的区别,故 A 错;当 E' 中的边对应的顶点不是 V' 的元素时,V' 和 $\{E'\}$ 无法构成图,故 B 错;无向图的极大连通子图称为连通分量,故 C 对;图的遍历要求每个结点只能被访问一次,且若非连通图,从某一顶点无法访问其他全部顶点,D 不准确。

4. **【参考答案】**C

   【解析】本题考查考生对连通图的进一步认识。考虑极端情况,6 个顶点为完全无向图的边数为 $6 \times 5/2 = 15$ 条,加上连接第 7 个顶点的边,一共 16 条边。

5. **【参考答案】**A

   【解析】本题考查考生对图连通性的认识。对于连通无向图,边最少即构成一棵树的情形;对于有向图,边最少即构成一个有向环的情形。

6. **【参考答案】**A

   【解析】本题考查考生对考生对图生成树的理解。因为 n 个顶点构成的环有 n 条边,去掉其中一条便是一棵生成树,所以共有 n 种情况。

7. **【参考答案】**D

   【解析】本题考查考生对无向图邻接矩阵的灵活运用。n 个结点 e 条边的无向图邻接矩阵零元素个数为 n 的平方减去 $2e$,所以选 D。

8. **【参考答案】**A

   【解析】本题考查判断图有无环的方法。使用深度优先遍历算法,如果从有向图上某个顶点 u

出发，在 DFS(u)结束之前出现一条从顶点 v 到 u 的边，由于 v 在生成树上是 u 的子孙，则图中必定存在包含 u 和 v 的环，因此深度优先遍历的方法可以检测出一个有向图是否有环。拓扑排序时，当某顶点不为任何边的头时才能加入序列，存在环路时环路中的顶点一直是某条边的头，不能加入拓扑序列。也就是说，还存在顶点但无法找到下一个可以加入拓扑序列的顶点，则说明此图存在回路。最短路径是允许有环的，而关键路径虽然不允许有环，但求关键路径的算法本身无法判断是否有环。

9. 【参考答案】C

【解析】本题考查考生对图生成树的理解。因为 60 个顶点构成的环有 60 条边，去掉其中一条便是一颗生成树，所以共有 60 种情况。

10. 【参考答案】C

【解析】一个无向图 $G=(V, E)$ 是连通的，那么边的数目大于等于顶点的数目减 1：$|E|>=|V|-1$，而反之不成立。

真题实战

1. 【参考答案】B

【解析】无向图边数的两倍等于各顶点度数的总和。由于其他顶点的度均小于 3，可以设它们的度都为 2，设它们的数量是 x，可列出这样的方程 $4×3+3×4+2×x=16×2$，解得 $x=4$，$4+4+3=11$，选项 B 正确。

2. 【参考答案】A

【解析】采用邻接矩阵表示法，便于判定图中任意两个顶点之间是否有边相连，即根据 $A[i,j]=0$ 或 1 来判断。

3. 【参考答案】D

【解析】本题考查图的邻接表存储结构及其特点。

4. 【参考答案】B

【解析】第 i 列表示终点为顶点 i 的那些边，非 0 表示这条边存在入度表示终点为这点的边数之和。

5. 【参考答案】C

【解析】无向图 G 的极大连通子图称为 G 的连通分量。

6. 【参考答案】C

【解析】在给出的有向图中，顶点 D 的入度是 3，出度是 1。

入度是指指向该顶点的边的数量，表示有多少条边指向该顶点。

出度是指从该顶点出发的边的数量，表示有多少条边从该顶点出发。

7. 【参考答案】A

【解析】无向连通图的最少边数为 $n-1$，其中 n 为顶点数。因此，16 个顶点的无向连通图的最少边数为 $16-1=15$。

§5.2 图的存储

考点 图的存储结构

1. 【参考答案】C

   【解析】首先根据题目画出图形,然后根据图形求出该 AOE 网的关键路径便可以得到结论。

2. 【参考答案】A

   【解析】对图中任意顶点 u、v 都存在路径使 u、v 连通,无向图为 $m-1$,有向图为 m。

3. 【参考答案】C

   【解析】对 n 个结点和 e 条边的无向图,用邻接矩阵存储它所用的内存空间为 n^2,非零元素的个数为 $2e$,零元素的个数为 n^2-2e。

4. 【参考答案】C

   【解析】本题考查考生对拓扑排序和邻接矩阵的综合理解。举例 $\begin{bmatrix} 0 & 1 & 1 \\ 0 & 0 & 0 \\ 0 & 0 & 0 \end{bmatrix}$,存在两个拓扑序

列。故选 C。

5. 【参考答案】A

   【解析】第 i 列全都为无穷大,意味着所有结点没有到第 i 元素的路径,所以如果存在关键路径,第 i 结点一定是起点,因为不存在到它的边。故选择 A。

6. 【参考答案】B

   【解析】在用邻接矩阵表示有向图时,若第 i 行第 j 列元素等于 1,则表示顶点 i 到 j 有边,所以第 i 行的元素之和就等于 i 点指向其他点的边的条数即顶点 i 的出度。

7. 【参考答案】C

   【解析】本题考查考生对完全图的邻接矩阵特色的理解。完全图的特征是任意一个顶点都与其他顶点有边,体现在邻接矩阵为,主对角元素皆为 0,其余元素皆为 1。

8. 【参考答案】B

   【解析】10 个顶点的无向图最多有 $10×9/2=45$ 条边,每条边在邻接表中存储两次,所以边表结点最多为 $10×9=90$ 个。

9. 【参考答案】D

   【解析】10 个顶点的无向图,矩阵大小为 $10×10=100$,非零元素的个数为 $2×40=80$,所以零元素的个数为 $100-80=20$。

10. 【参考答案】D

    【解析】选项 A 无向图的邻接表中,第 i 个顶点的度恰为第 i 个链表中的结点数;选项 B,判断

任意两个点是否有边或弧相连,邻接表没有邻接矩阵方便;选项 C,查找任一顶点的第一个邻接点和下一个邻接点,邻接矩阵不及邻接表方便;选项 D 正确。

11.【参考答案】D

【解析】具有 n 个顶点、e 条边的无向图采用邻接表存储方法,该邻接表由 n 个链表组成,n 个链表中一共有 $2e$ 个边结点。

12.【参考答案】D

【解析】十字链表容易求得任意顶点的出边和入边,专用于有向图的操作。

真题实战

1.【参考答案】D

【解析】对于邻接表,若无向图有 m 条边,则总存储单元为 $2N+m \times 2 \times 3$,令 $N^2 \geqslant 2N+m \times 2 \times 3$,即可求出答案。

2.【参考答案】A

【解析】邻接矩阵的空间复杂度为 $O(n^2)$,与边的个数无关。邻接表的空间复杂度为 $O(n+e)$,与图中的结点个数和边的个数都有关。

3.【参考答案】A

【解析】该题考察的是有向图抽象成一个二维数组矩阵,判断二维数组元素 $V[i,j]$ 为 1 的复杂度,属于常数阶 $O(1)$。

4.【参考答案】B

【解析】本题考查的是逆邻接表的概念,逆邻接表中任一表头结点下的结点的数量是图中该结点入度的弧的数量,与邻接表是相反的,所以该结点在单链表中的结点数等于该结点的入度 k_1。

5.【参考答案】B

【解析】快速的方案时间复杂度为 $O(n+e)$,此处 $e>n$,进一步化简,得到 $O(e)$,所以选择 B。

6.【参考答案】C

【解析】删除与某个顶点 V 相关的所有边的过程:先删除下标为 V 的顶点表结点的单链表,出边数最多为 $n-1$,对应时间复杂度为 $O(n)$,再扫描所有边表的结点,删除所有的顶点 V 的入边,对应的时间复杂度为 $O(e)$。故总的时间复杂度为 $O(n+e)$,选 C。

7.【参考答案】B

【解析】本题考查无向图邻接多重表的存储方式。

本题有两种做法,一种是根据邻接多重表还原图,另一种是直接数出 abcd 对应的 1234 出现的次数,由下图可知,b 对应的 1 出现了 2 次,度为 2,d 对应的 3 出现了 4 次。度为 4。故本题选 B。

8.【参考答案】B

【解析】根据拓扑排序的规则,输出每个顶点的同时还要删除以它为起点的边,这样对各顶点和边都要进行遍历,故拓扑排序的时间复杂度为 $O(n+e)$。

9.【参考答案】D

【解析】答案是 D:稀疏矩阵和有向图。

十字链表是一种图的表示方法,其主要用于稀疏矩阵和有向图的存储。

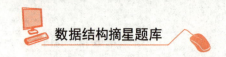

稀疏矩阵指矩阵中大部分元素都是 0 的矩阵。由于在实际应用中,矩阵往往具有较少的非零元素,因此使用传统的二维数组存储浪费大量空间。而采用十字链表的方式,只需要存储非零元素和它们相应的行列下标即可,大大减小了存储数据所需的空间,提高了空间效率。

有向图包含一组顶点和一组有向边,每条边都由一个源顶点和一个目标顶点组成。十字链表采用两个指针数组分别存储弧头和弧尾,因此可以通过该数据结构高效地存储有向图。

相对而言,广义表中的元素结构比较复杂,不能使用十字链表进行表示。

因此,选项 D 稀疏矩阵和有向图是十字链表常用于表示的数据结构。

§5.3 图的遍历

考点 1 深度优先搜索

1. 【参考答案】D

   【解析】本题考查考生对深度优先遍历的应用。仅③和④正确。

2. 【参考答案】C

   【解析】深度优先是从某个顶点出发,访问完后,寻找一个未访问的邻接顶点继续深度优先,如果此路不通就往回退。所以看邻接表,首先访问顶点 1,寻找没有访问的邻接顶点,链表中的第一个结点就是 3,接着转到顶点 3 再来深度优先,访问顶点 3 后,在其链表中第一个邻接顶点是 4,接着访问 4,下面走不通,回到顶点 3,继续顺链往后,自然是顶点 5,5 的邻接顶点中顶点 2 还没有访问,所以序列为 1,3,4,5,2。

3. 【参考答案】A

   【解析】本题主要考查判断有向图中是否有回路的方法。从图中的任意一个顶点出发,采用深度优先遍历,若路径中的顶点有重复,则图中有回路。

4. 【参考答案】C

   【解析】本题主要考查深度优先遍历算法的时间复杂度。在 n 个结点、e 条边、邻接表表示的图中进行深度优先遍历,对每个顶点都需遍历其边链表以寻找满足要求的邻接点,其时间复杂度为 $O(e)$,同样仍然需要检查所有顶点是否都被访问过,所以总的时间复杂度为 $O(n+e)$。

5. 【参考答案】D

   【解析】首先深度优先遍历的定义:从同种某个初始顶点 v 出发,首先访问初始顶点 v,然后选择与顶点 v 相邻且没有被访问过的顶点 w 为初始顶点,再从 w 出发进行深度优先直到图中与当前顶点 v 邻接的所有顶点都被访问过为止。

   所以从 a 出发,有三种选择:b,e,c

   选 b==>a,b,e,d,f,c

   选 e==>有两种选择:b,d

（1）选 b＝＝＞a,e,b,d,f,c

（2）选 d＝＝＞a,e,d,f,c,b

选 c＝＝＞a,c,f,d,e,b

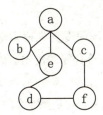

真题实战 📱

1. 【参考答案】D

【解析】画出该有向图图形如下：

采用图的深度优先遍历,共5种可能:$<v_0,v_1,v_3,v_2>$、$<v_0,v_2,v_3,v_1>$、$<v_0,v_2,v_1,v_3>$、$<v_0,v_3,v_2,v_1>$、$<v_0,v_3,v_1,v_2>$,选 D。

2. 【参考答案】D

【解析】按深度优先搜索,V_2 不可以直接到 V_3。

3. 【参考答案】D

【解析】首先根据题意画出图的示意图,如下所示。根据深度优先遍历的规则,A 选项错误,因为 e 顶点后还有 d 未访问,所以后面不会是 c;B 选项错误,f 顶点后面不是 e,因为 f 后面还有 d 未访问;C 选项错误,因为 b 顶点后面不是 c,应该访问 d。

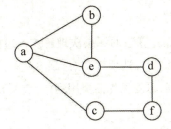

4. 【参考答案】A

【解析】邻接矩阵遍历的时间复杂度为 $O(n^2)$,因为需访问每个顶点并检查其与所有顶点的连接;邻接表遍历的时间复杂度为 $O(n+e)$,其中 n 是顶点数,遍历表头结点后,只需访问所有边结点因此更适用于稀疏图。

5. 【参考答案】D

【解析】图的深度优先搜索遍历过程是:首先一个出发顶点 v,并访问之,接着选择一个与 v 相邻接并且未被访问过的顶点 w 访问之,再从 w 开始进行深度优先搜索遍历。每当到达一个其所有相邻接的顶点都已被访问过的顶点时,就从最近所访问的顶点开始依次回退,直至退回某个顶点,该顶点尚有未曾访问过的邻接顶点,再从该邻接顶点开始继续进行深度优先搜索遍历。上述过程在两种可能情况下终止:所有顶点已都被访问,或从任一个已被访问过的顶点出发,再也无法到达未曾访问过的顶点。

对于无向图,如果图是连通的,那么按深度优先搜索遍历时,可遍历全部顶点,得到全部顶点的一个遍历序列。从 a 出发,第 1、5 都是符合深度优先遍历的序列,所以 D 选项正确。

6. 【参考答案】D

【解析】首先明确深度优先遍历的定义:从某个初始顶点 v 出发,首先访问初始顶点 v,然后选择一个与顶点 v 相邻且没有被访问过的顶点 w 为初始顶点,再从 w 出发进行深度优先直到图中与当前顶点 v 邻接的所有顶点都被访问过为止。

所以从 a 出发,有三种选择:b, e, c。

(1) 选 b==>a, b, e, d, f, c。

(2) 选 e==>有两种选择:b, d。

    ① 选 b==>a, e, b, d, f, c。

    ② 选 d==>a, e, d, f, c, b。

(3) 选 c==>a, c, f, d, e, b。

考点 2　广度优先搜索

1. 【参考答案】AD

【解析】本题考查考生对广度优先算法的深层次理解。各边权值相等相当于无权值的边可以用广度优先搜索来求单源最短路径,所以选项 A 对,选项 B 错。广度优先相当于树的层序遍历,选项 C 错误。广度优先需要用到队列,深度优先需要用到栈,选项 D 正确。

2. 【参考答案】BD

【解析】本题考查考生对 DFS 和 BFS 以及树前中后序的综合运用。先序遍历为根左右,和深度优先遍历一致;层次遍历每次遍历属于同一层的结点,和广度优先遍历一致。

3. 【参考答案】A

【解析】本题主要考查图的广度优先遍历算法的特点。图的遍历算法 BFS 中每个顶点进队之前要标识为已访问顶点,下次遍历到此顶点时就不会将该顶点入队,因此每个顶点最多入队 1 次。

4. 【参考答案】A

【解析】从图中一个顶点出发进行广度优先遍历,能够遍历到所有与该顶点连通的顶点,就是说可找到一个包含了该顶点的连通分量。然后再选择剩余未被访问过的顶点继续广度优先遍历，就可以遍历到其他的连通分量。

5. 【参考答案】A

　　【解析】选项 B 中 124 子序列不符合广先遍历规则;选项 C 中 457 子序列不符合广先遍历规则;选项 D 中从 2 开始不符合广先遍历规则。本题答案为 A。

1. 【参考答案】C

　　【解析】本题考查图的遍历中的广度优先搜索概念。广度优先搜索类似于二叉树的层次遍历，其基本思想是先访问起始顶点 v，接着从 v 出发,依次访问 v 的各个未访问的邻接结点 $w_1, w_2, w_3 \cdots$，然后接着访问 $w_1, w_2, w_3 \cdots$ 的所有未被访问过的邻接结点;以此类推,按层访问,直到所有点都被访问。本题中 V_1 为起始点,按层访问之后,C 项正确,其余选项不是按照这个规则进行访问的。

2. 【参考答案】A

　　【解析】BFS 算法可以计算出所需要经过最少的结点数,当权值相同时,最小经过的结点数×权值=最短距离。

3. 【参考答案】C

　　【解析】强连通图各个顶点之间都可到达,广度遍历完成一次可以访问到所有结点。

4. 【参考答案】A

　　【解析】a 与 b、c、e 相连,按广度优先规则遍历完 a 之后需要遍历 b、c、e 完成之后才能继续。

§5.4　图的应用

考点 1　最小生成树

1. 【参考答案】C

　　【解析】本题考查考生对 Prim 算法和 Kruskal 算法的理解。由于无向图的最小生成树不一定唯一,所以用不同算法生成的最小生成树可能不同,但当无向图的最小生成树唯一时,不同的算法生成的最小生成树是唯一的。

2. 【参考答案】B

　　【解析】当图的每一条边的权值都相同时,该图的所有生成树都是最小生成树。

3. 【参考答案】C

　　【解析】由求解带权连通图的最小生成树的方法可以得到结论。

4. 【参考答案】C

　　【解析】本题主要考查最小生成树的定义和性质。最小(代价)生成树是连通网中的所有生成树中权值之和最小的生成树,A 与该定义矛盾:当存在从一个结点直接指向其自身的边时,即使该

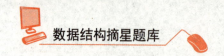

边的权值最小也不会出现在任何解中,因此 B 不正确;因为图中每边的权值都不相同,最小生成树一定由权值最小的 $n-1$ 条边构成,必然是唯一的,因此 C 正确;一个带权无向连通图中最小生成树的权值之和一定为最小的 $n-1$ 个权值之和,因此一定是唯一的,因此 D 不正确。

5. 【参考答案】D

【解析】Prim 算法在邻接矩阵实现下,每次扩展需遍历所有顶点以选最小边,共迭代 $n-1$ 次,时间复杂度为 $O(n^2)$,适用于稠密图;Kruskal 算法需对 e 条边排序,时间复杂度为 $O(e \log_2 e)$,适用于稀疏图。选项 D 正确。

6. 【参考答案】B

【解析】Prim 算法产生边的顺序为(A,D)、(C,D)、(C,F)、(E,F)、(A,B),Kruskal 顺序为(C,F)、(A,D)、(C,D)、(E,F)、(A,B),顺序相同的是(E,F)、(A,B),所以是 2 条边。

7. 【参考答案】C

【解析】本题主要考查 Prim 算法的时间复杂度。Prim 算法中,对有 n 个顶点的连通网 G,初始化数组 closedge 需耗费的时间为 n;除指定起始顶点,对剩余 $n-1$ 个顶点进行选择,循环执行的频度为 $n-1$;在此循环中又包含两个内循环:求 closedge[v].lowcost 的最小值,其执行频度为 $n-1$;重新设置数组 closedge,其执行额度为 n。因此,Prim 算法总的时间复杂度为 $O(n^2)$。

真题实战

1. 【参考答案】C

【解析】克鲁斯卡(Kruskal)算法和普里姆(Prim)算法(从 V_4 开始)第 1 次选中的边都是(V_4,V_1)。Kruskal 算法第二次可以选择(V_1,V_3),(V_2,V_3),(V_3,V_4);Prim 算法第二次可以选择(V_1,V_3),(V_3,V_4)。

2. 【参考答案】B

【解析】这也是最小生成树的一个性质,构造最小生成树的方法都需要以此为基准。

3. 【参考答案】A

【解析】Ⅰ 该图的所有最小生成树的总代价一定是唯一的,这是必定的。

Ⅱ 是错的,比如说所有边的代价都一样的时候。

Ⅲ 是错的,用普里姆(Prim)算法从不同顶点开始构造的所有最小生成树是不同的。

Ⅳ 是错的,使用普里姆算法和克鲁斯卡尔(Kruskal)算法得到的最小生成树可能相同,可能不同,但总代价是一定的。

所以只有 Ⅰ 正确。

4. 【参考答案】D

【解析】采用并查集的数据结构来描述最小生成树 T,构造 T 的时间复杂度为 $O(e \log_2(e))$,Kruskal 算法适合边稀疏、顶点多的图。

5. 【参考答案】B

【解析】普里姆算法和克鲁斯卡尔算法是用于解决最小生成树问题的算法,它们并不直接适用于求解最短路径问题。广度优先遍历(BFS)是一种图遍历算法,可以用于求解单源最短路径问题。在权值均为 1 的情况下,BFS 算法从给定的起始顶点开始遍历,按照层级顺序逐步扩展,每次扩展一层。

这样,当 BFS 遍历到目标顶点时,它所经过的边数就是从起始顶点到目标顶点的最短路径长度。因此,BFS 算法可以用于求解图 G 中从某个顶点到其余各个顶点的最短路径。本题答案选 B。

考点 2 最短路径

1. 【参考答案】A

【解析】Dijkstra(迪杰斯特拉)算法是典型的单源最短路径算法,用于计算一个结点到其他所有结点的最短路径。

2. 【参考答案】A

【解析】首先肯定不选 C 和 D,因为 C、D 两项在本质上都是二叉树。其次,无序线性表在稠密图的存储上优于有序线性表。

3. 【参考答案】D

【解析】本题主要考查 Floyd 算法的时间复杂度。Floyd 算法是求图中所有点对的最短距离,它的时间复杂度为 $O(n^3)$。

真题实战

1. 【参考答案】A

【解析】本题考查的是图中求最短路径的问题,最后的图如下,最后得到的最小费用即图的边权重之和 50。

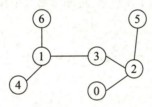

2. 【参考答案】B

【解析】第一条最短路径即为与其相邻接的权重最小的边指向的结点,所以是 c 结点。

3. 【参考答案】C

【解析】迪杰斯特拉算法的主要特点是以起始点为中心向外层层扩展(广度优先搜索思想),直到扩展到终点为止。

4. 【参考答案】A

【解析】Dijkstra 是一个贪心算法,是在最近加入的顶点上做最优解;而 Floyd-Warshall 则是动态规划算法。

5. 【参考答案】C

【解析】通常用 Dijkstra 算法求图中某一顶点到其他各个顶点的最短路径。

(1)算法思想。

设有两个集合 S、T,集合 S 中存放图中已找到最短路径的顶点,集合 T 存放图中剩余顶点。初始状态时,集合 S 中只包含源点 v_0,然后不断地从集合 T 中选取到顶点 v_0 路径最短长度的顶点 vu 并入集合 S 中。集合 S 每并入一个新的顶点 v_u,都要修改顶点 v_0 到集合 T 中顶点的最短路径长度。不断重复此过程,直到集合 T 的顶点全部并入 S 中。

(2)算法执行过程。

引入三个辅助数组 dist[ ]、path[ ]和 set[ ]。

dist[v_i]表示当前已找到的从 v_0 到 v_i 的最短路径长度。它的初始状态为:若 v_0 到 v_i 有边,则 dist[v_i]为边上的权值,否则置为无穷。

path[v_i]保存从 v_0 到 v_i 最短路径上 v_i 的前一个顶点。它的初始状态为:若 v_0 到 v_i 有边,则 path[v_i] = v_0,否则 path[v_i] = −1。

set[ ]为标识数组,set[v_i] = 1 则表示已经并入 S 中,set[v_i] = 0 则表示还未并入最短路径。它的初始状态为:set[v_0] = 1,其他全为 0。

Dijkstra 算法的执行过程如下:

①从当前的 dist[ ]数组中选取最小值,假设为 dist[v_u],则将 set[v_u]置为 1,表示当前新并入的顶点是 v_u。

②循环扫描图中的顶点,对每个顶点进行检测。

假设当前顶点为 v_j,检测 set[v_j]是否等于 1,等于 1 则表示已经并入 S 中,则不再进行任何操作。若等于 0,则比较 dist[v_j]和 dist[v_u]+w 的值,其中 w 为边 vj 和 v_u 的权值。如果 dist[v_j]较大,则用新的路径长度更新旧的,并把 v_u 加入路径中。

③对前两个步骤循环 $n−1$ 次(n 为图的边数),即可得到 v_0 到其余顶点的最短路径长度。

本题中,数组 dist 的变化过程如下图所示,可知将第二个顶点 5 加入顶点集 S 后,数组 dist 更新为 21,3,14,6。

$$\text{dist}\{26,3,\infty,6\} \xrightarrow{\text{顶点 3 入 } S} \{25,3,\infty,6\} \xrightarrow{\text{顶点 5 入 } S} \{21,3,14,6\}$$

由以上可知,本题答案为 C。

6. **【参考答案】**B

【解析】Floyd 可以有负权边是因为它依靠的动态规划,比如 a-b 权值为 1,而 a-c 权值 2,c-b 权值为−3,那么根据算法 a-b 最短路径为−1。Dij 算法不能有负权边的原因是它依靠贪心算法,a-b 最短路径就为 1,实际上是−1

Floyd 不能有负权回路,这个容易理解,a-b,b-c,c-a 权值分别为 1,−2,−3,那么一直这样回路下去 a-b-c-a 会一直小,显然算法要在这儿停下,不然就没最短路径这一说。

所以 1 错,3 对。

2 的说法用 dijkstra 算法求两点间,并且是邻接矩阵存储时的时间复杂度是 n 平方级别的,n 个点两两之间的是 n 立方级别的,是对的。

7. **【参考答案】**C

【解析】选项 A、B 正确,考查基本算法。选项 D 正确,基于比较的话,都至少需要 $O(n\log n)$ 的时间。找一个数是否是中位数,可以利用快排的过程(而不是快排),就和寻找第 K 大的数算法时间复杂度一样,为 $O(n)$。

考点 3 拓扑排序

 **题组闯关**

1. **【参考答案】A**

【解析】在一个有向图的拓扑序列中,若顶点 a 在顶点 b 之前,则图中未必有一条边<a, b>,可能 ab 只是位置"并排",如反例<a,c><b,c>,序列为 a b c,或 b,a,c,但 ab 之前没有边。

2. **【参考答案】C**

【解析】一个有向图具有拓扑排序序列,说明它是个有向无环图(简称 DAG),但 DAG 图在邻接矩阵上并没有直接的表示。

3. **【参考答案】B**

【解析】不同的拓扑序列有:aebcd、abced、abecd。本题答案为 B

4. **【参考答案】A**

【解析】按照拓扑排序方法对该图进行拓扑排序便可得到结果。

5. **【参考答案】B**

【解析】本题主要考查拓扑排序算法的时间复杂度。

6. **【参考答案】A**

【解析】有向无环图如下所示:

 **真题实战**

1. **【参考答案】B**

【解析】拓扑排序是针对有向无环图(DAG)的一种排序算法,它将图中的所有顶点排成一个线性序列,使得对于任何一条有向边 U→V,顶点 U 都在顶点 V 的前面。这样的排序不是唯一的。

给定的有向图 G 包含顶点集合 $V = \{V_1, V_2, V_3, V_4, V_5, V_6, V_7\}$ 和边集合 $E = \{<V_1,V_2>, <V_1,V_3>, <V_1,V_4>, <V_2,V_5>, <V_3,V_5>, <V_3,V_6>, <V_4,V_6>, <V_5,V_7>, <V_6,V_7>\}$

要找到一个拓扑排序,我们可以从入度为 0 的顶点开始,即没有入边指向它们的顶点。在这个图中,V1 是一个入度为 0 的顶点,因为它没有入边。

从 V_1 开始,我们可以逐步移除 V_1 以及所有从 V_1 出发的边,然后找到新的入度为 0 的顶点。按照这个逻辑,我们可以尝试构建一个拓扑排序。

1.从 V_1 开始,因为它的入度为 0。

2.V_1V_1 有三个出边指向 V_2,V_3,V_4 移除这些边后,V_2,V_3,V_4 的入度变为 0。

3.现在 V_2,V_3,V_4 都是入度为 0 的顶点,可以按任意顺序添加到排序中,但为了简化,我们可以选择 V_3(因为它有指向 V5 和 V6 的边,这样可以更快减少其他顶点的入度)。

4.移除 V_3 后,V_5 和 V_5 的入度变为 1。

5.接下来选择 V_2,因为它现在也是入度为 0,移除 V_2 后 V_5 的入度变为 0。

6.选择 V_5,移除 V_5 后,V_7 的入度变为 0。

7.选择 V_6,然后是 V_4,最后是 V_7。

因此,一个可能的拓扑排序是 $V_1,V_3,V_2,V_5,V_6,V_4,V_7$ $V_1,V_3,V_2,V_5,V_6,V_4,V_7$。

然而,这个排序并不在提供的选项中。我们需要检查每个选项,看哪个是有效的拓扑排序。

A.$V_1,V_3,V_2,V_6,V_4,V_5,V_7$-这个序列不满足拓扑排序的要求,因为 V_2 在 V_5 之前,但 V_2 有一个指向 V_5 的边。

B.$V_1,V_3,V_4,V_6,V_2,V_5,V7$-这个序列满足拓扑排序的要求,因为每个顶点都在它指向的顶点之前。

C.$V_1,V_3,V_4,V_5,V_2,V_6,V_7$-这个序列不满足拓扑排序的要求,因为 V_5 在 V_2 之前,但 V_2 有一个指向 V5 的边。

D.$V_1,V_2,V_5,V_3,V_4,V_6,V_7$-这个序列不满足拓扑排序的要求,因为 V_2 在 V_5 之前,但 V_2 有一个指向 V_5 的边。

根据上述分析,选项 B 是正确的拓扑排序。

2. 【参考答案】D

【解析】在有向图 G 的拓扑序列中,顶点是按照它们可以被访问的顺序排列的,也就是说,如果 V_i 在 V_j 之前,那么在所有从源点到 V_j 的路径中,V_i 都必须在 V_j 之前被访问。基于这个定义,我们可以分析以下选项:

A.这是可能的。尽管在拓扑排序中 V_i 在 V_j 之前,但这并不意味着它们之间不能有一条从 V_i 指向 V_j 的弧。只要这条弧不导致循环,它就是合法的。

B.这也是可能的。在拓扑排序中,V_i 在 V_j 之前出现只表示 V_i 在到达 V_j 之前的某个时间点被访问,因此可以存在从 V_i 到 V_j 的路径。

C.这是可能的。拓扑排序只要求按照可以访问的顺序排列顶点,而不要求所有可能的弧都存在。

D.这是不可能的。因为在拓扑序列中,V_i 在 V_j 之前,这意味着在所有可能的路径中,V_i 都必须在 V_j 之前被访问。因此,不可能存在从 V_j 到 V_i 的路径,因为这会导致一个循环,而拓扑排序要求图是无环的。

所以,不可能出现的情况是 D。

3. 【参考答案】D

【解析】拓扑排序是针对有向无环图(DAG)的一种排序算法,它会将图中的所有顶点排成一个线性序列,使得对于任何一条有向边 U→V,顶点 U 都在顶点 V 的前面。这样的排序不是唯一的。

给定的有向无环图 G 的顶点集合 V 是{1,2,3,4},有向边集合 E 是{<1,4>,<2,3>,<3,4>,<3,1>}。

我们可以分析每个顶点的入度(指向该顶点的边的数量),并从入度为 0 的顶点开始进行拓扑排序。

1.顶点 1 的入度是 1(有一条边<3,1>)。

2.顶点 2 的入度是 0。

3.顶点 3 的入度是 1(有一条边<2,3>)。

4.顶点 4 的入度是 2(有两条边<1,4>和<3,4>)。从入度为 0 的顶点开始,即顶点 2,然后是顶点 3(因为顶点 2 后面可以是顶点 3),接下来是顶点 1(因为顶点 3 后面可以是顶点 1),最后是顶点 4(因为顶点 1 和顶点 3 后面都可以是顶点 4)。

因此,一个可能的拓扑排序序列是 2,3,1,4。

正确答案是:D。

4.　【参考答案】B

【解析】判断一个有向图中是否存在回路有:深度/广度遍历、拓扑排序,其中拓扑排序更适合。

5.　【参考答案】A

【解析】首先对有向图进行拓扑排序,将图中的所有结点排成一个线性序列,使得若存在一条从结点 i 到结点 j 的路径,那么结点 i 在序列中出现在结点 j 的前面。拓扑排序的过程可以采用广度优先搜索或深度优先搜索实现。下面使用深度优先搜索给出该有向图的一个拓扑排序序列:

序列:1,2,3,4。

具体过程如下:

首先任选一个入度为 0 的顶点,这里选择 1,将 1 加入序列中。

然后将 1 可达的顶点的入度均减 1,即结点 2 和结点 3 的入度均减 1。

如果此时存在入度为 0 的结点,则从中任选一个入度为 0 的结点,加入序列中,并更新其他结点的入度。

按照上述方式继续进行,直到所有结点均被加入到序列中。

因此,符合拓扑排序的结果是序列:1,2,3,4,故选项 A 为正确答案。

6.　【参考答案】B

【解析】根据拓扑排序的规则,输出每个顶点的同时还要删除以它为起点的边,这样对各顶点和边都要进行遍历,故拓扑排序的时间复杂度为 $O(n+e)$。

7.　【参考答案】A

【解析】本题考查有向图的拓扑排序。把 AOV 网(用定点表示活动,用弧表示活动间优先关系的有向图)络中各个顶点按照它们互相之间的优先关系排列成一个线性序列的过程叫做拓扑排序。拓扑排序的方法:(1)在有向图中选一个没有前驱的顶点并且输出;(2)从图中删除该顶点和所有以它为尾的弧,即删除所有与它有关的边;(3)重复上述两步,直至全部顶点均已输出;或者当图中不存在无前驱的顶点为止。根据此有向图,可得到拓扑排序序列只有一个,即:ABCDEF。故本题答案为 A。

考点 4　关键路径

题组闯关

1.　【参考答案】A

【解析】第 i 列全都为无穷大,意味着所以结点没有到第 i 元素的路径,所以如果存在关键路

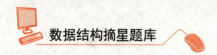
径,第 i 结点一定是起点,因为不存在到他的边。故选择 A。

2. 【参考答案】C

【解析】首先根据题目画出图形,然后根据图形求出该 AOE 网的关键路径便可以得到结论。

真题实战

1. 【参考答案】C

【解析】根据 AOE 网的定义可知,关键路径上的活动时间同时减少,可以缩短工期。

2. 【参考答案】D

【解析】关键路径是项目管理中的一个重要概念,它指的是项目中最长的路径,即完成项目所需的最长时间。在有向无环图中,关键路径上的任何活动延迟都会导致整个项目的延期。

AOV 网是将活动表示为图中的顶点,活动之间的依赖关系表示为有向边。而 AOE 网是将活动表示为图中的边,边上的权值表示活动的持续时间,顶点表示事件(事件指的是活动的起始和结束时间)。AOV 网中仅表示前后顺序,而边无权值,AOE 网络中,边的权值代表活动的代价,所以关键路径的说法只在 AOE 网中体现。

选项 D 是正确的。

3. 【参考答案】B

【解析】关键路径是活动在图(Activity On Vertex,简称 AOV 网)中的一条路径,其上的活动序列决定了完成整个工程的最长时间。关键路径上的活动是项目中最重要的活动,因为它们对项目的总工期有直接影响。

在 AOV 网中,关键路径是从始点到终点的最长路径,因为这条路径上任何活动的延迟都会导致整个项目的延期。

因此,正确答案是 B:从始点到终点的最长路径。

4. 【参考答案】B

【解析】先计算顶点的最早开始时间,再计算最晚开始时间,最后计算活动的最早和最晚开始时间。

§5.5 综合应用题

题组闯关

1. 【参考答案】{1, 5, 2, 3, 6, 4}

【解析】根据 Dijkstra 算法,从顶点 1 到其余各个顶点的最短路径如下表所示:

顶点	第一趟	第二趟	第三趟	第四趟	第五趟
2	5 $v_1 \rightarrow v_2$	5 $v_1 \rightarrow v_2$			

3	∞	∞	**7** $v_1 \to v_2 \to v_3$		
4	∞	11 $v_1 \to v_5 \to v_4$	11 $v_1 \to v_5 \to v_4$	11 $v_1 \to v_5 \to v_4$	**11** $v_1 \to v_5 \to v_4$
5	**4** $v_1 \to v_5$				
6	∞	9 $v_1 \to v_5 \to v_6$	9 $v_1 \to v_5 \to v_6$	**9** $v_1 \to v_5 \to v_6$	
集合	{1, 5}	{1, 5, 2}	{1, 5, 2, 3}	{1, 5, 2, 3, 6}	{1, 5, 2, 3, 6, 4}

2. 【参考答案与解析】

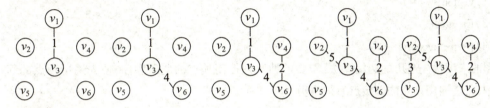

3. 【参考答案与解析】

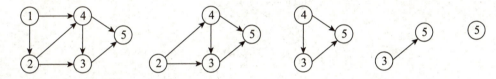

输出结果为：{1, 2, 4, 3, 5}

4. 【参考答案与解析】本题考查考生对克鲁斯卡尔算法的基本掌握情况。

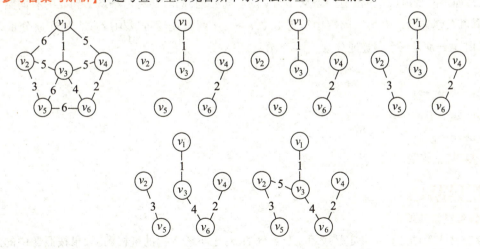

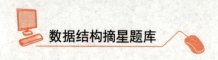

5. 【参考答案与解析】

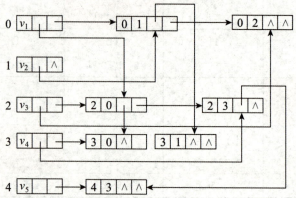

6. 【参考答案与解析】

（1）visited[w]=1。

（2）EnQueue(q,w)。

（3）p=p->nextarc;。

图的广度优先遍历的迭代算法，需要借助队列控制顶点的遍历顺序，使先遍历顶点的邻接点先被遍历，后遍历顶点的邻接点后被遍历。

7. 【参考答案】（1）

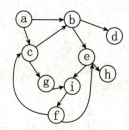

（2）如果两个顶点 u,v 间有一条从 u 到 v 的有向路径，同时还有一条从 v 到 u 的有向路径，则称两个顶点强连通。有第一问图中可得 b,c,e,g,i,f 两两连通可以构成一个强连通分量，{a}，{d}，{h}也分别是三个强连通分量。{a}，{d}，{h}，{b,c,e,g,i,f}。

（3）

1.a->b->e->i

2.a->c->b->e->i

3.a->c->g->i

【解析】见答案

真题实战

1. 【参考答案与解析】

该方法求得的路径不一定是最短路径。例如，对于下图所示的带权图，如果按照题中的原则，从 A 到 C 的最短路径为 A→B→C，事实上其最短路径为 A→D→C。

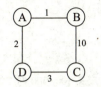

2. 【参考答案与解析】

(1) 图 G 的邻接矩阵 A 如下：

$$A = \begin{bmatrix} 0 & 4 & 6 & \infty & \infty & \infty \\ \infty & 0 & 5 & \infty & \infty & \infty \\ \infty & \infty & 0 & 4 & 3 & \infty \\ \infty & \infty & \infty & 0 & \infty & 3 \\ \infty & \infty & \infty & \infty & 0 & 3 \\ \infty & \infty & \infty & \infty & \infty & 0 \end{bmatrix}$$

(2) 图 G 如下：

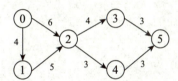

(3) 下图中粗线箭头所标识的 4 个活动组成图 G 的关键路径,关键路径的长度为 16。

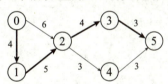

3. 【参考答案与解析】

(1)

$$A = \begin{bmatrix} 0 & 1 & 1 & 0 & 1 \\ 1 & 0 & 0 & 1 & 1 \\ 1 & 0 & 0 & 1 & 0 \\ 0 & 1 & 1 & 0 & 1 \\ 1 & 1 & 0 & 1 & 0 \end{bmatrix}$$

(2)

$$A^2 = \begin{bmatrix} 3 & 1 & 0 & 3 & 1 \\ 1 & 3 & 2 & 1 & 2 \\ 0 & 2 & 2 & 0 & 2 \\ 3 & 1 & 0 & 3 & 1 \\ 1 & 2 & 2 & 1 & 3 \end{bmatrix}$$

0 行 3 列元素值 3 表示从顶点 0 到顶点 3 之间长度为 2 的路径共有 3 条。

(3) $B^m (2 \leq m \leq n)$ 中位于 i 行 j 列的非零元素的含义是:图中从顶点 i 到顶点 j 长度为 m 的路

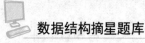

径条数。

4. 【参考答案与解析】

```
const int N = 100;
int G[N][N];                        // 定义 100×100 的二维数组
int path[N], visited[N], n, cycle;  // 定义路径遍历过的结点
int DFS( int u, int start)          // 对图进行深度优先遍历
{
    int i;
    visited[u] = -1;
    path[u] = start;
    for (i = 0; i < n; i++)
    {
        if (G[u][i] &&i! = start)
        {
            if (visited[i] < 0)
            {
                cycle = u;
                return 0;
            }
            if (! DFS(i, u))
            {
                return 0;
            }
        }
    }
    visited[u] = 1;
    return 1;
}
void DisPath(int u)                          //防止重复
{
    if (u < 0)
    {
        return;
    }
    DisPath(path[u]);
}
```

5. 【参考答案与解析】

(1)算法的基本设计思想。

对于采用邻接矩阵存储的无向图,邻接矩阵每一行(列)中非零元素的个数为本行(列)对应顶点的度。可以依次计算连通图 G 中各顶点的度,并记录度为奇数的顶点个数,若个数为 0 或 2,则返回 1,否则返回 0。

(2)算法实现。

```
int IsExistEL( MGraph G)
                              //采用邻接矩阵存储,判断图是否存在 EL 路径
{    int degree, i, j,  count = 0;
     for( i = 0; i<G.numVertices; i++)
     {    degree = 0;
          for( j = 0; j<G.numVertices; j++)
                              //依次计算各个顶点的度
          degree+= G.Edge[ i] [ j];
          if( degree%2! = 0)
               count++;       //对度为奇数的顶点计数
     }
     if( count = = 0 || count = = 2)
          return 1;          //存在 EL 路径, 返回 1
     else
          return 0;          //不存在 EL 路径, 返回 0
}
```

(3)算法的时间复杂度和空间复杂度。

本参考答案给出的算法的时间复杂度是 $O(n^2)$,空间复杂度是 $O(1)$。

6. 【参考答案】

顶点	第 1 轮	第 2 轮	第 3 轮	第 4 轮	第 5 轮	第 6 轮
v2	4					
v3	7	6	6			
v4	5	5				
v5	∞	∞	8	8		
v6	∞	9	9	9	9	
v7	∞	∞	∞	∞	14	13
集合 S	$\{v_1, v_2\}$	$\{v_1, v_2, v_4\}$	$\{v_1, v_2, v_4, v_3\}$	$\{v_1, v_2, v_4, v_3, v_5\}$	$\{v_1, v_2, v_4, v_3, v_5, v_6\}$	$\{v_1, v_2, v_4, v_3, v_5, v_6, v_7\}$

【解析】Dijkstra 算法设置一个集合 S 记录以求得的最短路径的顶点,初始时把源点 v_1 放入 S,集合 S 每并入一个新顶点 v_i,都要修改源顶点 v_1 到集合 V-S 中顶点当前的最短路径长度值。

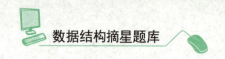

第6章　查找

§6.1　查找的概念

考点　查找的基本概念

题组闯关

【参考答案】C

【解析】稠密索引的定义:每个索引项直接对应数据表中的一条具体记录。索引项通常包含查找键+指向对应记录的指针。

技术特点:若数据表有 N 条记录,索引文件就一定有 N 个索引项(一一对应)。索引项中的查找键可以是主键或非主键属性,但每个键值都映射到唯一的记录位置。

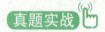真题实战

1. 【参考答案】B

【解析】这种方式主要适合于动态查找表。

动态查找表允许在查找过程中插入新元素,这意味着表的大小可以在运行时动态变化。如果查找操作发现所需的元素不存在,可以立即将该元素添加到表中,以保持查找表的更新和完整性。

静态查找表的大小在创建时就已经固定,通常不允许在查找过程中动态地添加新元素。因此,如果被查找的数据元素在静态查找表中不存在,它不能被插入到集合中,除非创建一个新的查找表或使用其他数据结构来存储新元素。

因此,正确答案是 B。

2. 【参考答案】C

【解析】根据平均查找速度来判断,从慢到快的关系应该是 C.顺序分块折半哈希。

顺序查找是最基本的查找方法,需要依次遍历整个数据集,所以速度相对较慢。

分块查找通过将数据分成多个块,每个块内部有序,可以通过先确定所在块再在块内查找的方式提高速度。

折半查找是在有序数据集中使用的一种二分查找方法,每次将待查找元素与中间元素进行比较,根据结果决定继续在左半部分或右半部分查找,速度较快。

哈希查找是通过对数据进行哈希函数计算,将数据存储在哈希表中进行查找,平均查找速度非常快。

所以,C 选项是从慢到快的顺序。

§6.2　线性表的查找

考点 1　顺序查找

 **题组闯关**

1. 【参考答案】A

【解析】顺序查找是从表的一端开始向另一端查找。它不要求查找表具有随机存取的特性,可以是顺序存储结构或链式存储结构。

2. 【参考答案】B

【解析】在有序单链表上做顺序查找,查找成功的平均查找长度与在无序顺序表上做顺序查找的平均查找长度相同,都是$(n+1)/2$。

3. 【参考答案】D

【解析】本题考查考生对平均查找长度概念的理解。在顺序表采用顺序查找,3 个元素的查找长度分别为 1,2,3,故有 ASL 成功 $= 1\times1/2+2\times1/6+3\times1/3 = 11/6$。

4. 【参考答案】A

【解析】顺序查找是一种简单的查找算法,它从线性表的一端开始,逐个检查每个元素,直到找到所需的元素或搜索到表的另一端为止。

在顺序线性表中,由于数据元素是连续存储的,顺序查找需要遍历整个表,因此其时间复杂度是 $O(n)$,其中 n 是表中元素的数量。

在链式线性表中,尽管数据元素是通过指针链接的,但顺序查找的过程仍然是一样的:从头结点开始,逐个访问结点,直到找到所需的元素或到达链表的末尾。因此,其时间复杂度同样是 $O(n)$。

综上所述,不论是顺序线性表还是链式线性表,顺序查找的时间复杂度都是 $O(n)$。

答案是 A。

真题实战

1. 【参考答案】B

【解析】本题解题方法类似于哈夫曼编码的思想,让概率大的查找次数少就可以保证总的查找次数最小,所以对序列依照查找概率排序,概率最大的排列在最前面。

2. 【参考答案】C

【解析】都按顺序查找,则平均查找次数为 $(10+1)/2+(6+1)/2 = 9$。

3. 【参考答案】B

【解析】此题是考查数据结构二分查找问题。当二分查找值为 90 的元素时,其通过第一次与第六个元素比较,90>50,因此要与后面的元素进行二次查找。然后再通过第二次与第九个元素比较,找到元素,所以为 2 次。当二分查找值为 47 的元素时,同上。

4. 【参考答案】C

【解析】线性表是一个线性结构(数据元素之间存在一对一的关系)。它是由 $n(n>=0)$ 个具有相同类型的数据元素 a_1,a_2,a_3……组成的有限序列,这些数据元素称为结点,记录或表目。当 $n=0$ 时,称为空表。

在较复杂的线性表中,一个数据元素可以由若干个数据项组成。

特点:

线性表中除第一个元素外,其他元素有且仅有一个直接前驱;

除最后一个元素外,其他元素有且仅有一个直接后继。

线性表的存储结构主要有以下两种:定长的顺序存储结构,简称顺序表。程序通过创建数组,分配一块连续的存储空间来建立这种存储结构,主要特点为逻辑相邻,物理相邻。

变长的顺序存储结构,简称链表(链式存储结构)。链式存储结构利用指针将线性表中前后相邻的两个元素连接起来以表示数据元素的线性关系。主要特点为逻辑相邻,物理不一定相邻。

5. 【参考答案】A

【解析】顺序搜索,也称为线性搜索,是一种在数据结构中查找特定值的算法。它是最简单的搜索算法之一,它逐个检查元素,直到找到所需的元素或搜索完所有元素。

对于一个有序表,采用顺序搜索法查表,平均搜索长度(ASL, AverageSearchLength)可以通过以下方式计算:

$$ASL = \frac{1}{n} \times \sum_{i=1}^{n}(i)$$

其中 n 是表中的元素数量。

对于一个有 255 个对象的有序表,平均搜索长度是:

$$ASL = \frac{1}{255} \times (1+2+3+\cdots+254+255)$$

等差数列求和公式是 $\frac{n(n+1)}{2}$,因此:

$$ASL = \frac{1}{255} \times \frac{255 \times (255+1)}{2}$$

$$ASL = \frac{1}{255} \times 255 \times 127.5$$

$$ASL = 127.5$$

考点2　折半查找

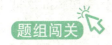

1. 【参考答案】A

【解析】折半查找法在查找不成功时和给定值进行关键字的比较次数最多为树的高度,即$\lfloor \log_2 n \rfloor + 1$或$\lceil \log_2(n+1) \rceil$,在本题中$n=13$,故比较次数最多为4。

2. 【参考答案】B

【解析】本题考查折半查找的过程。开始时 low 指向12,high 指向142,mid 指向54,比较第一次24<54,所以将 high 指向42,low 指向12,mid 指向24,第二次比较找到元素24,查找结束。

3. 【参考答案】AD

【解析】本题考查考生对折半查找过程的理解。假设有序表中元素为$A[0\cdots10]$,画出它的折半查找判定树如下图所示,圆圈是查找成功结点,方形是虚构的查找失败结点。从而可以求出查找成功的 ASL=$(1+2\times2+3\times4+4\times4)/11=33/11$,而查找失败的 ASL=$(3\times4+4\times8)/12=44/12$。需要注意的是:查找失败结点的 ASL 利用方形结点的上一层圆形结点计算。

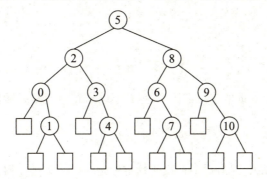

4. 【参考答案】D

【解析】注意第一个元素是放在$A[1]$中,一共18个元素,也就是$A[1]\sim A[18]$。

第一次:low=1,high=18,mid=9(9.5向下取整)。$A[3]$和$A[9]$比较。然后把$A[9]$右面的包括$A[9]$全部抛弃掉。

第二次:$A[1]\sim A[8]$,mid=4(向下取整)。然后把$A[4]$右面的包括$A[4]$全部抛弃掉。

第三次:$A[1]\sim A[3]$,mid=2。然后把$A[2]$左面的包括$A[2]$全部抛弃掉。

第四次:$A[3]$和$A[3]$比较。

5. 【参考答案】C

【解析】这道题考查完全二叉树的深度问题,比较次数也就是深度,只含有一个结点的时候深度为1,假设深度为k,则有$2^{k-1}>=n>2^{k-1}$,其中2^{k-1}对应深度为k的满二叉树对应结点数,那么等价于$2^{k-1}>=(n+1)>2^{k-1}$,因此比较次数为$\log_2(32+1)$向上取整为6。

6. 【参考答案】A

【解析】至多比较次数是$\lfloor \log_2 n \rfloor + 1$,其中$\lfloor \ \rfloor$表示向下取整。

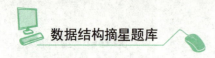

7.【参考答案】C

【解析】第一次和 15 进行比较,第二次和 8 进行比较,第三次和 10 进行比较,第四次和 12 进行比较。

8.【参考答案】D

【解析】即求树的深度为 $\log_2(627672) + 1 = 20$。

9.【参考答案】B

【解析】对有序序列 b c d e f g q r s t 进行二分查找,折半法:

①low = 0,high = 9,mid = (low+high)/2 = 4,b 和 a[4] = f 比较,小于,找左边 b~e;

②low = 0,high = mid−1 = 3,mid = 3/2 = 1,b 和 a[1] = c 比较,小于,找左边 b~b;

③low = 0,high = mid−1 = 0,mid = 0,b 和 a[0] = b 比较,找到(若未找到,low = high,也停止查找),所以比较的顺序就是 f c b。

10.【参考答案】A

【解析】本题主要考查顺序查找与二分查找线性表时的时间复杂度。顺序查找线性表时,需要从表头开始进行查找,所以时间复杂度为 $O(n)$;二分查找时,即折半查找,查找时的时间复杂度为 $O(\log_2(n))$。

真题实战

1.【参考答案】D

【解析】并非任何情况下折半查找都比顺序查找快,若待查元素是顺序表的第一个元素,则顺序查找比较次数会更少。

2.【参考答案】A

【解析】画出查找路径图,因为折半查找的判定树是一棵二叉排序树,看其是否满足二叉排序树的要求。很显然,选项 A 的查找路径不满足。

3.【参考答案】A

【解析】本题考查的知识点为折半查找,折半查找又名二分查找,而二分查找在最坏情况下的查找次数为 $\log(n)$,因此 A 选项错误,最坏搜索效率为 $O(\log n)$。最好情况下的查找次数为 1,因此平均搜索效率和搜索效率均为 $O(\log n)$。

4.【参考答案】D

【解析】本题考查折半查找的基本性质。

折半查找,也称二分查找,在某些情况下相比于顺序查找,使用折半查找算法的效率更高。但是该算法的使用的前提是静态查找表中的数据必须是有序的。也就是说,在使用折半查找算法查找数据之前,应该首先把该表的数据按照所查的关键字进行排序。链表不支持随机查找,故 Ⅰ 不适用,无序数组不适用折半查找,故 Ⅱ 不适用。静态链表是用数组来实现链式存储结构,目的是方便在不设指针类型的高级程序设计语言中使用链式结构。故 Ⅲ、Ⅳ 不适用。故本题选 D。

5. 【参考答案】D

【解析】折半查找是一种在有序数组中查找某一特定元素的搜索算法。具体过程是,首先确定要查找的元素在数组中的可能位置的范围,然后逐步缩小范围直到找到该元素或者确定该元素不存在于数组中。对于给定的序列(2,4,6,8,10,12,14,16,18,20),依次查找的坐标次序应该是4,7,5,6,元素依次是10,16,12,14.

6. 【参考答案】D

【解析】折半查找法和顺序查找法的查找速度取决于数据的存储结构和初始条件。顺序查找法在最坏的情况下需要比较 n 次,其中 n 是元素的数量。而折半查找法在最坏情况下需要 $\lceil \log_2 n \rceil$ 次比较,这通常比顺序查找要快得多,特别是当 n 很大时。

然而,折半查找法要求数据是有序的,并且通常需要额外的存储空间来维护这个顺序(例如,在数组中)。顺序查找法则不需要数据是有序的,可以在任何顺序的数据集上进行。

在某些情况下,如果数据已经有序,折半查找法的速度会更快。但在数据无序或者查找操作非常频繁而维护有序状态的成本较高的情况下,顺序查找可能更适用。

因此,说折半查找法的速度"必然快"于顺序查找法是不准确的,因为查找速度也取决于其他因素,如数据的初始状态和查找操作的频率。

正确答案是:D。

7. 【参考答案】D

【解析】二分查找(又称折半查找)是一种在有序数组中查找某一特定元素的搜索算法。搜索过程从数组的中间元素开始,如果中间元素正好是要查找的元素,则搜索过程结束;如果某一特定元素大于或者小于中间元素,则在数组大于或小于中间元素的那一半中查找,而且跟开始一样从中间元素开始比较。如果在某一步骤数组为空,则代表找不到。

对于给定的关键字序列(5,13,19,21,37,56,64,75,80,88,92),这是一个有序序列。我们使用二分查找来查找关键字 21。

1.初始时,中间位置索引是(0+10)/2 = 5,对应的关键字是 37。因为 21 小于 37,所以我们在左半部分继续查找。

2.接下来,中间位置索引是(0+4)/2 = 2,对应的关键字是 19。因为 21 大于 19,所以我们在右半部分继续查找。

3.最后,中间位置索引是(3+4)/2 = 3,对应的关键字是 21。这就是我们要找的关键字,所以查找结束。

因此,总共需要比较 3 次。

所以答案是 D。

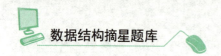

考点3　分块查找

题组闯关

1.【参考答案】D

【解析】本题考查考生对分块查找的认识。通常情况下,在分块查找的结构中,不要求每个索引块中的元素个数都相等。

2.【参考答案】A

【解析】设块长为 b,索引表包含 n/b 项,索引表的 ASL $=(n/b+1)/2$,总的 ASL $=$ 索引表的 ASL $+$ 块内的 ASL $=(b+n/b+2)/2$,其中对于 $b+n/b$,由均值不等式知 $b=n/b$ 时有最小值,此时 $b=\text{sqrt}(n)$,则最理想的块长为 $\sqrt{1600}=40$。

3.【参考答案】A

【解析】为使查找效率最高,则每个索引块的大小应该为 $\sqrt{16129}=127$,为每一个块建立索引,则索引表中索引项的个数为 127,若对索引项和索引块内部都采用折半查找,则查找效率最高,为 $\log_2(127+1)+\log_2(127+1)=14$。

4.【参考答案】C

【解析】若具有 n 个记录的索引分块文件中每一块有 s 个记录,当 $s=n^{1/2}$ 时,将会使得 ASL 达到最小。因此,长度为 225 的表,采用分块查找法进行查找,每块的最佳长度应改为 15 个记录。

5.【参考答案】D

【解析】本题考查分块查找的知识,找块:$(1+2+3+4+5)/5=3$,在块内找元素:$(1+2+3+4+5+6)/6=3.5$,共计 $3+3.5=6.5$

真题实战

1.【参考答案】C

【解析】都按顺序查找,则平均查找次数为 $(10+1)/2+(6+1)/2=9$

2.【参考答案】B

【解析】分块查找的特点:块内可以无序,块间必须有序

§6.3　B 树和 B+树

考点1　B 树

题组闯关

1.【参考答案】B

【解析】本题考查考生对 B 树定义的理解。对于根结点,最多有 m 棵子树,若其不是叶结点,则至少有两棵子树。所有非根非叶结点至少有$\lceil m/2 \rceil$棵子树。

2. 【参考答案】B

【解析】B 树的叶结点对应查找失败的情况,对有 $n-1$ 个关键字的查找集合进行查找,失败的可能性有 n 种。

3. 【参考答案】A

【解析】对于 4 阶 B 树,除根结点外的非叶结点至少有 $4/2-1=1$ 个关键字,而根结点至少有 1 个关键字,所以一共有 $1+1+1=3$ 个关键字。

4. 【参考答案】B

【解析】根结点最少有 1 个关键字,两个子树中每个子树最少$\lceil 9/2 \rceil - 1 = 4$ 个关键字,所以总的关键字最少为 9 个。

真题实战

1. 【参考答案】B

【解析】仅仅从分支个数 m 来讨论,关键字个数 $n=$ 分支数-1。

(1) m 阶 B 树,根结点分支数范围:$[2, m]$,两个闭区间。

(2) m 阶 B 树,除根结点以外的非叶结点,分支数目$[\lceil m/2 \rceil, m]$,$m/2$ 向上取整。

(3) 每个结点最多 m 个分支。

(4) 外部结点都在同一层。

记住这四个特点,推断关键字的个数范围。

2. 【参考答案】A

【解析】此题考查 B 树的性质。

(1) 树中每个结点至多有 m 个子树。

(2) 若根结点不是叶子结点,则至少有两个子树。

(3) 除根结点以外所有非叶子结点至少有$\lceil m/2 \rceil$(上限符号)个子树。

(4) 所有非终端结点包含以下信息:$n, A_0, K_1, A_1, K_2, A_2, \ldots\ldots, K_n, A_n$。其中,$K_i$ 是关键字,A_i 是指向子树根结点的指针。

(5) 所有叶子结点都出现在同一层次上,且不带信息。

3. 【参考答案】B

【解析】本题考查 B 树的关键字。过程见图:

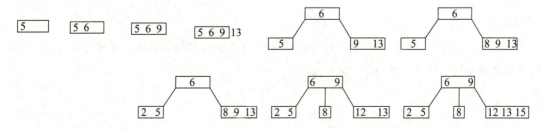

…

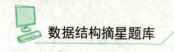

故本题选 B。

4. 【参考答案】A

【解析】本题考查 B 树。根据 B 树的定义,3 阶 B 树满足:除根之外的所有非终端结点至少有 2 棵子树;所有非终端结点的关键字个数 n 的取值范围为:$1 \leq n \leq 2$。已知根为第一层,若第二层有 4 个关键字,则该树第一层 1 个结点,3 个分支,第二层 3 个点,由于有 4 个关键字,所以 3 个结点的分支树分别为 2、2、3,第三层 7 个结点。总结点个数最多为 1+3+7=11 个。故本题答案为 A。

考点 2　B+树

1. 【参考答案】AC

【解析】关键字数目比子树数目少 1,所以不是 B⁺树,而是 B 树。又有 m 阶 B 树结点关键字最多为 $m-1$,每个结点的关键字个数为 2,所以可能为 3 阶,也可能是 4 阶。

2. 【参考答案】B

【解析】由于 B⁺树的所有叶结点包含了全部的关键字信息,且叶结点本身依关键字从小到大顺序链接,可以进行顺序查找,而 B 树只支持随机查找(多路查找)。

1. 【参考答案】B

【解析】B+树是应文件系统所需而产生的 B 树的变形,前者比后者更加适用于实际应用中的操作系统的文件索和数据库索引,因为前者磁盘读写代价更低,查询效率更加稳定。编译器中的词法分析使用有穷自动机和语法树。网络中的路由表快速查找主要靠高速缓存、路由表压缩技术和快速查找算法。系统一般使用空闲空间链表管理磁盘空闲块。所以选项 B 正确。

§6.4　散列表

考点 1　散列表的基本概念

1. 【参考答案】D

【解析】关键字集合与地址集合之间存在对应关系时,通过散列函数表示这种关系,这样,查找以计算散列函数而不是比较的方式进行查找。

2. 【参考答案】C

　　【解析】散列查找的思想是计算出散列地址进行查找,然后再进行比较关键字以确定是否查找成功。散列查找成功的平均查找长度与装填因子有关,与表长无关。冲突(碰撞)是不可避免的,与装填因子无关,因此需要设计处理冲突的方法。在开放定址的情况下,不能随便删除散列表中某个元素,否则可能导致搜索路径被中断。

3. 【参考答案】C

　　【解析】在开址法中散列到同一地址而引起的"堆积"问题是由于同义词之间或非同义词之间发生冲突而引起的。采用链地址法处理冲突时将同义词放在同一个链表中,不会引起聚集现象。采用线性探测法处理冲突时,若关键字冲突地址为 i,则向 $i+1,i+2$……探测,不一定相邻。采用再散列法处理冲突时,按一定的距离,跳跃地寻找"下一个"空闲位置,减少了发生聚集的可能。

4. 【参考答案】C

　　【解析】由于散列函数的选取,仍然有可能产生地址冲突,冲突不能绝对避免。

5. 【参考答案】A

　　【解析】根据散列函数计算,关键字 25,5 散列后的地址都是 5。

6. 【参考答案】A

　　【解析】散列表的查找效率取决于散列函数、处理冲突的方法和装填因子。显然,冲突的产生概率与装填因子(即表中记录数与表长之比)的大小成正比,故 D 正确,A 错误。采用合适的冲突处理方法可避免聚集现象,也将提高查询效率。采用拉链法处理冲突时不存在聚集现象,采用线性探测法处理冲突容易引起聚集现象。

7. 【参考答案】C

　　【解析】链地址算法的基本思想是将所有哈希地址为 i 的元素构成一个称为同义词链的单链表,并将单链表的头指针存入哈希表的第 i 个单元中,因而查找、插入和删除主要在同义词链中进行。链地址法适用于经常进行插入和删除的情况。插入新数据项的时间随装载因子线性增长。

8. 【参考答案】C

　　【解析】A 选项对于数据结构中的哈希函数有两个特点:简单,均匀性。所谓简单就是可以很快地产生一个较好的 Hash 值,均匀性是指所有的数据可以均匀地映射到各个 Hash 值上,避免产生大部分数据映射到少数的 Hash 值上的情况;B 选项,不同的 Hash 函数有不同的适应场景,各有优缺点。主要的方法有,直接定址法、数字分析法、平方取中法、折叠法、随机数法、除留余数法;D 选项对于空域法,还需要把冲突记录去掉。

9. 【参考答案】D

　　【解析】Hash 表的查找效率取决于散列函数、处理冲突的方法和装填因子。显然,冲突的产生概率与装填因子(表中记录数与表长之比)的大小成正比,即装填得越满越容易发生冲突,Ⅰ 错误。Ⅱ 显然正确。采用合适的处理冲突的方式避免产生聚集现象,也将提高查找效率,例如用拉链法解决冲突时就不存在聚集现象,用线性探测法解决冲突时易引起聚集现象,Ⅲ 正确。

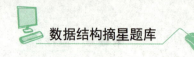

真题实战

1. 【参考答案】D

【解析】产生堆积现象,即产生了冲突,降低查找效率,对存储效率造成间接影响,它对存储效率、散列函数和装填因子均不会有影响,而平均查找长度直接受堆积现象的影响,选 D。

2. 【参考答案】C

【解析】哈希表的冲突产生是因为不同的键(key)通过哈希函数计算后可能得到同一个哈希值,即映射到哈希表的同一个位置。即使哈希表的单元数量很大,只要键的数量不为零,就存在冲突的可能性。

在本例中,将 10 个元素散列到 100000 个单元的哈希表中,理论上哈希表的大小足够大,可以减少冲突的可能性,但由于不同的元素可能具有相同的哈希值,因此冲突仍然可能发生。

因此,正确答案是:C。

3. 【参考答案】B

【解析】在哈希表设计中,为了尽量减少哈希冲突,通常会选择一个好的哈希函数和一个合适的哈希表大小(通常表示为 m)。在除留余数法(也称为模哈希法)中,哈希函数定义为 Hash(k) = k%p,其中 p 是除数。

选择 p 时,通常希望 p 与 m 接近但不相同,并且 p 最好是一个质数。这是因为质数 p 具有以下性质:

1.当 p 是质数时,对于小于 p 的所有正整数 a 和 b(a≠b),a%p 和 b%p 的结果不同的概率更高,这有助于减少哈希冲突。

2.质数 p 通常不会产生太多规则的模式,这也有助于减少哈希冲突。

因此,我们应该选择一个小于或等于 m 的最大质数作为 p,以确保 p 与 m 尽可能接近,同时保持哈希函数的质量。

所以正确答案是:B。

考点2　散列函数

题组闯关

1. 【参考答案】B

【解析】为减少发生冲突的可能性,取不大于散列表长度的素数时效果最好,可以减小冲突。

2. 【参考答案】B

【解析】除留取余法:取关键字被某个不大于散列表表长 m 的数 p 除后所得的余数为散列地址。即 $H(key) = key \ MOD \ p, p <= m$。不仅可以对关键字直接取模,也可在折叠、平方取中等运算之后取模。对 p 的选择很重要,一般取素数或 m,若 p 选得不好,容易产生同义词。

3. 【参考答案】D

　　【解析】当冲突发生时,按照某种方法继续探测基本表中的其他存储单元,直到找到一个空闲位置为止。一般形式: $h_i = (h(k) + d_i) \bmod m, i = 1, 2, 3 \ldots, k (k \leqslant m-1)$。当 $d_i = 1, 2, 3, \ldots, m-1$ 时称为线性探测。

4. 【参考答案】C

　　【解析】二次探测:

　　$H(19) = 8$

　　$H(1) = 1, H(23) = 1$

　　$h(23 + 1^2) = 2$

　　$H(14) = 3$

　　$H(55) = 0$

　　$H(68) = 2, h(68 + 1^2) = 3, h(68 - 1^2) = 1, h(68 + 2^2) = 6$

　　$H(11) = 0, h(11 + 1^2) = 1, h(11 - 1^2) = 10$

　　$H(82) = 5$

　　$H(36) = 3, h(36 + 1^2) = 4$

5. 【参考答案】A

　　【解析】采用线性探测法处理冲突会产生堆积,两个同义词在哈希表中位置可能不相邻。

6. 【参考答案】A

　　【解析】链地址法也称为拉链法。其基本思路是:将所有具有相同哈希地址的而不同关键字的数据元素链接到同一个单链表中。如果选定的哈希表长度为 m,则可将哈希表定义为一个有 m 个头指针组成的指针数组 $T[0 \ldots m-1]$,凡是哈希地址为 i 的数据元素,均以结点的形式插入 $T[i]$ 为头指针的单链表中。并且新的元素插入链表的前端,这不仅因为方便,还因为经常发生这样的事实:新近插入的元素最有可能不久又被访问。可以知道,在查找成功的情况下,所探测的这些位置上的键值一定都是同义词。

7. 【参考答案】B

　　【解析】平方取中法是冯·诺依曼提出的。此法开始取一个 $2s$ 位的整数,称为种子,将其平方,得 $4s$ 位整数(不足 $4s$ 位时高位补 0),然后取此 $4s$ 位的中间 $2s$ 位作为下一个种子数,并对此数规范化(即化成小于 1 的 $2s$ 位的实数值),即为第一个 $(0,1)$ 上的随机数。以此类推,即可得到一系列随机数。

　　$2789465 * 2789465 = 781114986225$,允许存储的是三位十进制数,为 149,可知为平方取中法。

8. 【参考答案】D

　　【解析】$\text{addr}(49) = 49\%11 = 5$　　　　　　　冲突

　　　　　$h1 = (5 + 12)\%11 = 6$　　　　　　仍冲突

　　　　　$h2 = (5 - 12)\%11 = 4$　　　　　　仍冲突

$$h3 = (5+2^2)\%11 = 9$$

所以本题答案为 D。

9. 【参考答案】C

【解析】mod 之后:5,1,1,6,2,3,6,8,1,0。存在最多的同义词为 1,总共为三个,所以链表最长为 3

10. 【参考答案】C

【解析】

	0	1	2	3	4	5	6	7	8	9	10	11	12
关键字	11 11		13			5	28	72	16	8	7	29	
冲突次数	0		0			0	0	1	3	1	3	4	
比较次数	1		1			1	1	2	4	2	4	5	

ASL = $(1/9) \times (4*1+2*2+2*4+5) = 7/3$。

真题实战

1. 【参考答案】D

【解析】68mod7 是 5,和 61 那里冲突了,$D = H(\text{key}) = 5$,$N_D = (D+d_i)\%m$,d_i 先取 1×1,得到 $N_D = 6$,无冲突,因此为 6。

2. 【参考答案】D

【解析】4 个分别是:55,64,46,10。$H(K) = K\%9$,表示除以 9 的余数。由于地址重叠造成冲突,所以散列存储时,通常还要有解决冲突的办法,如线性探查法等等。

3. 【参考答案】A

【解析】所谓伪随机探测再散列:

设伪随机数组为 $R[1...k]$,关键字为 V。

当出现冲突时,则下一个哈希地址为 $H_i = (V+R[i])\%13$

易知,插入 70 之前,空间存放状态如下:

0	1	2	3	4	5	6	7	8	9	10
39		93			18					75

$70\%13 = 5$;发生冲突,代入 $H_1 = (70+5)\%13 = 10$,冲突,计算 $H_2 = (70+8)\%13 = 0$,冲突,计算 $H_3 = (70+3)\%13 = 8$,结束。

4. 【参考答案】C

【解析】$(9+8+7+6+5+4+3)/7 = 6$。

5. 【参考答案】A

6. 【参考答案】C

【解析】已有的关键字在表中的位置为:$26\%11=4,16\%11=5,50\%11=6,68\%11=2$。38 的散列地址为:$38\%11=5$,而 5 的位置上有关键字,根据线性探测再散列的解决冲突的方法,向后查找,最终放到 7。

7. 【参考答案】D

【解析】$H(26)=26\%17=9$,不冲突;

$H(25)=25\%17=8$,不冲突;

$H(72)=72\%17=4$,不冲突;

$H(38)=38\%17=4$,冲突,采用线性探测法时存入地址 5;

$H(8)=8\%17=8$,冲突,采用线性探测法时存入地址 10;

$H(18)=18\%17=1$,不冲突;

$H(59)=59\%17=8$,冲突,采用线性探测法时存入地址 11;

8. 【参考答案】B

【解析】首先,我们需要使用给定的哈希函数 $H(key)=key\,MOD\,13$ 对这组关键字进行处理,以确定它们各自的哈希地址。

对于给定的关键字集合:$\{19,14,23,1,68,20,84,27,55,11,10,79\}$,我们分别计算它们的哈希地址:

- $19\,MOD\,13=6$
- $14\,MOD\,13=1$
- $23\,MOD\,13=10$
- $1\,MOD\,13=1$
- $68\,MOD\,13=3$
- $20\,MOD\,13=7$
- $84\,MOD\,13=6$
- $27\,MOD\,13=1$
- $55\,MOD\,13=3$
- $11\,MOD\,13=11$
- $10\,MOD\,13=10$
- $79\,MOD\,13=1$

现在,我们需要找出哈希地址为 1 的链表中有多少个记录。从上面的计算中,我们可以看到哈希地址为 1 的关键字:14,1,27,79。

因此,哈希地址为 1 的链表中有 4 个记录。

9. 【参考答案】A

【解析】二次探测法是指平方探测法。

$H-i=(H(key)+d-i)\%m(i=i,2,\cdots,m-1)$

其中,H(key)为散列函数,m为散列表表长,d-i为增量序列。

二次探测法:

$d-i=1^2,-1^2,2^2,-2^2,\cdots,+k^2,-k^2(k<=m/2)$

已有数据的关键字为15,22,50,13,20,36,28,求这几个数的余数。

$15\%13=2,22\%13=9,50\%13=11$

$13\%13=0,20\%13=7,36\%13=10,$

$28\%13=2(冲突),(28+1)\%13=3(不冲突)。$

要插入的关键字为48,$48\%13=9$,此时发生冲突。

按二次探测法:

1.$(48+1^2)\%13=10(冲突)$

2.$(48-1^2)\%13=8(不冲突,所以答案选A)$

10.【参考答案】A

【解析】所谓伪随机探测再散列:

设伪随机数组为 R[1…k],关键字为 V

当出现冲突时,则下一个哈希地址为 Hi =(V+R[i])%13

易知,插入 70 之前,空间存放状态如下:

0	1	2	3	4	5	6	7	8	9	10
39		93			18					75

$70\%13=5$;发生冲突,代入 H1 =(70+5)%13=10,冲突,计算 H2 =(70+8)%13=0,冲突

计算 H3 =(70+3)%13=8,结束。

11.【参考答案】A

【解析】此处考察散列表查找,计算步骤如下:

19,44,72 用哈希函数 H(key)= keymod13 计算后得地址:6.5.7

31 计算后为 5,发生冲突

用二次探测再散列法解决冲突:

1:(key+1^2)%11=(31+1)%13=6,仍然发生冲突。

2:(key-1^2)%11=(31-1)%13=4,不发生冲突。

得出结果为 A。

12.【参考答案】C

【解析】线性探测再散列法中删除一个关键字会导致后面的关键字无法通过线性探测找到正确的位置。当删除一个关键字时,为了保持散列表的连续性,通常会将后续的关键字向前移动填充空缺,这样后续的查找操作才能继续正确地找到它们。然而,如果删除的是一个位于中间位置的关键字,后面的关键字需要依次向前移动,这会导致删除操作的时间复杂度较高,因为需要移动

大量的关键字。为了解决删除操作中的位置依赖性问题,可以使用删除标记来表示一个位置上的关键字已被删除。

如下表所示,查找失败的平均查找长度为$(1+3+2+1+2)/5=1.8$。本题答案选 C。

地址	0	1	2	3	4
Key		2022	12		25(Delete)
查找失败次数	1	3	2	1	2

§6.5 树型查找

考点1 二叉搜索树

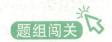

1. 【参考答案】C

【解析】当二叉查询树变成一条链表时效率最差。所以有 AVL 平衡树限制结点深度差不超过 1,避免产生链表一般的树。

2. 【参考答案】C

【解析】二叉查找树的查询速度取决于树的深度,相同结点数深度最小的是平衡二叉树。

3. 【参考答案】A

【解析】二叉排序树中,新插入的结点都是叶子结点。

4. 【参考答案】B

【解析】48 结点的平衡因子为 -2,所以不是平衡二叉树。堆有最大堆和最小堆两种,图中二叉树不符合堆的要求。二叉排序树又称为二叉判定树,是一种特殊的二叉树。它是空树或者是具有下面性质的二叉树:

(1)若他的右子树非空,则右子树上所有结点的值均大于根结点的值。

(2)若他的左子树非空,则左子树上所有结点的值都小于根结点的值。

题目中的二叉树符合二叉排序树的性质。

5. 【参考答案】A

【解析】如图所示,不带数字的结点均为查找不成功的外部结点。在查找失败时,其比较过程是经历了一条从判定树根到某个外部结点的路径,所需的关键字比较次数是该路径上内部结点的总数。其平均查找长度为$(2×2+3×3+4×2)/7=21/7$。本题答案为 A。

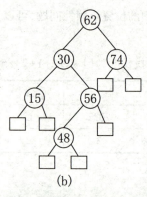

(b)

一颗二叉排序树

1. 【参考答案】B

【解析】关键字用二叉排序树方法进行查找,从根结点作为入口,由于二叉排序树遵循"左小右大",所以通过和根结点大小进行比较,可以确定查找对象存于在于左子树中或者右子树中,同理进行递归查找,该过程与折半查找是类似的,量级都是 $\log n$。

2. 【参考答案】B

【解析】此题考查二叉排序树的性质:结点左边的小于结点,结点右边的大于结点;以及先序、后序、中序的遍历特点。由于中序遍历是先遍历左结点,再遍历根结点,最好遍历右结点,故由此遍历二叉排序树,会得到有序序列。

3. 【参考答案】D

【解析】二叉排序树基本概念考察

4. 【参考答案】B

【解析】二叉排序树的平均查找长度是跟其形态有关的,并不确定。n 个结点的二叉排序树在最坏的情况下的平均查找长度为 $(n+1)/2$。最坏情况下,当先后插入的关键字有序时,构成的二叉排序树蜕变为单支树,树的深度为其平均查找长度 $(n+1)/2$(和顺序查找相同),最好的情况是二叉排序树的形态和折半查找的判定树相同,其平均查找长度和 $\log_2(n)$ 成正比。

5. 【参考答案】D

【解析】本题考查二叉搜索树的基本性质。

二叉搜索树,即二叉排序树。由二叉排序(搜索)树的性质:若它的左子树不空,则左子树上所有结点的值均小于它的根结点的值;若它的右子树不空,则右子树上所有结点的值均大于它的根结点的值。那么大小顺序应该是:$k1<k3<k<k2$,T 中任意结点均满足该大小顺序。而 x 是 T 中的一个结点,故本题选 D。

考点 2　平衡二叉树

题组闯关

1. 【参考答案】C

　　【解析】用 $f(h)$ 代表高度为 h 的 AVL 树最少的结点数,由此,可得 $f(0)=0$,$f(1)=1$,$f(2)=2$。

　　当 AVL 树的高度为 h,并且要保证此树满足 AVL 树的性质,即左右子树的高度相差不超过 1 时,我们假设左子树的高度为 $h-1$,则右子树的高度为 $h-2$。因此得到递归公式 $f(h)=f(h-1)+f(h-2)+1$。因此可知 $f(6)=20$,$f(7)=33$。

2. 【参考答案】B

　　【解析】本题中 A 是最低的不平衡结点,且 A 的左孩子平衡因子为-1,右孩子的平衡因子为 0,如果插入一个结点造成不平衡,只能是在 A 的左孩子的右孩子插入结点,因此需要做 LR 型调整。

3. 【参考答案】D

　　【解析】根据递归公式 $f(h)=f(h-1)+f(h-2)+1$,$f(0)=0$,$f(1)=1$,$f(2)=2$,得到高度为 4,其所有非叶子结点的平衡因子均为-1,结点总数为 7。

真题实战

1. 【参考答案】B

　　【解析】平衡二叉树(AVL 树)定义如下:平衡二叉树或者是一棵空树,或者是具有以下性质的二叉排序树:(1)它的左子树和右子树的高度之差绝对值不超过 1;(2)它的左子树和右子树都是平衡二叉树。

2. 【参考答案】A

　　【解析】插入位置为左子树的左子树,以左子树为轴心,进行单次向右旋转。

3. 【参考答案】D

　　【解析】本题考查平衡二叉树。插入 23 后,得到树的形态如下:

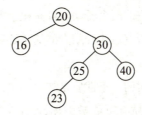

则此树是不平衡的,平衡因子为 1-3=-2,需要调整,调整方法步骤有四步:

(1)找到最小不平衡子树(和其根结点)。

(2)从根结点出发,沿插入路径找三个结点。

(3)调整这三个结点(找出中位数,让中位数作为根结点,其余两个一左一右)。

(4)剩下的结点,左右子树的位置保持不变,再找到最后一个结点的插入位置。调整后得到的

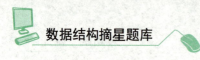

平衡二叉树如下：

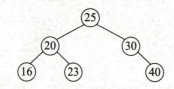

根为 25。故本题答案为 D。

4. 【参考答案】D

【解析】AVL 树上任何结点的左右子树的深度之差都不超过 1 则可以证明它的深度和 $\log_2(n)$ $\log 2(n)$ 是同数量级的（n 为结点个数）。因此，它的平均查找长度也和 $\log_2(n)$ $\log_2(n)$ 同数量级。

5. 【参考答案】C

【解析】调整过程如下，因此 37 子树是 24 与 53

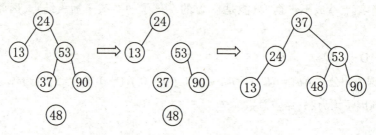

考点 3　红黑树

1. 【参考答案】B

【解析】红黑树的根结点必须是黑色。一棵红黑树是满足下面红黑性质的二叉搜索树：

(1)每个结点或是红色的，或是黑色的。

(2)根结点是黑色的。

(3)每个叶结点(NIL)是黑色的。

(4)如果一个结点是红色的，则它的两个子结点都是黑色的。

(5)对每个结点，从该结点到其所有后代叶结点的简单路径上，均包含相同数目的黑色结点。

2. 【参考答案】C

【解析】本题考查红黑树。红黑树的一条性质是如果一个结点是红色的，那么其子结点都是黑色的。插入结点过程中，此条红黑性质有可能被破坏，就是父结点和子结点都是红色的。故本题选 C。

§6.6　串

考点1　串的基本概念

1. 【参考答案】C

   【解析】包含 1 个字符的子串共 n 个；

   包含 2 个字符的子串共 $n-1$ 个；

   包含 3 个字符的子串共 $n-2$ 个；

   包含 4 个字符的子串共 $n-3$ 个；

   ……

   包含 $n-1$ 个字符的子串共 2 个；

   空串 1 个。

   综上所述，子串个数共：$1+2+3+\dots+n=n(n+1)/2$。

2. 【参考答案】C

   【解析】计算字符串的 next 函数值，可以参考"KMP 模式匹配算法"。

   计算过程如下：

   下标 j　1　2　3　4　5　6　7　8　9　10　11　12

   字符串　　a　b　a　b　a　a　a　b　a　b　a　a

   $\text{next}[j]$　0　1　1　2　3　4　2　2　3　4　5　6

   (1) 当 $j=1$ 时，固定就是 $\text{next}[1]=0$。

   (2) 当 $j=2$ 时，由 1 到 $j-1$ 的字符串是"a"，属于其他情况，固定就是 $\text{next}[2]=1$。

   (3) 当 $j=3$ 时，由 1 到 $j-1$ 的字符串是"ab"，前缀字符"a"与后缀字符"b"不相等，属于其他情况，所以，$\text{next}[3]=1$。

   (4) 当 $j=4$ 时，由 1 到 $j-1$ 的字符串是"aba"，前缀字符"a"与后缀字符"a"相等，也就是有 1 个字符相等，所以，$\text{next}[4]=1+1=2$。

   (5) 当 $j=5$ 时，由 1 到 $j-1$ 的字符串是"abab"，前缀字符"ab"与后缀字符"ab"相等，也就是有 2 个字符相等，所以，$\text{next}[5]=2+1=3$。

   (6) 当 $j=6$ 时，由 1 到 $j-1$ 的字符串是"ababa"，前缀字符"aba"与后缀字符"aba"相等，也就是有 3 个字符相等，所以，$\text{next}[6]=3+1=4$。

   (7) 当 $j=7$ 时，由 1 到 $j-1$ 的字符串是"ababaa"，前缀字符"a"与后缀字符"a"相等，也就是有 1 个字符相等，所以，$\text{next}[7]=1+1=2$。

（8）当 $j=8$ 时，由 1 到 $j-1$ 的字符串是"ababaaa"，前缀字符"a"与后缀字符"a"相等，也就是有 1 个字符相等，所以，$next[8]=1+1=2$。

（9）当 $j=9$ 时，由 1 到 $j-1$ 的字符串是"ababaaab"，前缀字符"ab"与后缀字符"ab"相等，也就是有 2 个字符相等，所以，$next[9]=2+1=3$。

（10）当 $j=10$ 时，由 1 到 $j-1$ 的字符串是"ababaaaba"，前缀字符"aba"与后缀字符"aba"相等，也就是有 3 个字符相等，所以，$next[10]=3+1=4$。

（11）当 $j=11$ 时，由 1 到 $j-1$ 的字符串是"ababaaabab"，前缀字符"abab"与后缀字符"abab"相等，也就是有 4 个字符相等，所以，$next[11]=4+1=5$。

（12）当 $j=12$ 时，由 1 到 $j-1$ 的字符串是"ababaaababa"，前缀字符"ababa"与后缀字符"ababa"相等，也就是有 5 个字符相等，所以，$next[12]=5+1=6$。

3. 【参考答案】B

【解析】串（string）是由零个或多个字符组成的有限序列，又叫作字符串。

4. 【参考答案】D

【解析】本题考查基础概念。串的模式匹配是指给定一个子串，要求在某个字符串中找出与该子串相同的子串。

5. 【参考答案】B

【解析】A 不对，空格也会被算入串长当中去；C 不对，不是指字母的种类数；D 不对，不是指字符的种类数。C、D 都忽视了即使种类数相同的字母/字符也会被多次记录到串长中。

6. 【参考答案】B

【解析】字符串的子串，就是字符串中的某一个连续片段。截取一个字符串长度需要一个起始位置和结束位置。串 s 有 8 个字符，可是设置间隔的位置有 9 个。使用 $C(9,2)=36$，即可求得串 s 的所有子字符串，由于题目标明空串也是子串，故还需要加上 1。总共 37 个子字符串。n 个字符的子字符串为 $C(n+1,2)$。

真题实战

1. 【参考答案】D

【解析】长度为 0,1,2,3,4,5,6,7,8 的子串个数分别为：1,8,7,6,5,4,3,2,1。所以子串总个数为：$1+8+7+\cdots+1=37$。

这类题是有规律的：假设字符串长度为 n，则：

（1）空串为 1 个。

（2）然后就是长度为 $1,2,3,\cdots,n$ 的子串个数分别为：$n,(n-1),(n-2),\cdots,1$。

所以子串总个数为：$1+n\times(n+1)/2$，显然这是个奇数。但本题中因为长度为 1 的字符串有重复，所以长度为 1 的字符串个数为 6，题目中要求的是非空字串，所以总数为 34，选 D。

2. 【参考答案】B

【解析】零个字符的串称为空串。空格是串的一个元素，由一个或多个空格组成的串叫作空格串。空格串不是空串。

考点 2 串的模式匹配

【参考答案】A

【解析】第一次匹配不成功,向右移动 3 位,第二次匹配不成功再次向右移动三位,第三次成功匹配。

1. 【参考答案】C

【解析】KMP 算法主要是求 next 数组的过程,首先要理解 next 数组是什么 next[i]代表什么：next[i]代表在模式串 t 中,长度为 i 的前缀后缀匹配长度。根据 next 数组生成算法可得：

编号	0	1	2	3	4	5
字符串 t	a	b	a	a	b	c
next	−1	0	0	1	1	2

明显有 $next[j](j=5)=2$,所以下一次的 $j=2$。而 i 每次是不减的,所以 $i=5$。

2. 【参考答案】B

【解析】求一个串在另一个串中首次出现的位置的运算称作模式匹配。

3. 【参考答案】A

【解析】

s	1	2	3	4	5	6	7	8
String	p	q	p	p	q	p	q	p
next 数组	0	1	1	2	2	3	4	3
nextval 数组	0	1	0	2	1	0	4	0

1.求 next 数组

$next[1]=0$

$next[2]=1$

当 i>2 时,如:求 next[5]

求 $next[0]\sim next[i-1]$所构成的串的首子串和尾子串(首子串不包括最后一个,尾子串不包括第一个)

$next[0]\sim next[4]$为:pqpp

首子串:a,pq,pqp

尾子串:qpp,pp,p

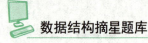

计算首尾子串中相同的子串的长度

相同的子串为 p,长度为 1

$next[i]=length+1$

求得长度为 1,1+1=2,所以 $next[5]=2$

2.求 nextval 数组

求 $nextval[i]$ 的值,我们要比较 $String[i]$ 和 $String[next[i]]$ 的值

如果 $String[i]$ 和 $String[next[i]]$ 的字符相等,那么 $nextval[i]$ 的值就等于 $nextval[next[i]]$ 的值,

如果 $String[i]$ 和 $String[next[i]]$ 的字符不相等,那么 $nextval[i]$ 的值就等于 $next[i]$ 的值。

就上面的串进行演示:i=1

$nextval[1]=0$

i=2

$nextval[2]=1$

i=3

$next[3]=1$

$String[3]=p$

$String[1]=p==p$

$nextval3]=nextval[1]=0$

i=4

$next[4]=2$

$String[4]=p$

$String[2]=q!=p$

$nextval[4]=next[4]=2$

同理,可以求出所有的值。

4. 【参考答案】A

【解析】本题考查 KMP 算法中 nextval 的应用。

传统 KMP 算法使用 next 数组,会存在 j=next[j] 的情况,因此采用 next_val 来优化,处理结果如下:

下标	1	2	3	4	5	6
字符	a	a	b	a	a	b
next	0	1	2	1	2	3
nextval	0	0	2	0	0	2

当主串中某个字符与 S 中某字符失配时,有 6 种情况,分别为下标 1-6 不匹配。

当下标 1 不匹配时,需要右移 1 位

当下标 2 不匹配时,需要右移 2 位

当下标 3 不匹配时,需要右移 1 位

当下标 4 不匹配时,需要右移 4 位

当下标 5 不匹配时,需要右移 5 位

当下标 6 不匹配时,需要右移 4 位

故本题选 A。

§6.7 综合应用题

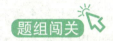

1. 【参考答案与解析】

(1)查找过程如下:

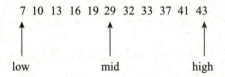

第一次查找,将中间位置元素与 key 值比较,因为 11<29,说明待查元素若存在,必在[low,mid−1]的范围内,令指针 high 指向 mid−1 的位置,high=mid−1=5,重新求得 mid=(1+5)/2=3,第二次的查找范围为[1,5]。

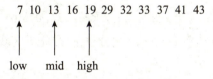

第二次查找,由于 11<13,移动指针,重新求得查找范围为[1,2]。

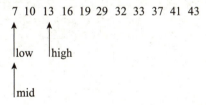

第三次查找,因为 11>7,移动指针,重新确定查找范围为[2,2]。

第四次查找,此时子表中只有一个元素,且 10≠11,表中不存在 11。

查找过程的判定树如下:

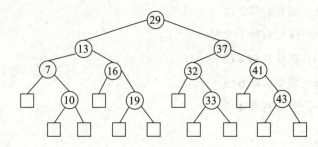

（2）查找成功时：ASL＝（1＋2＊2＋3＊4＋4＊4）/11＝3。

查找失败时：ASL＝（3＊4＋4＊8）/12＝11/3。

2. 【参考答案与解析】

$m＝3$，则除根结点外，非叶子结点关键字个数为1～2。首先插入15、26，结点内关键字个数不超过$\lceil m/2 \rceil＝2$时，不会引起分裂；插入50到15、26所在的结点内，引起分裂，结点内第$\lceil m/2 \rceil$个关键字26上升为父结点。

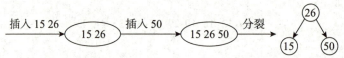

插入52到50所在的结点中，不会引起分裂；继续插入64，插入50、52所在的结点内，引起分裂，52上升到父结点中，不会引起父结点的分裂。

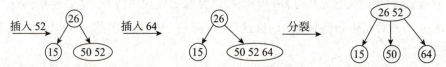

插入69到64所在的结点内，不会引起分裂；继续插入72，插入64、69所在的结点内，引起分裂，69上升为26、52所在的结点后，会继续引起该结点的分裂，故52上升为新的根结点，最后得到3阶B树，如下：

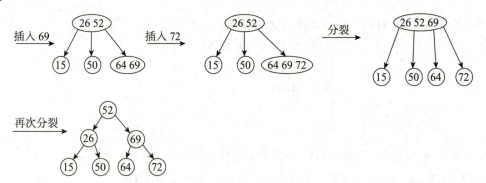

3. 【参考答案与解析】

线性探测法：由散列函数可知，散列地址为0～10。$H(2)＝2$，没有冲突，地址2存放关键字2，$H(14)＝3$，没有冲突，地址3存放关键字14，$H(13)＝2$，发生冲突，根据线性探测法：$H_1＝3$，发生冲突，继续探测$H_1＝4$，没有冲突，于是13存放在地址为4的表项中。$H(35)＝2$，发生冲突，根据线性探测法,$H_1=3$,发生冲突,$H_1=4$,发生冲突,$H_1=5$,没有冲突,于是 35 存放在地址为 5 的表项中。同理可以计算其他的数据存放情况,最后结果如下:

散列地址	0	1	2	3	4	5	6	7	8	9	10
关键字		34	2	14	13	35	39	28	23		
冲突次数		0	0	0	2	3	0	1	7		

查找成功时,显然查找每个元素的概率都是 1/8,对于 34,由于冲突次数为 0,所以仅需一次比较便可比较成功;对于 23,由于计算出的地址为 1,但需要比较 8 次才能比较成功,所以 23 的查找长度为 8,同理其他的元素类似,因此:ASL 成功 = (1+1+1+3+4+1+2+8)/8 = 21/8。

查找失败时,由于 $H(\text{key}) = 0 \sim 10$,故查找每个位置的概率都是 1/11,由于计算出的地址为 1 的关键字 key_1,只有探测完 1~9 号地址才能确定该元素不在表中,比较次数为 9;计算出的地址为 2 的关键字 key_2,只有探测完 2~9 号地址才能确定该元素不在表中,比较次数为 8;而对于地址 0,9,10 的关键字,只需要 1 次比较便可确定查找失败,因此:ASL 失败 = (9+8+7+6+5+4+3+2+1+1+1)/11 = 47/11。链地址法构造的表如下:

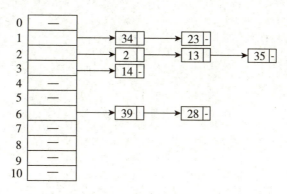

在链地址法中查找成功时,查找关键字 34 的记录需进行 1 次比较,查找关键字 23 的记录需要 2 次比较,同理也可计算其他关键字,因此:ASL 成功 = (1×4+2×3+3)/8 = 13/8。查找失败时,对于地址 1,比较 3 次后确定元素不在表中,所以其查找长度为 3,对于地址 2,其查找长度为 4,同理依次计算其他查找长度,因此:ASL 失败 = (1+3+4+2+1+1+3+1+1+1+1)/11 = 19/11。

4. 【参考答案与解析】

索引表的类型定义如下:

```
typedef struct{
    int key;                // 关键字
    int id;                 // 对应记录在顺序表中的序号
}IndexType, IdxTable[ MAXSIZE+1];
```

顺序表类型定义如下:

```
typedef struct{
    int a[ MAXSIZE+1];
    int length;
}SqList;
```

算法思想:借助于直接插入排序将顺序表中各个记录的关键字以及记录在顺序表的序号插入索引中。

```
void creatIdx( SqList L, IdxTable Idx) {
    Idx[ 0] .key=L.a[ 0];
    Idx[ 0] .id=1;
    for( int i=1; i<L.length; i++) {
        int j=i-1;
        while( ( j>0) &&( Idx[ j] .key>L.a[ i]) {
            Idx[ j+1] .key=Idx[ j] .key;
            j--;
        }
        Idx[ j+1] .key=L.a[ i];
        Idx[ j+1] .id=i;
    }
}
```

真题实战

1. 【参考答案与解析】

(1)算法思想

【答案一】

定义含 10 个元素的数组 A,元素值均为该数组类型能表示的最大数 MAX。

for　M 中的每个元素 s

　　if(s<A[9]) 丢弃 A[9]并将 s 按升序插入 A 中;

当数据全部扫描完毕,数组 A 中保存的就是最小的 10 个数。

【答案二】

定义含 10 个元素的大根堆 H,元素值均为该堆元素类型能表示的最大数 MAX。

for　M 中的每个元素 s

　　if(s<H 的堆顶元素)删除堆顶元素并将 s 插入 H 中;

当数据全部扫描完毕,堆 H 中保存的就是最小的 10 个数。

(2)算法平均情况下的时间复杂度是 O(n),空间复杂度是 O(1)。

2. 【参考答案与解析】

(1)采用顺序存储结构,数据元素按其查找概率降序排列。采用顺序查找方法。

查找成功时的平均查找长度 = 0.35×1+0.35×2+0.15×3+0.15×4=2.1。

(2)[答案一]采用链式存储结构,数据元素按其查找概率降序排列,构成单链表。

采用顺序查找方法。查找成功时的平均查找长度 = 0.35×1+0.35×2+0.15×3+0.15×4=2.1。

[答案二]采用二叉链表存储结构,构造二叉排序树,元素存储方式见下图。

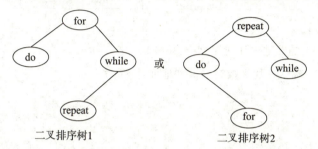

二叉排序树1   或   二叉排序树2

用二叉排序树的查找方法。查找成功时的平均查找长度 = 0.15×1+0.35×2+0.35×2+0.15×3=2.0。

3. 【参考答案与解析】

(1)装填因子 α = 0.75,元素个数为 11,α = n/N 即 N = n/α = 15

p 取小于 15 的最大质数,则散列函数 H(key) = key%13

根据函数关键字对应的散列地址如下:

关键字	26	36	41	38	44	15	68	12	6	51	25
散列地址	0	10	2	12	5	2	3	12	6	12	12

根据线性探测再散列 Hi = (H(key)+di) MOD m i = 1,2,…,k(k<=m-1),这里 di 取 1,m 为表长为 15

散列表为:

地址	0	1	2	3	4	5	6	7	8	9	10	11	12	13	14
关键字	26	25	41	15	68	44	6				36		38	12	51
探测次数	1	5	1	2	2	1	1				1		1	2	3

(2)查找 68 的过程:首先使用构造函数计算出 68 的初始位置为 3,查找散列表中 3 所对应的值,不为 68 则根据线性探测法再散列继续查找,前进一位,最后查得位置为 4。

4. 【参考答案与解析】

序列(2)不可能是二叉排序树中查到 363 的序列。查到 501 后,因 363<501,后面应出现小于 501 的数,但序列中出现了 623,故不可能。

二叉排序树又称二叉查找树。或者为空树,或者是具有以下性质:

①若它的左子树不为空,则左子树所有结点的值小于根结点;

②若它的右子树不为空,则根结点的值小于所有右子树结点的值;

③它的左右子树叶分别为二叉排序树。

总结起来就是根据结点的值有:左子树<根结点<右子树。

5. 【参考答案】(1)

HT 如下。

0	1	2	3	4	5	6	7	8	9	10
11		14	7		20	9			3	18

装填因子 α=7/11。

(2)查找关键字 14 的关键字比较序列:3,18,14。

(3)查找关键字 8,确认查找失败时的散列地址是 77。

第**7**章 排序

§**7.1** 排序的概念

考点 排序的基本概念

1. 【参考答案】D

【解析】排序算法的稳定性与算法优劣无关,它只是描述算法的性质。使用链表也可以进行排序,只是有些排序算法不再适用,如折半插入排序。拓扑排序是将有向图中所有结点排成一个线性序列,虽然也是在内存中进行,但它不属于这里所提的内部排序范畴。对于不稳定的排序算法,它的结果与稳定的排序算法不相同,比如两个相同元素经不稳定排序后可能交换位置。

2. 【参考答案】B

【解析】对于任意序列进行基于比较的排序,求最少的比较次数,应考虑在最坏的情况下。对任意n个关键字排序的比较次数至少为$\lceil \log_2(n!) \rceil$。将$n=6$代入公式,可得答案为10。

3. 【参考答案】C

【解析】选项 A,B,D 的三种排序算法,在每一趟排序后均会有一个记录存放在最终位置上,而简单插入排序经过两趟排序后,原序列中的前 3 个元素会排成局部有序序列。

4. 【参考答案】A

【解析】若为插入排序,则序列前三个元素应该是局部有序的;若为冒泡排序和选择排序,经过两趟后应该有两个元素处于最终位置(最左或最右端)。

题中序列:3 2 5 10 9 11 7 21;

最终序列:2 3 5 7 9 10 11 21。

所以符合要求的只能是快速排序。

1. 【参考答案】A

【解析】本题为概念题。假定在待排序的记录序列中,存在多个具有相同的关键字的记录,若经过排序,这些记录的相对次序保持不变。

2. 【参考答案】B

【解析】这个描述符合选择排序算法的过程。选择排序的工作原理是:在未排序序列中找到最小(或最大)元素。

将找到的最小(或最大)元素与序列的第 1 个元素交换。

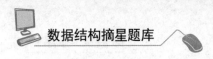

从剩下的未排序序列中继续寻找最小(或最大)元素,然后与序列的第2个元素交换,依此类推,直到所有元素均排序完毕。

所以,正确答案是:B。

§7.2　插入排序

考点1　直接插入排序

1. 【参考答案】B

【解析】在最坏情况下,表中元素顺序刚好与排序结果顺序相反(逆序)时,总的比较次数达到最大,为$n(n-1)/2$,当$n=6$时,比较次数为15。

2. 【参考答案】A

【解析】本题考查直接插入排序的时间复杂度。当序列已经有序时,在直接插入排序过程中,元素比较次数最少,则时间复杂度为$O(n)$,故B选项正确。

真题实战

1. 【参考答案】C

【解析】直接插入排序分为两组,有序和无序,第一步先从无序拿出一个插入有序中。

归纳总结:直接插入排序的时间复杂度分析,见表:

初始文件状态	正序	反序	无序(平均)
第i趟的关键字比较次数	1	$i-1$	$(i+2)/2$
总的关键字比较次数	$n-1$	$n(n+1)/2-1$	$\approx n^2/4$
第i趟记录移动次数	0	i	$(i-1)/2$
总的记录移动次数	0	$n(n+1)/2-1$	$\approx n^2/4$
时间复杂度	$O(n)$	$O(n^2)$	$O(n^2)$

2. 【参考答案】B

【解析】本题考查直接插入排序的时间复杂度。当序列已经有序时,在直接插入排序过程中,元素比较次数最少,则时间复杂度$O(n)$,故B选项正确。

3. 【参考答案】A

【解析】本题考查排序算法。直接插入排序在有序数组上的比较次数为$n-1$,简单选择排序的比较次数为$1+2+\cdots+n-1=n(n-1)/2$。Ⅱ辅助空间都是$O(1)$,没有差别。Ⅲ本身已有序,移动次数为0。故本题选A。

考点 2　折半插入排序

【参考答案】D

【解析】由于每次插入元素时总是由后向前先比较再移动,所以不会出现相同元素相对位置发生变化的情况,因此简单插入排序是稳定的,而折半插入排序算法只是改变了查找的过程,不会改变移动的顺序,因此它也是稳定的。折半插入排序和简单插入排序的总趟数取决于数据元素个数 n,两者都是 $n-1$ 趟。元素的移动次数取决于排序表的初始状态,移动次数没有变化。折半插入排序的比较次数与序列初始状态无关,为 $O(n\log n)$,而简单插入排序的比较次数与序列初始状态有关,为 $O(n) \sim O(n^2)$ 。

考点 3　希尔排序

1. **【参考答案】**C

【解析】希尔排序将序列分为若干个组,组内进行插入排序,观察结果可知 10 和 0 交换,8 和 5 交换,因此增量为 4。

2. **【参考答案】**A

【解析】增量为 4 意味着所有相距为 4 的元素构成一组,然后在组内进行直接插入排序,经观察,选项 A 即为一趟后的结果。

真题实战

【参考答案】A

【解析】希尔排序的思想是:先将待排元素序列分割成若干个子序列(由相隔某个"增量"的元素组成),分别进行直接插入排序,然后依次缩减增量再进行排序,待整个序列中的元素基本有序(增量足够小)时,再对全体元素进行一次直接插入排序。

§7.3　交换排序

考点 1　冒泡排序

1. **【参考答案】**C

【解析】冒泡排序每一个元素向后,第 1 趟比较 5 次,第 2 趟比较 4 次……,第 5 趟比较 1 次。

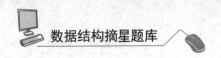
2. 【参考答案】B

【解析】在冒泡排序过程中,经过 5 趟排序后,序列已经全局有序,不再继续进行,故排序次数为 5 次。

3. 【参考答案】C

【解析】冒泡排序的基本思想是对当前未排序的全部结点自上而下地依次进行比较和调整,让键值较大的结点下沉,键值较小的结点往上冒。也就是说,每当比较两个相邻结点后发现它们的排列与排序要求相反,就要将它们互换。

对 n 个结点的线性表采用冒泡排序,冒泡排序的外循环最多执行 $n-1$ 遍。第一遍最多执行 $n-1$ 次比较,第二遍最多执行 $n-2$ 次比较,以此类推,第 $n-1$ 遍最多执行 1 次比较。因此,整个排序过程最多执行 $n(n-1)/2$ 次比较。

考点 2 快速排序

1. 【参考答案】D

【解析】当待排序列基本有序时,每次选取元素作为基准时,会导致划分区间不均匀,不利于快速排序算法的性能发挥,即此时为最坏情况,效率最低。快速排序算法在划分过程中,相同元素的相对位置会发生变化,是不稳定的排序算法。由于快速排序算法需要借助递归工作栈来保存每一层递归调用的关键信息,其容量与递归调用的最大深度一致,最坏情况下,进行 $n-1$ 次递归调用,所以栈的深度为 $O(n)$;平均情况下为 $O(\log n)$。快速排序算法的关键在于划分操作,划分的子集大小越相近,越有利于快速排序算法的发挥。

2. 【参考答案】C

【解析】以 45 作为基准元素,首先从后向前扫描比 45 小的元素,并与之进行交换,而后再从前向后扫描比 45 大的元素并将其与 45 交换,从而得到了{39,45,55,37,78,83};同理继续重复从后向前扫描和从前向后扫描,知道 45 处于最终位置。

3. 【参考答案】C

【解析】快速排序的特点是每趟排序会有一个元素到最终位置上,经过 2 趟排序应有 2 个元素到达最终位置。最终序列:3,4,5,6,7,8,10。C 选项只有 10 在最终位置上,找不到第二个元素满足其左边元素都小于自身,其右边元素都大于自身,不满足要求。

真题实战

1. 【参考答案】C

【解析】四个选项都是同样的数组元素,若完全有序,应为 2、3、4、5、6、7、9。每经过一趟快排,轴点元素都必然就位,也就是说,一趟下来至少有一个元素在其最终位置,所以检察各个选项,看有几个元素就位即可。

A:2、3、6、7、9。

B:2、9。

C:9。

D:5、9。

第二趟至少应有两个元素就位,所以 C 不对。

2. 【参考答案】C

【解析】一次快排后,会以某个数为分割点,将数组分为小于该数和大于该数两部分,C 选项选择 73 作为分割点,满足其左边都大于自身,其右边都小于自身。

3. 【参考答案】C

【解析】快速排序选定第一个元素为划分标准,如例子中的 46。序列右边向左,如果发现比标准小的数,将其交换到左边。同理,左边的比标准大的交换到右边。题目中 40 交换至左边,79 交换至右边。以此类推,直至最后相遇。

4. 【参考答案】D

【解析】快速排序的核心思想是分治法,它选择一个枢轴(pivot)元素,然后通过一趟排序将待排序的数据分割成独立的两部分,其中一部分的所有数据都比另一部分的所有数据要小,然后再按此方法对这两部分数据分别进行快速排序,整个排序过程可以递归进行。

对于给定的关键字序列(55,82,63,42,47,90),如果我们以第一个记录 55 为枢轴进行划分,我们需要将所有小于 55 的关键字放到它的左边,所有大于或等于 55 的关键字放到它的右边。

现在我们来执行这个划分过程:

1.初始化两个指针,一个指向序列的开始(low=0,值为 55),一个指向序列的末尾(high=5,值为 90)。

2.从 high 开始,向左扫描,找到第一个小于或等于枢轴的元素(即 47),将其与 low 指向的元素交换(此时 low 指向的仍然是 55),然后移动 low 指针(low=1)。

3.从 low 开始,向右扫描,找到第一个大于枢轴的元素(即 63),由于此时 low<high,所以不需要交换,继续移动 high 指针(high=4)。

4.重复步骤 2 和 3,直到 low>=high。

5.此时的序列已经被枢轴 55 划分成了两部分,左边部分的所有元素都小于等于 55,右边部分的所有元素都大于 55。

经过上述过程,我们得到的划分结果为:(47,42,55,63,82,90)

5. 【参考答案】A

【解析】本题考查快速排序的基本性质。

快速排序的基本思想是,通过一趟排序将待排记录分割成独立的两部分,其中一部分记录的关键字均比另一部分记录的关键字小,之后,可分别对这两部分记录继续进行排序,以达到整个序列有序。故第一趟排序将 M 划分为均不空的 P 和 Q 两块,P 与 Q 之间应是块间有序,但 P 与 Q 内的顺序无法确定。故本题选 A。

6. 【参考答案】D

【解析】在快速排序算法中,划分过程通常选择一个枢轴元素来将待排序序列划分为两个子序列。因为是升序排序,所以枢纽元素的前半个子序列的值需要都小于枢轴值,后半个子序列的值需要都大于枢轴值。分别从每个选项来看,A 选项的枢轴值为 11,前半个子序列的值只有 68,大于

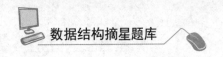

枢轴值 11,不符合。B 选项的枢轴值为 70,前半个子序列都小于 70,但后半个子序列存在 23 和 48 小于 70,不符合。C 选项的枢轴值为 80,前半个子序列的值都小于 80,但是后半个子序列存在 48 小于 80,不符合。D 选项的枢轴值为 81,81 前面的元素都小于 81,81 后面的元素都大于 81,符合。因此本题的正确选项为 D。

§7.4 选择排序

考点 1 简单选择排序

1. 【参考答案】D

【解析】简单选择排序是不稳定的排序算法。简单选择排序过程中,元素间比较的次数与序列的初始状态无关,始终为 $n(n-1)/2$,所以时间复杂度始终为 $O(n^2)$。简单选择排序仅使用常数个辅助单元,故而空间效率为 $O(1)$。

2. 【参考答案】A

【解析】在简单选择排序过程中,每次需要交换两个元素,元素的移动次数不会超过 $3(n-1)$ 次,最好的情况下移动 0 次,故答案为 $O(n)$。

3. 【参考答案】D

【解析】最坏情况下,A、B、C 项的三种方法的是时间复杂度都为 $O(n^2)$,而选择排序法又可以分为直接选择和堆排序,若为堆排序,时间复杂度为 $O(n\log_2 n)$。

4. 【参考答案】B

【解析】直接插入排序是稳定的,简单选择排序是不稳定的,必须先用稳定排序处理次字段 (K2),确保在主字段(K1)相同时,次字段的顺序正确。再用不稳定排序处理主字段(K1),因为主字段的优先级更高,且不稳定排序不会影响已稳定的次字段顺序。因此,选项 B 是正确的。

5. 【参考答案】A

【解析】无论参加排序的序列中的元素的位置初始如何排列,选择排序方法在整个排序过程中进行的元素之间的比较次数都一样。例如,对于具有 n 个元素的序列采用选择排序方法,整个排序过程中一共要进行 $n(n-1)/2$ 次元素间的比较。

真题实战

1. 【参考答案】D

【解析】直接选择排序的基本思想是:每一趟从待排序的数据元素中选出最小(或最大)的一个元素,存放在序列的起始位置,直到全部待排序的数据元素排完。

在这个排序过程中,每一趟都需要遍历整个待排序的序列以找到最小(或最大)的元素,并进行交换。因此,对于一个长度为 n 的序列,需要进行 $n-1$ 趟的排序,而每一趟的遍历和比较的时间复杂度是 $O(n)$。

因此,总的时间复杂度是 $(n-1) * O(n)$,即 $O(n^2)$ 。

所以答案是 D。

2. 【参考答案】D

【解析】这是"简单选择排序"的基本思想(选项 D)。

在简单选择排序中,每一趟排序都会从待排序序列中选择当前的最小(或最大)元素,然后将其交换到当前趟的位置,依次进行直到完成排序。具体步骤如下:

1.在第 i 趟排序时,从待排序序列中选出第 i 小(或第 i 大)的元素。

2.将选出的元素与第 i 个元素进行交换。

3.接下来,从第 $i+1$ 个元素开始重复上述步骤,直到排序完成。

因此,这种排序方法的基本思想是简单选择排序(选项 D)。

3. 【参考答案】C

【解析】9 个数的简单选择排序,需要进行 8 轮比较和选择。第一轮从 9 个数中选出一个最小值,和第一个位置上的数进行交换;第二轮从剩下的 8 个数中选出一个最小值,和第二个位置上的数进行交换;以此类推,直到第 8 轮从剩下的 2 个数中选出一个最小值,和第 8 个位置上的数进行交换。

最坏情况下每轮比较都要进行 9 次,换言之,每轮选择需要比较的元素个数都是相同的,并且都是 9-len(已排序的数)。因此,总比较次数为:

$$9+8+7+6+5+4+3+2+1 = \frac{(9+1) \times 9}{2} = 45$$

而每轮选择后需要进行 1 次元素交换,因此总的交换次数为 45 次,选项 C 是正确答案。

考点 2 堆排序

1. 【参考答案】D

【解析】堆排序算法是不稳定的排序算法。在堆排序算法的排序树中,每个双亲结点的左、右孩子之间没有次序关系,所以中序遍历不一定得到有序序列。堆排序算法过程中,仅使用了常数个辅助单元,其空间复杂度为 $O(1)$ 。堆排序算法在最好、最坏和平均情况下的时间复杂度均为 $O(n\log n)$ 。

2. 【参考答案】C

【解析】先建一个完全二叉树,再根据小根堆的调整方法,最后调整为:

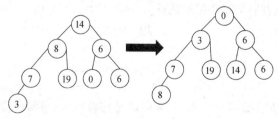

故选 C。

3. 【参考答案】B

【解析】由于这是小根堆,所以关键字最大的记录一定存储在这个堆所对应的完全二叉树的叶子结点中,又因为二叉树中最后一个非叶子结点存储在 $\lfloor n/2 \rfloor$ 中,所以关键字最大记录存储范围在 $\lfloor n/2 \rfloor +1$ 到 n 的结点中。

4. 【参考答案】C

【解析】在向有 n 个元素的堆中插入一个新元素时,需要调用一个向上调整的算法,比较次数最多等于树的高度减 1,由于树的高度为 $\lfloor \log_2 n \rfloor +1$,所以堆的向上调整算法的比较次数最多等于 $\lfloor \log_2 n \rfloor$。

5. 【参考答案】A

【解析】根据小根堆的调整算法,调整完成的小根堆如下图所示,故选择 A。

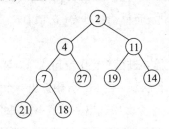

6. 【参考答案】D

【解析】利用筛选法建立小根堆并调整完成,为 {7, 16, 22, 51, 24, 71, 67, 70, 59},输出 7 之后把 59 放在堆首并重新调整之后的堆为 {16, 24, 22, 51, 59, 71, 67, 70}。

7. 【参考答案】B

【解析】删除 7 后,将 11 移动到堆顶,第一次是 14 和 9 比较,第二次是 9 和 11 比较并交换,第三次还需要比较 11 和 15,故比较次数为 3 次。

真题实战

1. 【参考答案】C

【解析】建堆:

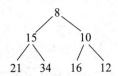

删除关键字 8 之后,将最后一个结点 12 放到根结点,也就是原来 8 的位置,重新建堆:

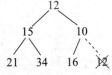

从 12 开始向下调整,使它满足小根堆的特点,过程如下:12 和 10 交换位置。

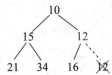

至此交换完毕,以满足小根堆的特点,此题问的是比较次数,很明显,第一次是比较 12 和 15,第二次是比较 12 和 10 并交换,第三次还需要比较 12 和 16,所以一共需要比较 3 次。

2. 【参考答案】A

【解析】此题考查堆排序的工作流程,具体是建立初始堆的过程。由于题中没有说明是建立最大堆还是最小堆,且没有说明维护父子结点的比较顺序,故应该考虑所有情况:建立最大堆;建立最小堆。故只有 A 选项符合。

3. 【参考答案】C

【解析】大顶堆第 i 个元素大于 $2i$ 和 $2i+1$ 位置上的元素。

4. 【参考答案】C

【解析】本题考查大根堆。Ⅲ错误,因为堆只要求根大于左右子树,并没要求左右子树有序。故本题选 C。

5. 【参考答案】B

【解析】本题考查大根堆。大根堆(大顶堆)是指根结点(亦称为堆顶)的关键字是堆里所有结点关键字中最大者,属于二叉堆的两种形式之一。将关键字 6,9,1,5,8,4,7 依次插入初始为空的大根堆 H 中,过程如图:

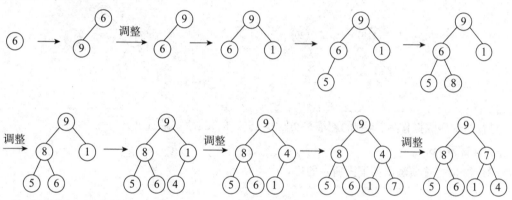

最后得到大根堆为:

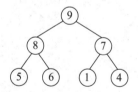

故本题答案为 B。

6. 【参考答案】B

【解析】本题考查堆排序的过程。

堆的删除操作是把根结点和最后一个结点直接交换,删掉(在最后一个结点处的)根结点,再从根结点向下调整。向下调整:在该结点的左右子树中,找一个最大的,与该结点交换,重复此过程直到叶子结点。因此删除结点的结构如下图所示。

原大根堆:

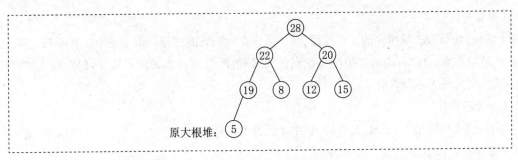

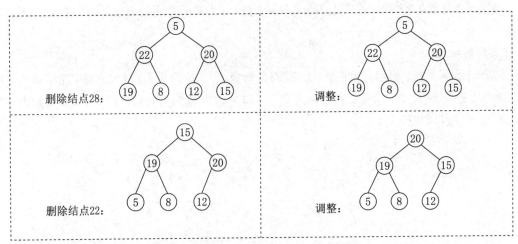

进行两次删除操作后,得到的新堆是 20,19,15,5,8,12;故本题选 B。

7. 【参考答案】B

【解析】根据选项画出如下图所示的堆:

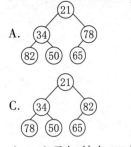

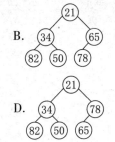

在 A 选项中,结点 78 大于其左孩子 65。

在 C 选项中,结点 82 大于其左孩子 65。

在 D 选项中,结点 78 大于其左孩子 65。

只有选项 B 满足小根堆特性。

§7.5 归并排序和基数排序

考点1 归并排序

1. 【参考答案】D

【解析】由于 Merge( ) 操作不会改变相同关键字记录的相对次序,所以归并排序算法是稳定的排序方法。归并排序不能保证每一趟结束后都有一个元素放在最终位置上。归并排序中,辅助单元刚好要用 n 个单元,所以归并排序的空间复杂度为 $O(n)$ 。归并排序的含义是将两个或两个以上的有序表组合成一个新的有序表,是基于分治的思想实现的。

2. 【参考答案】B

【解析】一般而言,对于 N 个元素进行 k-路归并排序时,排序的趟数 m 满足 $k^m = N$,所以对于 8 个元素进行 3 趟排序,则路数应该为 2 路。

3. 【参考答案】B

【解析】在每一趟归并的过程中,时间复杂度为 $O(n)$,共需进行 $\lceil \log n \rceil$ 趟归并,所以算法的时间复杂度为 $O(n\log n)$,题中只问一趟归并的时间复杂度为 $O(n)$ 。

4. 【参考答案】B

【解析】根据题目条件,则该文件应包含 8 个磁盘块,对此文件进行归并排序的过程如下,故需要 3 趟归并。

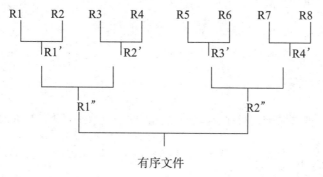

有序文件

5. 【参考答案】A

【解析】归并排序采用分治策略(分治法将问题分成一些小的问题然后递归求解,而治的阶段则将分的阶段得到的各答案"修补"在一起,即分而治之)。len2 的最大序列和 len1 的最大序列相互比较,较大的一个放到新链表中(假设 len2 的元素),然后对比 len2 序列剩余元素的最大值继续和 len1 的最大值做比较,将较大的放入新链表中。依次类推,最坏的情况就是 len2 中的每个元素都要和 len1 做比较,而且 len1 相互之间再做比较,即 len1+len2。

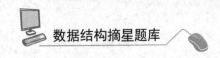

6. 【参考答案】B

【解析】要理解这个问题,我们首先需要知道归并排序或 k 路归并的基本概念。归并排序通常是一个二路归并(即 $k=2$),它每次将两个有序的子序列合并为一个有序的子序列。对于 n 个元素的序列,需要 $\log_2 n$ 次归并操作(因为每次归并操作都将序列的大小减半)。但是,当我们谈论 k 路归并时,意味着我们每次可以将 k 个有序的子序列合并为一个有序的子序列。在这种情况下,每次归并操作都会将序列的总数(或称为"段数")减少到原来的 $1/k$。现在,假设我们有 n 个初始归并段,我们想知道要合并这些段成为一个单一的、有序的段需要多少次归并操作。每次归并操作后,段数都会减少到原来的 $1/k$。因此,为了从 n 个段减少到 1 个段,我们需要执行多少次这样的操作呢?

假设需要 t 次归并操作,则我们有:

$n \times (1/k)^t = 1$

从上式我们可以解出 t:

$t = \log_k n$

因此,答案是 B。

1. 【参考答案】D

【解析】归并就是将两个或两个以上的有序表组合成一个新的有序表。对 m 个初始归并段,采用 k-路归,并归趟数为 D 选项所示。

2. 【参考答案】A

【解析】归并排序算法的基本思想:将两个或以上的有序子序列归并为一个有序序列。

考点2 基数排序

题组闯关

1. 【参考答案】C

【解析】基数排序是多关键字排序,比较每个元素的个位数进行排序可知 C 为正确答案。

2. 【参考答案】C

【解析】0~9,A~F 共 16 个。

3. 【参考答案】A

【解析】① 确定最大位数:序列中数字:345(3 位)、253(3 位)、674(3 位)、924(3 位)、627(3 位)。所有数字都是 3 位数,因此最大位数是 3。

② 排序过程:第一趟(个位):按个位数字分配到桶中:345(个位 5)、253(个位 3)、674(个位 4)、924(个位 4)、627(个位 7)。分配后收集:253,674,924,345,627。

第二趟(十位):按十位数字分配到桶中:253(十位 5)、674(十位 7)、924(十位 2)、345(十位 4)、627(十位 2)。分配后收集:924,627,253,345,674。

第三趟(百位):按百位数字分配到桶中:924(百位9)、627(百位6)、253(百位2)、345(百位3)、674(百位6)。分配后收集:253,345,627,674,924。

真题实战

1. 【参考答案】C

【解析】基数排序第一趟按照个位由小到大进行,因此答案为 C。

2. 【参考答案】C

【解析】本题考查基数排序。基数排序是一种稳定的排序方法,由于采用最低位优先(LSD)的基数排序,即第 1 趟对个位进行分配和收集的操作,因此第一趟分配和收集后的结果是 {151,301,372,892,93,43,485,946,146,236,327,9},元素 372 之前、之后紧邻的元素分别是 301 和 892,故选 C。

3. 【参考答案】A

【解析】本题主要考察几个排序算法的概念,下面我们分别来解析:

基数排序:不需要比较关键字的大小,它是根据关键字中各位的值,通过对排序的 N 个元素进行若干趟"分配"与"收集"来实现排序的。不可以并行执行。

快速排序:它的基本思想是:通过一趟排序将要排序的数据分割成独立的两部分:分割点左边都是比它小的数,右边都是比它大的数。然后再按此方法对这两部分数据分别进行快速排序,整个排序过程可以递归进行,以此达到整个数据变成有序序列。与归并排序思想有相似之处,可以并行执行。

冒泡排序:它重复地走访过要排序的数列,一次比较两个元素,如果他们的顺序错误就把他们交换过来。走访数列的工作是重复地进行直到没有再需要交换,也就是说该数列已经排序完成。不可用并行执行。

堆排序:

1)根据初始数组去构造初始堆(构建一个完全二叉树,保证所有的父结点都比它的孩子结点数值大)。

2)每次交换第一个和最后一个元素,输出最后一个元素(最大值),然后把剩下元素重新调整为大根堆。可以并行执行。

§7.6 内部排序算法的分析

考点 1 内部排序算法的比较

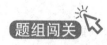

题组闯关

1. 【参考答案】A

【解析】考查排序算法的时间复杂度,比如气泡排序最好情况是初始序列为"正序"序列,只需进行一趟排序,在排序过程进行 $n-1$ 次关键字比较。

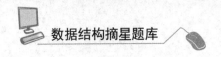
2. 【参考答案】B

【解析】在最好情况下,只有直接插入排序和冒泡排序的时间复杂度为 $O(n)$,为线性级别,在最坏情况下,两者的时间复杂度可达到 $O(n^2)$,此时应选用其他排序算法。因此,答案选 B。

3. 【参考答案】D

【解析】采用二路归并排序进行排序,排序过程中需要占用与排序序列同样大小的辅助空间。例如,对于一个具有 n 个元素的序列,二路归并排序方法的空间复杂度为 $O(n)$,几乎高于其他所有内排序的空间复杂度。

4. 【参考答案】D

【解析】本题主要考查各种排序方法是否稳定。

[归纳总结]关于各种排序方法的时间复杂度、空间复杂度、稳定性的比较如表:

各种内部排序方法的比较

排序算法	时间复杂度			空间复杂度	不稳定
	最好情况	最坏情况	平均情况		
直接插入排序	$O(n)$	$O(n^2)$	$O(n^2)$	$O(1)$	稳定
折半插入排序	$O(n\log_2 n)$	$O(n^2)$	$O(n^2)$	$O(1)$	稳定
希尔排序			$O(n^{1.3})$	$O(1)$	不稳定
起泡排序	$O(n)$	$O(n^2)$	$O(n^2)$	$O(1)$	稳定
简单选择排序	$O(n^2)$	$O(n^2)$	$O(n^2)$	$O(1)$	不稳定
快速排序	$O(n\log_2 n)$	$O(n^2)$	$O(n\log_2 n)$	$O(n\log_2 n)$	不稳定
堆排序	$O(n\log_2 n)$	$O(n\log_2 n)$	$O(n\log_2 n)$	$O(1)$	不稳定
归并排序	$O(n\log_2 n)$	$O(n\log_2 n)$	$O(n\log_2 n)$	$O(n)$	稳定
基数排序	$O(d(n+r))$	$O(d(n+r))$	$O(d(n+r))$	$O(n+r)$	稳定

真题实战

1. 【参考答案】A

【解析】在考察各种排序算法时,关键字比较的次数与记录的初始排序次序的关系是一个重要的考虑点。

A.选择排序:选择排序的基本思想是遍历数组的元素,从中找到最小(或最大)的元素,放到排序序列的起始位置,然后再从剩余未排序元素中继续寻找最小(或最大)元素,然后放到已排序序列的末尾。这个过程中,无论初始排序次序如何,比较的次数都是固定的。因此,选择排序的比较次数与记录的初始排序次序无关。

B.冒泡排序:冒泡排序通过重复遍历要排序的数列,一次比较两个元素,如果它们的顺序错误就把它们交换过来。冒泡排序的比较次数会受到初始排序次序的影响,如果数列已经是排序好的,那么比较次数会大大减少。

C.快速排序:快速排序使用分治法策略来把一个序列分为较小和较大的两个子序列,然后递归地排序两个子序列。快速排序的比较次数也会受到初始排序次序的影响,特别是当输入数组已经是排序好的或者接近排序好的时候,快速排序的性能会退化到 $O(n^2)$。

D.插入排序:插入排序的工作方式是通过构建有序序列,对于未排序数据,在已排序序列中从后向前扫描,找到相应位置并插入。插入排序的比较次数同样会受到初始排序次序的影响,如果输入数组已经是排序好的,那么比较次数会大大减少。

综上所述,选择排序的关键字比较次数与记录的初始排序次序无关,因此答案是 A。

2. 【参考答案】D

【解析】空间复杂度:插入排序:$O(1)$(原地排序)。冒泡排序:$O(1)$。堆排序:$O(1)$。

归并排序:$O(n)$(需要额外数组存储合并结果)。

3. 【参考答案】C

【解析】快速排序:平均时间复杂度:$O(n\log n)$。空间复杂度:$O(\log n)$(递归调用栈的深度)。

其他排序:冒泡排序和插入排序:平均 $O(n^2)$。归并排序:空间复杂度为 $O(n)$。

4. 【参考答案】B

【解析】稳定排序:直接插入排序:相等元素不移动。折半插入排序:插入时保留顺序。起泡排序(冒泡排序):相邻交换不破坏顺序。二路归并排序:合并时优先保留左侧元素。

不稳定排序:快速排序:分区可能破坏顺序。简单选择排序:跨步交换可能破坏顺序。树形选择排序:非相邻交换。Shell 排序:分组插入破坏稳定性。

正确答案:B(折半插入排序和起泡排序)

5. 【参考答案】C

【解析】快速排序在每一轮划分时,通常选择一个枢轴元素将序列分成两部分,并且在交换元素时可能改变相同关键字元素的相对顺序,因此不是稳定的排序算法。堆排序使用堆数据结构进行排序,其中在建堆和调整堆的过程中,元素的交换可能导致相同关键字元素的相对顺序发生改变,因此堆排序也不是稳定的排序算法。希尔排序是基于插入排序的一种改进算法,它通过将待排序的序列划分成若干个较小的子序列进行插入排序,然后逐步缩小子序列的间隔,最终完成整个序列的排序。由于希尔排序是通过跳跃式的插入排序进行排序的,相同关键字的元素可能会跨越较大的间隔进行比较和交换。这种跨越较大间隔的比较和交换可能导致相同关键字的元素的相对顺序发生改变,因此希尔排序是不稳定的排序算法。因此不稳定的排序算法有希尔排序、快速排序、堆排序。本题答案选 C。

考点2　内部排序算法的应用

1. 【参考答案】A

【解析】直接插入排序的时间主要取决于:新元素与前一个元素比较,新元素较小,则新元素不断前移,产生时间消耗。

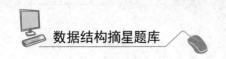

而在基本有序的顺序表中,每当接收一个新元素时,新元素都是最大的那一个,不会产生前移耗时。所以在这种情况下,直接插入排序的比较次数极少,耗时极短。

2. 【参考答案】D

【解析】这些排序算法中,一趟排序结束后不一定能够选出一个元素放在其最终位置上的是希尔排序(D)。

A.在堆排序中,每一趟排序都会将当前堆的根结点(最大或最小值)与最后一个结点交换,然后重新调整堆结构,确保根结点在每一趟结束后都在正确的位置上。

B.冒泡排序通过重复遍历待排序的数列,每次比较两个相邻的元素,如果它们的顺序错误就把它们交换过来。每一趟排序结束后,保证当前轮次之后最大的元素会被放到数列的尾部,即最终位置。

C.快速排序通过选取一个基准值,将数组分为两部分,然后递归地对子数组进行排序。在每一趟排序中,基准值都会被放到其最终位置上,分割数组使得基准值左边的元素都不大于它,右边的元素都不小于它。

D.希尔排序是插入排序的一种更高效的改进版本。它通过引入增量的概念来对数组进行多轮排序。在每一趟增量排序中,元素的最终位置并不一定确定,因为增量的选择和交换操作可能会影响到元素的最终排序位置。

因此,正确答案是:D。

3. 【参考答案】B

【解析】为了从 5000 个待排序的记录关键字中选出最小的 10 个,我们需要考虑每种排序方法的时间效率和是否适用于这个特定的场景。

A.虽然快速排序在平均情况下是 $O(n\log n)$ 的时间复杂度,但我们需要选出最小的 10 个元素,不需要对整个数组进行排序。快速排序在选择第 k 小元素的特定场景下可以通过"快速选择"算法优化到 $O(n)$ 的时间复杂度,但它通常用于排序整个数组。

B.堆排序首先会构建一个最大堆或最小堆,但在这个场景下,我们可以使用"最小堆"的思想。我们不需要对整个数组进行堆排序,而只需要维护一个大小为 10 的最小堆。遍历一遍 5000 个元素,如果当前元素小于堆顶元素,则删除堆顶元素并插入当前元素,重新调整堆。这样,最后堆中的元素就是最小的 10 个元素。这个过程的时间复杂度是 $O(n\log k)$,其中 n 是元素总数,k 是要选择的元素个数,所以接近 $O(n)$。

C.归并排序的时间复杂度是 $O(n\log n)$,并且它是稳定的排序算法,但它不适合用于选择最小的 k 个元素,因为它会对整个数组进行排序。

D.插入排序的时间复杂度在最坏情况下是 $O(n^2)$,并且它也不适合用于选择最小的 k 个元素,因为它同样会对整个数组进行排序。

因此,考虑到时间效率和特定场景的需求,B 选项"堆排序"通过维护一个大小为 10 的最小堆,可以最高效地选出最小的 10 个记录关键字。所以正确答案是 B。

4. 【参考答案】A

【解析】要判断一个数据序列是否可能是某种排序算法两趟排序后的结果,我们需要了解这些排序算法的基本特性和过程。

A.快速排序是基于分而治之的策略,选择一个基准元素,将数组分为两部分,左边部分都比基准小,右边部分都比基准大。但两趟排序后的结果可能并不固定,因为基准的选择和分割的方式会影响结果。不过,理论上可以构造出这样的两趟结果。

B.冒泡排序通过不断比较相邻元素并交换它们(如果它们的顺序错误)来工作。在两趟排序后,最大的两个元素将位于序列的末尾。然而,对于给定的序列(2,1,4,9,8,10,6,20),经过两趟冒泡排序后,不可能只将两个最大元素(10和20)移到末尾,因为在这之前还有比它们小的元素(如9和8)需要移动。

C.选择排序每次从未排序部分选择最小(或最大)的元素,放到已排序部分的末尾。经过两趟排序后,前两个最小(或最大)的元素将被正确地放置。但是,对于给定的序列,选择排序的两趟结果不会得到题目中给出的序列。

D.插入排序通过构建有序序列,对于未排序数据,在已排序序列中从后向前扫描,找到相应位置并插入。对于给定的序列(2,1,4,9,8,10,6,20),插入排序前两趟可能的结果是将1插入到2前面,然后将4插入到适当的位置(即(1,2,4,…)),但之后的结果将依赖于后续元素的插入,不太可能得到题目中给出的完整序列。

然而,如果我们只关注两趟排序后的"部分有序"状态,那么快速排序是最有可能产生题目中给定序列的算法,因为它可以在第一趟排序后将最大的元素之一(如20)移动到其最终位置,然后在第二趟排序中将次大的元素(如10)也移动到接近其最终位置的地方,而其他元素的位置则相对无序。

因此,正确答案是A。

真题实战

1. 【参考答案】B

【解析】直接插入排序很明显,在完全有序的情况下每个元素只需要与他左边的元素比较一次就可以确定他最终的位置;

折半插入排序,比较次数是固定的,与初始排序无关;

快速排序,初始排序不影响每次划分时的比较次数,都要比较 n 次,但是初始排序会影响划分次数,所以会影响总的比较次数;

冒泡排序,如果序列有序的那么比较次数会相对无序小很多。故选择B

PS:归并排序在归并的时候,如果右路最小值比左路最大值还大,那么只需要比较 n 次,如果右路每个元素分别比左路对应位置的元素大,那么需要比较 $2*n-1$ 次,所以与初始排序有关。

2. 【参考答案】D

【解析】可以看出,使用的是快排,

第一轮选择的中间值是25,

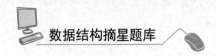

第二轮选择的中间值是 20,47

第三轮选择的中间值是 15,21,35,68

3. 【参考答案】A

【解析】根据排序特性可以看出每次都将最大值冒泡到末端。

4. 【参考答案】D

【解析】当需要从一个有 4096 个元素的序列中找到前 10 个最小元素时,最好的方法是使用:

D.堆排序特别适合于这种情况,因为它可以高效地构建一个小根堆,然后从堆中每次移除最小的元素,直到得到所需的 k 个最小元素。在这个例子中,k 为 10。

对于 4096 个元素,构建小根堆的时间复杂度是 $O(n)$,其中 n 是元素数量。一旦构建了小根堆,移除每个最小元素的时间复杂度是 $O(\log n)$。因此,移除前 10 个最小元素的总时间复杂度大约是 $O(n+10\log n)$,这对于大多数情况来说是非常高效的。

其他选项分析:

A.希尔排序的性能取决于增量序列的选择,它通常用于对整个数组进行排序,而不是找最小的 k 个元素。

B.快速排序通常用于对整个数组进行排序,尽管它可以被修改来仅排序数组的一部分,但在找到前 k 个最小元素的场景下,它可能不如堆排序高效。

C.直接选择排序在每轮选择中找到最小元素的时间复杂度是 $O(n)$,需要进行 k 轮,总时间复杂度是 $O(kn)$,这在 k 远小于 n 时不如堆排序高效。

因此,正确答案是 D。

§7.7　外部排序

考点　外部排序算法

1. 【参考答案】A

【解析】外排序是指当待排序的数据量非常大,无法一次性全部装入内存时,需要利用外存(如磁盘)进行排序的方法。针对给出的选项,我们逐一分析:

A.这准确地描述了外排序的定义。当数据量很大时,需要将数据分块读入内存进行局部排序,然后利用外存进行合并排序。

B.这是不准确的。外排序仍然需要使用内存来暂存待排序的数据块和排序过程中产生的中间结果。只是内存的大小不足以一次性容纳全部数据。

C.这个描述不准确。虽然数据量很大是外排序的一个前提,但外排序是自动进行的,不需要人工干预。

D.这个描述虽然部分正确(排序时数据需要调入内存),但没有强调外排序的核心特点,即数据量太大无法一次性装入内存。

因此,正确答案是 A。

2.【参考答案】A

【解析】外部排序最耗时间的操作时磁盘读写,对于有 m 个初始归并段,k 路平衡的归并排序,磁盘读写次数为 $\log_k m$,可见增大 k 的值可以减少磁盘读写的次数,但增大 k 的值也会带来负面效应,即进行 k 路合并的时候会增加算法复杂度。

1.【参考答案】D

【解析】本题考查败者树的基本定义。

败者树是胜者树的一种变体。在胜者树中,中间结点记录的是胜者的标号,而在败者树中,中间结点记录的是败者的标号。败者树与胜者树很类似,通过比赛使胜者晋级,直到决出冠军。但是败者树的非叶子结点记录的是败者(最小关键字)的归并段号,且需要增加一个结点记录比赛的胜者。故本题选 D。

2.【参考答案】B

【解析】外部排序是一种在计算机内存有限的情况下,对存储在外存上的大量数据进行排序的方法。由于数据量通常大于内存容量,因此需要多次读写操作将数据部分地加载到内存中进行处理。

在外部排序过程中,最耗时的部分通常是与磁盘 I/O(输入/输出)相关的操作,即读写外存的时间。这是因为磁盘读写速度相比内存访问速度要慢得多,而且外部排序往往涉及大量的数据块移动。

A.在多路归并中,产生归并段是必要的步骤,但它不是最耗时的部分。

B.这是外部排序中最耗时的部分,因为磁盘 I/O 操作相对较慢。

C.内部归并通常指的是在内存中进行的归并操作,虽然它是必要的,但相比于磁盘 I/O 操作,它通常不是最耗时的部分。

D.这个选项不正确,因为外部排序的时间确实主要取决于某个因素,而这个因素是读写外存的时间。

因此,正确答案是:B。

3.【参考答案】C

【解析】锦标赛排序又叫树型排序,属于选择排序的一种。直接选择排序之所以不够高效就是因为没有把前一趟比较的结果保留下来,每次都有很多重复的比较。锦标赛排序就是要克服这一缺点。它的基本思想与体育淘汰赛类似,首先取得 n 个元素的关键字,进行两两比较,得到 $n/2$ 个比较的优胜者,将其作为第一次比较的结果保留下来,然后对这些元素再进行关键值的两两比较,…,如此重复,直到选出一个关键字最小的对象为止。

4.【参考答案】B

【解析】在 12 路归并树中只存在度为 0 和度为 12 的结点,设度为 0 的结点数、度为 12 的结点数和要补充的结点数分别为 $n_0, n_{12}, n_补$,则有 $n_0 = 120 + n_补$,$n_0 = (12-1)n_{12} + 1$,可得 $n_{12} = (120 - 1 + n_补)/$

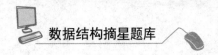

$(12-1)$。由于结点数 n_{12} 为整数,所以 $n_{补}$ 是使上式整除的最小整数,求得 $n_{补}=2$,所以答案选 B。

5. 【参考答案】D

【解析】外部排序指待排序文件较大,内存一次性放不下,需存放在外部介质中。外部排序通常采用归并排序法。选项 A、B、C 都是内部排序的方法。

§7.8 综合应用题

1. 【参考答案与解析】

算法思想:

(1)若 $r[1].key==key$,则查找成功。否则表的第一个记录暂存到 $r[0]$ 中。类似快速排序,$i=1$,$j=n$,从数组 $r[1\cdots n]$ 的两端交替地向中间扫描。首先从后向前扫描。(2)若 $r[j].key>key$,则继续向前扫描;否则,若 $r[j].key==key$,则查找成功,将 $r[j]$ 赋值到 $r[0]$ 中。若 $r[j].key<key$,则将 $r[j]$ 赋值到 $r[i]$ 中。然后从前向后扫描。(3)若 $r[i].key<key$,则继续向前扫描;否则,若 $r[i].key==key$,则查找成功,将 $r[i]$ 赋值到 $r[0]$ 中。若 $r[i].key>key$,则将 $r[i]$ 赋值到 $r[j]$ 中。(4)如此循环,直到 $i=j$。

```
Status search_Quick(Type r[ ], int key, int n) {
    if(r[1].key==key) {
        return 1;
    }
    r[0] = r[1];
    int i = 1, j=n;
    while(i<j) {
        while(i<j&&r[j].key>key)    j--;
        if(r[j].key==key) {
            r[0] = r[j];
            return j;
        } else r[i] = r[j];
        while(i<j&&r[i].key<key) i++;
        if( r[i].key==key) {
            r[0] = r[i];
            return i;
        } else r[j] = r[i];
    }
    return false;
}
```

2.【参考答案与解析】

该算法用直接插入排序方法,将双向循环链表中元素按从小到大的顺序排列。

(1) r->prior = q->prior。

(2) p->next = q。

(3) (q->next) ->prior = q。

(4) r = q->next。

注意:双向链表的算法中最容易出现的错误是修改指针的顺序,或者误将已修改的指针当作原指针用。

真题实战

1.【参考答案与解析】

(1) 分别求出序列 A 和 B 的中位数,设为 a 和 b,求序列 A 和 B 的中位数过程如下:

① 若 a = b,则 a 或 b 即为所求中位数,算法结束;② 若 a < b,则舍弃序列 A 中较小的一半,同时舍弃序列 B 中较大的一半,要求舍弃的长度相等;③ 若 a > b,则舍弃序列 A 中较大的一半,同时舍弃序列 B 中较小的一半,要求舍弃的长度相等。在保留的两个升序序列中,重复过程①②③,直到两个序列中只含一个元素时为止,较小者即为所求的中位数。

(2)

```
int M_Search(int A[ ], int B[ ], int n) {
    int s1 = 0, d1 = n-1, m1, s2 = 1, d2 = n-1, m2;
                        //分别表示序列 A 和 B 的首位数、末位数和中位数
    while(s1! = d1 | | s2! = d2) {
        m1 = (s1+d1)/2;
        m2 = (s2+d2)/2;
        if(A[m1] == B[m2])
            return A[m1];           // 满足条件 1
        if(A[m1] < B[m2]) {         // 满足条件 2
            if( (s1+d1) %2 == 0) {  // 若元素个数为奇数
                s1 = m1;            // 舍弃 A 中间点以前的部分,且保留中间点
                d2 = m2;            // 舍弃 B 中间点以后的部分,且保留中间点
            }
            else{                   // 元素个数为偶数
                s1 = m1+1;          // 舍弃 A 中间点及中间点以前的部分
                d2 = m2;            // 舍弃 B 中间点以后的部分且保留中间点
            }
        }
```

```
        else{                              // 满足条件 3
            if((s2+d2)%2==0){              // 若元素个数为奇数
                d1=m1;                     // 舍弃 A 中间点以后的部分,且保留中间点
                s2=m2+1;                   // 舍弃 B 中间点以前的部分,且保留中间点
            }else{                         // 元素个数为偶数
                d1=m1;                     // 舍弃 A 中间点以后的部分,且保留中间点
                s2=m2+1;                   // 舍弃 B 中间点及中间点以前部分
            }
        }
    }
    return A[s1]<B[s2] ? A[s1]:B[s2];
}
```

(3)算法的时间复杂度为 $O(\log_2 n)$,空间复杂度为 $O(1)$。

2. 【参考答案与解析】

(1)根据下图中的哈夫曼树,6 个序列的合并过程为:

第 1 次合并:表 A 与表 B 合并,生成含 45 个元素的表 AB。

第 2 次合并:表 AB 与表 C 合并,生成含 85 个元素的表 ABC。

第 3 次合并:表 D 与表 E 合并,生成含 110 个元素的表 DE。

第 4 次合并:表 ABC 与表 DE 合并,生成含 195 个元素的表 ABCDE。

第 5 次合并:表 ABCDE 与表 F 合并,生成含 395 个元素的最终表。

由于合并两个长度分别为 m 和 n 的有序表,最坏情况下需要比较 $m+n-1$ 次,故最坏情况下比较的总次数计算如下:①第 1 次合并:最多比较次数 $=10+35-1=44$;②第 2 次合并:最多比较次数 $=45+40-1=84$;③第 3 次合并:最多比较次数 $=50+60-1=109$;④第 4 次合并:最多比较次数 $=85+110-1=194$;⑤第 5 次合并:最多比较次数 $=195+200-1=394$。比较的总次数最多为:$44+84+109+194+394=825$。

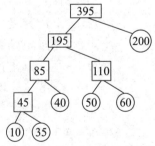

(2)以 n 个叶子结点表示升序表,以升序表的表长表示结点权重,构造哈夫曼树。合并时,从深度最大的结点所代表的升序表开始合并,依深度次序一直进行到根结点。理由:n 个有序表合并需要进行 $n-1$ 次两两合并,可设最坏情况下的比较总次数为 $x-n+1$,x 就是以 n 个叶子结点表示升序表,以升序表的表长表示结点权重,构造的二叉树的带权路径长度。根据哈夫曼树的特点,上述

设计的比较次数是最小的。

3. 【参考答案与解析】

```
void insert_sort( int a[ ], int n)
{
    int i, j, k;
    for (i=1; i<n; i++)
    {
                            // 为 a[i]在前面的 a[0…i−1]有序区间中找一个合适的位置
        for (j=i−1; j>=0; j−−)
            if (a[j] < a[i])
                break;
                            // 如找到了一个合适的位置
        if (j! =i−1)
        {
                            // 将比 a[i]大的数据向后移
            int temp =a[i];
            for (k =i−1; k>j; k−−)
                a[k+1] =a[k];
                            // 将 a[i]放到正确位置上
            a[k+1] =temp;
        }
    }
}
```

4. 【参考答案】

（1）二叉排序树, $O(\log n)$ 。

（2）堆, $O(\log n)$ 。

【解析】平均情况下,堆的构建时间复杂度为 $O(n)$,排序的时间复杂度为 $O(n\log n)$,插入元素的时间复杂度为 $O(\log n)$,每次查找最大值,通过构建最大堆实现,查找的时间复杂度为 $O(\log n)$ （查找和重新构建堆）,二叉排序树查找的时间复杂度为 $O(\log n)$,插入的时间也是 $O(\log n)$;在最坏情况下,二叉排序树退化为顺序查找,时间复杂度为 $O(n)$ 。

5. 【参考答案与解析】

（1）b[ ] ={−10,10,11,19,25,25} 。

（2）对于 n 个元素的序列,找出最小元素需要比较 $(n−1)$ 次。第一回合后,序列只剩下 $(n−1)$ 个元素,下一次找最小元素还需要 $(n−2)$ 次比较。最后直到 2 个元素需要比较 1 次。所以最后比较次数总共为 $(n−1)+(n−2)+...+1=n(n−1)/2$,且固定不变。

（3）不是。假定在待排序的记录序列中,存在多个具有相同的关键字的记录,若经过排序,这

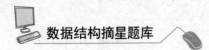

些记录的相对次序保持不变,即在原序列中,r[i]=r[j],且 r[i]在 r[j]之前,而在排序后的序列中,r[i]仍在 r[j]之前,则称这种排序算法是稳定的;否则称为不稳定的。本题程序运行结果是:

a:	25	-10	25 *	10	11	19

b:	-10	10	11	19	25 *	25

因为(1)中例子两个 25 在排序前后发生了交换,可修改为 if(a[i]<= a[j])使算法变得稳定。

6. 【参考答案与解析】

(1)可生成 3 个初始归并段,分别是:

37,51,63,92,94,99

14,15,23,31,48,56,60,90,166

8,17,43,100

(2)最大值为 n,最小值为 m。